U0222811

高职高专土建类专业教材编审委员会

"十四五"职业教育国家规划教材

住房和城乡建设领域学科专业"十四五"规划教材

安装工程计量与计价实务

第三版

温艳芳　秦慧敏　朱溢镕　主　编
王文君　孙　霄　刘晓琴　副主编

化学工业出版社

·北京·

内 容 简 介

党的二十大报告提出"加快实现高水平科技自立自强",落实"数字中国"的战略部署,工程建设行业从"高速增长"向"高质量发展"转变,建筑智能化发展、数字化管理已成为建筑产业化的发展趋势。

本书为"十四五"职业教育国家规划教材。本书基于造价人员工作过程,采用项目工学一体化编写模式,内容涵盖室内建筑安装工程常用项目:给排水工程、采暖工程、电气照明工程、消防工程、通风空调工程,并配套完整的施工图,提供详细的识图、列项算量、计价全过程等实用内容;结合"1+X"首批试点改革项目建筑信息模型(BIM)职业技能等级证书试点要求,融入 BIM 安装计量、BIM 工程计价;并结合"互联网+职业教育"发展需求,配套数字信息资源,实践性强。

本教材可作为高职高专、应用型本科院校工程造价、建设工程管理、建设项目信息化管理等专业的教学用书,同时也可作为成人教育、造价员和企业管理人员的培训教材或自学参考书。

图书在版编目(CIP)数据

安装工程计量与计价实务/温艳芳,秦慧敏,朱溢镕主编 . —3 版 . —北京:化学工业出版社,2020.7 (2024.7重印)

"十二五"职业教育国家规划教材 经全国职业教育教材审定委员会审定

ISBN 978-7-122-36626-9

Ⅰ.①安… Ⅱ.①温…②秦…③朱… Ⅲ.①建筑安装工程-工程造价-高等职业教育-教材 Ⅳ.①TU723.3

中国版本图书馆 CIP 数据核字(2020)第 068641 号

责任编辑:李仙华 装帧设计:王晓宇
责任校对:赵懿桐

出版发行:化学工业出版社(北京市东城区青年湖南街 13 号 邮政编码 100011)
印 装:三河市延风印装有限公司
787mm×1092mm 1/16 印张 20 字数 514 千字 2024 年 7 月北京第 3 版第 7 次印刷

购书咨询:010-64518888 售后服务:010-64518899
网 址:http://www.cip.com.cn

凡购买本书,如有缺损质量问题,本社销售中心负责调换。

定 价:49.80 元

前 言

本教材为"十四五"职业教育国家规划教材、住房和城乡建设领域学科专业"十四五"规划教材，它是在"十二五"职业教育国家规划教材《安装工程计量与计价实务》（第二版）基础上，基于智改数转、现行定额更新和相关费用调整，并结合贯彻《国家职业教育改革实施方案》，建设现代化产业体系，构建新一代信息技术进行修订。

为贯彻落实党的二十大报告"加快构建新发展格局，着力推动高质量发展""推进教育数字化，建设全民终身学习的学习型社会、学习型大国"精神，本教材深化产教融合，校企"双元"合作，企业一线造价人员参与编写，企业专家参与审稿，突破传统的计量计价课程教材编写模式，融入"1＋X"工程造价数字化应用职业技能等级考核内容和标准；坚持职教特色，产教融合，坚持尊重劳动、尊重知识、尊重人才、尊重创造，按照造价员完整的工作过程采用项目化教学模式，以典型工作任务和室内建筑安装单位工程项目为载体，涵盖室内建筑安装工程常用项目：给排水、采暖、电气照明、消防、通风空调五个安装专业，配套完整施工图、完整详细工程量计算过程；以现行的定额和清单两种计价模式一图两实训，按照"工作任务→熟悉施工图→列项算量→工程计价→项目小结→练习实训"的思路，工学一体化编写。围绕"新形态一体化"和"互联网＋职业教育"发展要求，利用信息技术使用二维码展示教学资源，使学生快速掌握安装计量计价的手算与软件操作技能，强化学生职业能力的培养，为学生"零距离"上岗就业提供帮助。

本教材具有以下显著特色：

（1）案例完整，有利于系统性学习。教材配有完整的施工设计图，突出各专业工程实践技能的分析解答，理论与实践相结合，帮助学生了解安装造价员工作的全过程。

（2）教材内容与"1＋X"工程造价数字化应用职业技能等级考核有机融合。课证融通，注重学习的有效性、工作的实用性及职业技能考试的应试性。

（3）立体式信息化配套资源。教材采用二维码与微课、图片、三维模型、pdf、表格、习题答案、实训施工图等数字资源链接，方便教师授课和学生自学。

（4）挖掘思政元素，在每个项目开始的思维导图中引入思政启示，帮助学生在学习专业技能的同时，提高道德素养，树立正确的世界观和价值观。

本书由山西工程职业学院温艳芳、秦慧敏和广联达科技股份有限公司朱溢镕担任主编，山西工程科技职业大学王文君、山西水利职业技术学院孙霄、太原城市职业技术学院刘晓琴担任副主编。具体分工如下：山西旅游职业学院吕丹丹编写项目一，太原城市职业技术学院刘晓琴编写项目二，山西水利职业技术学院孙霄编写项目三，山西工程科技职业大学王文君编写项目四，山西工程职业学院温艳芳、山西南丰房地产开发有限公司杨振琴共同编写项目五，山西工程职业学院温艳芳编写项目六，山西工程职业学院秦慧敏编写项目七，广联达科技股份有限公司朱溢镕编写项目八，山西工程职业学院吉龙华编写项目九。全书由温艳芳统稿，由山西建筑工程集团有限公司高级工程师李立峰审稿。

本书提供有电子课件、通用安装工程工程量计算规范（GB 50856—2013）常用项目，可登录www.cipedu.com.cn 免费获取。

由于编者学识水平有限，加之时间仓促，书中疏漏之处在所难免，我们将在实践中不断加以改进和完善，对书中不足之处恳请读者给予批评指正。

编者

第一版前言

高等职业教育作为高等教育发展中的一个类型，肩负着培养面向生产、建设、服务和管理第一线需要的高素质技能型专门人才的使命，积极与行业、企业合作开发课程，改革课程体系、教学内容和教学方法，大力推行工学结合，改革人才培养模式，融"教、学、做"为一体，强化学生职业能力的培养。

安装工程计量与计价实务是一门实践性很强的课程，为此本教材根据教育部教高[2006] 16号文件关于《全面提高高等职业教育教学质量的若干意见》指导方案进行编写，立足于职业能力的培养，基于工作过程以工作任务为载体构建课程体系，打破了传统的以学科体系进行教材编写的模式，采用学习情境与学习单元组织教材内容，以任务描述→任务资讯→任务分析→任务实施为主线，坚持理实一体，注重培养学生动手能力、分析能力和解决问题的能力，力求在内容和选材方面体现学以致用，保持其系统性和实用性，采用新技术、新材料、新工艺，贯彻新规范，力求内容精炼，表述清楚，图文并茂，便于理解掌握。

本教材包括5个学习情境和2个附录，每个学习情境包括2个学习单元，内容涵盖了给排水工程、采暖工程、电气照明工程、消防工程、通风空调工程计量与计价的实用内容，为提高实际动手能力，按现行定额与清单两种计价模式编写了完整的工程实例和安排了工作任务。

本书由山西工程职业技术学院温艳芳担任主编并统稿，太原城市职业技术学院相跃进、湖南娄底职业技术学院李清奇担任副主编。山西工程职业技术学院温艳芳；阳泉职业技术学院牛晓勤、宁连旺；太原城市职业技术学院相跃进、雷洁兰；山西建筑职业技术学院段克润和山西鸿升房地产开发有限公司杨振琴共同编写。在本书编写过程中，西北建筑设计院王娟芳高级工程师和山西工程职业技术学院蔡红新教授在施工图和资料方面提供了帮助，山西省建设厅标准定额站给予了大力的支持。在此一并表示感谢。

由于水平有限，加之时间仓促，书中疏漏之处在所难免，将在实践中不断加以改进和完善，对书中不足之处恳请读者给予批评指正。

本书提供有电子教案，可发信到 cipedu@163.com 邮箱免费获取。

编者

2009 年 5 月

第二版前言

本书为"十二五"职业教育国家规划教材。本书是化学工业出版社 2009 年出版的《安装工程计量与计价实务》的再版。随着新技术的不断涌现，新规范、新定额的实施与使用，教材力求与时俱进，更新陈旧的不适用的内容，增加了新的必要的知识，为适应工程造价、建筑经济管理、建筑工程管理等专业教学的需要，在保持第一版教材原有体系的基础上，对教材内容作了适当的删减和修改，注重新技术、新规范、新定额的宣贯与应用，积极推行工学结合，融"教、学、做"为一体，强化学生职业能力的培养。

在第二版教材的修订中，保持原教材 5 个学习情境和 2 个附录，内容涵盖给排水工程、采暖工程、电气照明工程、消防工程和通风空调工程，按现行定额和清单两种计价模式编写了计量与计价的实用内容，更新并采用了最新版 GB 50500—2013《建设工程工程量清单计价规范》、2011 年建设工程计价依据《安装工程预算定额》、《建设工程费用定额》的相关内容。

参加本教材编写工作的有：山西工程职业技术学院温艳芳（学习情境一、附录）、张学著（学习单元 2.2、学习单元 3.2、学习单元 5.2）；阳泉职业技术学院牛晓勤（学习单元 2.1）；太原城市职业技术学院相跃进、雷洁兰（学习单元 3.1）；山西工程职业技术学院赵鑫、太原晋源地产杨振琴（学习情境四）；山西建筑职业技术学院段克润（学习单元 5.1）。全书由温艳芳任主编并统稿，张学著任副主编，由山西工程职业技术学院蔡红新教授主审。

在本书编写过程中，省建设厅标准定额站给予了大力支持，并提出了很好的建议；西北建筑设计院王娟芳高级工程师在施工图和资源素材方面提供了帮助；兄弟院校的老师也提出了很好的意见和建议。在此一并表示感谢。

由于编者水平有限，加之时间仓促，书中疏漏之处难免，我们将在实践中不断加以改进和完善，对书中不足之处恳请读者给予批评指正。

本书提供电子教案，可发信到 cipedu@163.com 邮箱免费获取。

编者
2014 年 8 月

目 录

项目七　BIM安装给排水工程计量　/ 227

项目八　BIM安装建筑电气工程计量　/ 249

项目九　BIM安装工程计价　/ 280

附录1　幼儿园项目综合实训案例　/ 298

附录2　2018山西省建设工程计价依据相关费用调整文件　/ 300

参考文献　/ 306

二维码资源目录

序号	资源名称	资源类型	页码
1.1	建设项目及其分解	微课	13
1.2	施工图预算的编制	微课	18
1.3	工程量清单报价	微课	24
1.4	习题答案	pdf	27
2.1	村委办公楼给排水施工图	CAD图	28
2.2	给排水工程施工图识读	微课	41
2.3	山西2018给排水定额说明	pdf	41
2.4	给排水管道工程量计算	微课	41
2.5	给排水阀门	图片	43
2.6	管道支架工程量计算	微课	43
2.7	管道支架	图片	43
2.8	给排水工程定额计价程序	微课	52
2.9	给排水工程清单计价完整表	excel	62
2.10	习题答案	pdf	68
2.11	实训图 学生公寓给排水	CAD图	68
3.1	村委办公楼采暖施工图	CAD图	69
3.2	采暖工程图识读	微课	81
3.3	山西2018采暖工程定额说明	pdf	82
3.4	分集水器	图片	82
3.5	地板辐射采暖	图片	84
3.6	补偿器	图片	84
3.7	采暖管道工程量计算	微课	85
3.8	采暖设备计量	微课	88
3.9	采暖工程清单计价完整表	excel	99
3.10	习题答案	pdf	107
3.11	实训图 学生公寓暖通	CAD图	107
4.1	线缆敷设方式	图片	112
4.2	断路器、熔断器和防雷器	图片	115
4.3	电气工程图识读	微课	119
4.4	山西2018电气工程定额说明	pdf	120

序号	资源名称	资源类型	页码
4.5	控制设备及低压电器	图片	121
4.6	电缆	图片	123
4.7	电缆工程量计算	微课	124
4.8	防雷及接地装置	图片	125
4.9	防雷接地工程量计算	微课	127
4.10	配管、配线	图片	127
4.11	照明器具	图片	128
4.12	电气照明工程清单计价完整表	excel	136
4.13	习题答案	pdf	142
4.14	实训图 村委办公楼电施	CAD 图	143
5.1	客服辅楼消防水施工图	CAD 图	144
5.2	客服辅楼消防弱电施工图	CAD 图	152
5.3	消火栓系统识图	微课	158
5.4	自喷水系统识图	微课	159
5.5	山西 2018 消防工程定额说明	pdf	163
5.6	自喷水管道、管道附件	图片	163
5.7	报警装置	图片	163
5.8	消火栓	图片	164
5.9	消防水泵结合器	图片	164
5.10	消防水灭火管道工程量计算	微课	164
5.11	消防水施工图预算	微课	172
5.12	消防弱电清单计价完整表	excel	183
5.13	习题答案	pdf	190
5.14	实训图 村委会办公楼水	CAD 图	190
6.1	客服辅楼空调工程施工图	CAD 图	191
6.2	新风与风机盘管识图	微课	201
6.3	山西 2018 通风空调定额说明	pdf	201
6.4	风管	图片	201
6.5	风管工程量计算	微课	202
6.6	风阀	图片	202
6.7	柔性短管	图片	203
6.8	通风口	图片	203
6.9	消声器	图片	204
6.10	空调机组	图片	204

序号	资源名称	资源类型	页码
6.11	风机	图片	205
6.12	空调工程列项与报价	微课	209
6.13	空调工程清单计价完整表	excel	216
6.14	习题答案	pdf	226
6.15	实训图 通风及排烟平面图	CAD 图	226
7.1	设备提量	微课	236
7.2	卫生器具	三维模型图	236
7.3	识别绘制水平管	微课	237
7.4	水平管	三维模型图	238
7.5	识别绘制立管	微课	239
7.6	立管	三维模型图	239
7.7	通头	三维模型图	241
7.8	标准间	三维模型图	245
8.1	材料表识别和设置	微课	255
8.2	识别点式设备	微课	256
8.3	识读系统图	微课	263
8.4	进户管线	三维模型图	265
8.5	桥架及配线	三维模型图	271
8.6	识别桥架、设置起点、选择起点	微课	272
8.7	识别水平管线	微课	275
8.8	单立管连接开关	三维模型图	275
8.9	多立管连接插座	三维模型图	275
8.10	沿顶敷设	三维模型图	275
8.11	沿地敷设	三维模型图	275
9.1	新建项目	微课	283
9.2	取费设置	微课	284
9.3	分部分项工程量清单编制	微课	285
9.4	安装费用计取	微课	291
附录 1.1	幼儿园项目给排水工程图纸	pdf	299
附录 1.2	幼儿园项目电气工程图纸	pdf	299
附录 1.3	幼儿园项目暖通工程图纸	pdf	299
附录 1.4	幼儿园项目工程案例预算书	pdf	299

项目一

室内建筑安装工程造价基础引导

职业道德准则

　　工程造价人员应遵守国家法律、法规，维护国家和社会公共利益，忠于职守，恪守"勤奋、公正、客观"的职业道德，遵循"诚信、敬业、进取"的职业准则，自觉抵制商业贿赂，保守商业秘密；遵守工程造价行业的技术规范和规程，接受继续教育，提高专业技术水平；不准许他人以自己的名义执业，对违反国家法律、法规的计价行为，有权向国家有关部门举报。

学习目标

　　熟悉给排水工程、采暖工程、建筑电气工程、消防工程、通风空调工程的基础知识；掌握建设项目的分解及工程造价的形成；掌握定额计价和清单计价的费用组成和计价方法、程序；熟悉安装工程施工图预算和招标控制价、投标报价包含的内容，能进行安装工程施工图预算和招标控制价、投标报价的编制。

思维导图

温故知新

学习单元一　建筑设备安装工程基础知识

一、给排水工程

（一）给排水工程常用管材

1. 常用给水管材

给水管材按材质可分为金属管、塑料管和复合管三大类。

（1）金属管

① 钢管　按制造方法可分为焊接钢管、无缝钢管。焊接钢管按表面处理方式的不同分为普通焊接钢管和镀锌焊接钢管，其中镀锌钢管长期使用其内壁易生锈、结垢、滋养细菌和微生物等，造成"二次污染"，目前在生活给水系统中已被禁用；无缝钢管主要用于压力较高的工业管道工程。钢管管道连接可采用焊接、螺纹连接、法兰连接等连接方式。

② 不锈钢钢管　不锈钢钢管是一种不易生锈的中空钢管。按生产方式分为不锈钢无缝钢管和不锈钢焊管两大类。无缝钢管又可分为热轧管、冷轧管、冷拔管和挤压管；焊管分为直缝焊管和螺旋焊管。管道连接可采用螺纹连接、焊接、承插连接、法兰连接等方式。不锈钢钢管具有便于安装、性能高、耐用等特点，在各种管路建设与安装中有广泛的应用。

③ 给水铸铁管　耐腐蚀性强、使用寿命长、价格低，但性脆、重量大、长度小，一般用于大管径的给水管道。给水铸铁管连接可采用承插式连接或法兰连接。

（2）塑料管　化学性质稳定、耐腐蚀、重量轻、容易切割、加工安装方便，但强度较低、易受温度影响，常用的塑料管有硬聚氯乙烯（UPVC）管、聚乙烯（PE）管、交联聚乙烯（PEX）管、聚丙烯（PP）管、聚丁烯（PB）管等。

（3）复合管

① 钢塑复合管　钢塑复合管兼备了金属管的强度高、耐高压、能承受较强的外来冲击力和塑料管的耐腐蚀、不结垢、热导率低等优点，管道连接可采用沟槽、法兰或螺纹连接。

② 铝塑复合管　它是通过挤出成型工艺制造的新型复合管材，耐高压，可以弯曲。

2. 常用排水管材

排水管材按材质分，主要有排水铸铁管和硬聚氯乙烯塑料管（UPVC管）两大类。

（1）排水铸铁管　它是建筑内部排水系统常用的管材，其耐腐蚀性强、强度高、使用寿命长、价格便宜，管道连接方式为承插式连接和卡箍式连接。

（2）硬聚氯乙烯塑料管（UPVC管）　化学性质稳定、耐腐蚀、不结垢、内壁光滑、容易切割等，住宅建筑优先选用硬聚氯乙烯塑料管。

（二）建筑给水系统

1. 建筑给水系统的分类

建筑给水系统按用途不同可分为生活给水系统、生产给水系统和消防给水系统三大类。

（1）生活给水系统　主要满足民用、公共建筑和工业企业建筑内的饮用、洗漱、餐饮等方面要求，要求水质必须达到国家标准。

（2）生产给水系统　主要用于生产设备的冷却用水、原料和产品的洗涤用水、锅炉用水以及各类产品制造过程中所需的生产用水等。

（3）消防给水系统　主要是为了扑灭建筑物火灾而设置的供给消防设备用水的系统，对水质要求不高，但必须保证足够的水量和水压。

2. 建筑给水系统的组成

（1）引入管　也称进户管，是室内给水管道和市政给水管网相连接的管道，一般埋地敷设。

（2）水表节点　是安装在引入管上的水表及其前后设置的阀门和泄水装置的总称。

（3）给水管网　用于水的输送和分配，包括给水干管、立管、支管等。

（4）给水附件　是安装在给水管道上的各种阀门、各式配水龙头等装置。

（5）升压和贮水设备　当市政给水管网提供的水量、水压不能满足建筑用水要求时而设置的水泵、水箱、水池、气压给水设备等装置。

（6）消防设施　是指建筑物内部设置的消火栓系统、自动喷水灭火系统等。

3. 建筑给水系统的给水方式

建筑给水系统的给水方式分为：直接给水方式、设水箱的给水方式、设水泵的给水方式、设水泵和水箱联合给水方式、气压给水方式、分区给水方式等。

（三）建筑排水系统

1. 建筑排水系统的分类

建筑排水系统按排除的污（废）水的性质不同，可分为生活污（废）水系统、工业污（废）水系统和屋面雨（雪）水系统三大类。

（1）生活污（废）水系统　主要是排除居住建筑、公共建筑及工业企业生活间污（废）水的系统。

（2）工业污（废）水系统　是排除生产工艺过程中产生污（废）水的系统。

（3）屋面雨（雪）水系统　是收集和排除屋面上的雨水和融化的雪水的系统。

2. 建筑排水系统的组成

（1）卫生器具　是建筑内部排水系统的起点，可分为便溺卫生器具、盥洗卫生器具、洗涤卫生器具、专用卫生器具四类。

（2）排水管道系统　包括器具排水管、横支管、立管、干管、排出管。

（3）通气管道系统　可分为伸顶通气管、主通气管、环形通气管、器具通气管等。

（4）清通设备　是指疏通管道用的检查口、清扫口、检查井及带有清通门的90°弯头或三通接头设备等。

（5）污水提升设备　当建筑物内的污（废）水不能自流排至室外时，需设置污水提升设备。

（6）污水局部处理设施　常用的污水局部处理设施有化粪池、隔油池、降温池等。

二、采暖工程

（一）建筑采暖系统的分类

1. 热水采暖系统

按系统循环动力的不同分为：自然循环热水采暖系统、机械循环热水采暖系统；

按供回水方式的不同分为：单管系统、双管系统；

按管道敷设方式的不同分为：垂直式系统、水平式系统；

按热媒温度的不同分为：低温热水采暖系统、高温热水采暖系统。

2. 蒸汽采暖系统

按蒸汽压力的不同分为：低压蒸汽采暖系统、高压蒸汽采暖系统；

按回水方式的不同分为：重力回水蒸汽采暖系统、机械回水蒸汽采暖系统。

（二）建筑采暖系统的组成

（1）热源 提供热量的设备，如锅炉房、热力站、热电厂等。

（2）供热管网 热源和散热设备之间的连接管道，将热媒输送到各个散热设备，可分为供水（汽）管网、回水（凝结水）管网。

（3）散热设备 将热量散发至采暖房间的设备，如散热器、暖风机、辐射板等。

室内采暖系统（以热水采暖系统为例），一般由进户管、主立管、水平干管、支立管、散热器横支管、散热器、排气装置、阀门等组成。

（三）散热设备及管道附件

1. 散热器

散热器可分为：铸铁散热器（柱型、翼型），钢制散热器（钢制串片式、钢制板式、钢制柱式），铝合金散热器。

散热器的安装形式有明装和暗装两种，一般布置在每个外窗的窗台下，双层门的外室和门斗中不宜设置散热器。

2. 管道附件

（1）膨胀水箱 在热水采暖系统中，起着调节水量、稳定压力和排除系统中的空气等作用。一般设置在系统的最高点。

（2）集气罐 分为立式和卧式两种，其顶部连接 $DN15$ 的排气管，排气管引至附近的排水设施处。一般设置在供水干管末端的最高处。

（3）自动排气阀 靠自身的内部结构使系统中的空气自动排出系统外，达到排气和阻水的作用。通常设在系统管道的最高点和局部高点。

（4）手动放气阀 安装在散热器的上端，定期打开手轮排除散热器内的空气。

（5）疏水器 在蒸汽采暖系统中，能自动阻止蒸汽溢漏且迅速排出设备及管道中的凝结水，同时能够排出系统中积留的空气和其他不凝性气体。

（6）温控阀 是一种自动控制散热器热量的设备，可根据室温与给定温度之差自动调节热媒流量的大小。

三、建筑电气工程

（一）建筑电气工程的组成

建筑电气系统的划分有传统与现代之分。其中传统意义的电气系统有强电、弱电之分。强电（电力）工程的处理对象是能源（主要指电力），其特点是电压高、电流大、功率大、频率低，主要考虑的问题是减小损耗、提高效率以及安全用电；弱电（信息）工程的处理对象主要是信息，即信息的传送与控制，其特点是电压低、电流小、功率小、频率高，主要考虑的问题是信息传送的效果，诸如信息传送的保真度、速度、广度和可靠性等。

根据《建筑工程施工质量验收统一标准》（GB 50300—2013），现代的电气系统又可划分为建筑电气、智能建筑、电梯等几个分部工程。其中，建筑电气分部工程可分为：室外电气、变配电室、供电干线、电气动力、电气照明、备用和不间断电源、防雷及接地安装 7 个子分部工程。智能建筑分部工程可分为：智能化集成系统、用户电话交换系统、信息网络系统、综合布线系统、移动通信室内信号覆盖系统、安全技术防范系统、建筑设备监控系统、机房等19个子分部工程。

《通用安装工程工程量计算规范》（GB 50856—2013）中，电气系统又分为电气设备安装工程、建筑智能化工程、自动化控制仪表安装工程和消防工程等。其中建筑智能化工程包括了：计算机应用、网络系统工程，综合布线系统工程，建筑设备自动化系统工程，建筑信息综合管理系统工程，安全防范系统工程等几种工程内容。

（二）电气照明系统

建筑物内部的电气照明系统一般采用380V/220V三相四线制电源，相线与相线之间的电压为380V，可供动力负载使用；相线与中线之间的电压为220V，可供照明负载使用。一般将照明负荷尽可能均匀地分配到三相电路中，形成三相对称负荷。为保证安全用电，中线在进户前要进行接地。

电气照明系统的组成包括进户线、配电箱、配电线路（干线、支线）、照明灯（器）具，照明线路的基本形式如图1-1所示。

1. 进户线

从建筑物外墙支架到室内总配电箱的这段线路称为进户线，电源进户方式有架空进户和电缆埋地进户两种。

2. 配电箱

配电箱是接受和分配电能的电气装置，图1-1中的虚线部分为配电箱，分为总配电箱和分配电箱。总配电箱内包括照明总开关、总熔断器、电能表和各干线的开关、熔断器等电器；分配电箱内有分开关和各支线的熔断器。

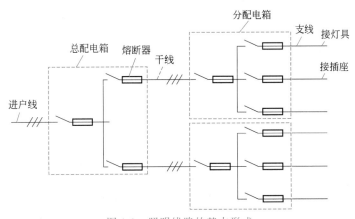

图 1-1　照明线路的基本形式

配电箱的安装方式有明装和暗装，形式有落地式和悬挂式。配电箱箱底距地面高度：暗装配电箱为1.5m，明装配电箱和配电板不应小于1.8m。

3. 配电线路

配电线路分干线和支线，干线是从总配电箱引至分配电箱的一段供电线路，支线是从分配电箱引至灯具、插座等用电设备的一段供电线路。

线路敷设方式有两种，分为明敷和暗敷。明敷是导线直接敷设或者在线管、线槽等保护体内敷设于顶棚、墙壁的表面，要求横平竖直、整齐美观、固定牢靠。暗敷是导线穿管敷设于墙壁、顶棚、地坪及楼板等内部，要求管路尽量短、弯曲少、不外露、便于穿线。

室内配电线路的标注格式为：$a-b(c×d)e-f$

其中，a 为线路编号；b 为导线型号；c 为导线根数；d 为导线截面积，mm^2；e 为线路敷设方式；f 为线路敷设部位。

例如：N1—BV(3×4)SC20—FC 表示 N1 回路，3 根 $4mm^2$ 的铜芯聚氯乙烯塑料绝缘线，穿 $DN20$ 的焊接钢管沿地板敷设。

4. 照明灯（器）具

（1）照明灯具　按照防护形式可分为防水防尘灯、安全灯和普通灯；按照安装方式可分为壁灯、吊灯、吸顶灯、嵌入式灯，其中吊灯又可分为软线吊灯、链条吊灯和钢管吊灯。灯具的悬挂高度由设计决定，并在施工图中加以标注。

（2）开关　根据控制照明支路的不同可分为单联、双联、三联，根据结构的不同可分为扳把开关、翘板开关、拉线开关。

其中，单联：一个板上一个开关；双联：一个板上两个开关；三联：一个板上三个开关。

对开关的安装高度要求为：拉线开关安装一般距顶棚 0.2～0.3m，其他各种开关一般距地面 1.3～1.4m。

（3）插座　分为单相二孔、单相三孔、单相五孔和三相四孔等，安装方式为明装、暗装两种。

普通插座安装高度一般距地 0.3m，这些插座的配管、配线施工一般沿地面暗敷。厨房、卫生间等插座的安装高度一般距地 1.5m，空调插座安装高度一般距地 1.8m，这些插座的配管、配线施工一般沿顶板暗敷设。同一场所的插座安装高度尽量一致。

（4）接线盒　根据施工规范的规定，无论明敷还是暗敷的接线线路中，禁止有任何形式的接线，所有的接线必须在线路接线盒（分线盒）内，线路接线盒（分线盒）安装在管线的分支处或管线的转弯处。

暗装的开关、插座应有对应的开关接线盒和插座接线盒，暗配管线到灯位处应有灯头接线盒。钢管配钢质接线盒，塑料管配塑料接线盒。

（三）综合布线系统

建筑物与建筑群综合布线系统，简称综合布线系统，是指一幢建筑物内（或综合性建筑物）或建筑群体中的信息传输媒质系统。它将相同或相似的缆线（如对绞线、同轴电缆或光缆）、连接硬件组合在一套标准的且通用的、按一定秩序和内部关系而集成为整体。

综合布线是建筑物内或建筑群之间的一种模块化的、灵活性极高的信息传输系统。它既能使语音、数据、图像设备和变换设备与其他信息管理系统彼此相连，也能使这些设备与外部相连接。它还包括建筑物外部网络或电信线路的连接点与应用系统设备之间的所有线缆及相关的连接部件。综合布线由不同系列和规格的部件组成，其中包括：传输介质、相关连接硬件（如配线架、连接器、插座、插头、适配器）以及电气保护设备等。这些部件可用来构建各种子系统，它们都有各自的具体用途，不仅易于实施，而且能随需求的变化而平稳升级。

综合布线系统具有以下特点：综合性、兼容性好，灵活性、适应性强，便于今后扩建和维护管理，技术经济合理。

1. 综合布线基础模型

从图 1-2 模型示意中可以看出，综合布线最核心的就是线和线两端接口连接件，这根线及接口在不再改动的情况下可以用来做电话语音传输、电脑数据传输、摄像机图像信号传输、有线电视信号传输等。

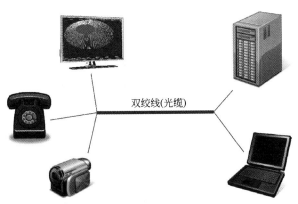

图 1-2 综合布线模型示意图

在不具备单独进线间或入楼电缆、光缆数量及入口设施容量较小时，进线间和设备间可以合用，入口设备可以安装在设备间内。综合布线设置示意图见图 1-3、图 1-4。

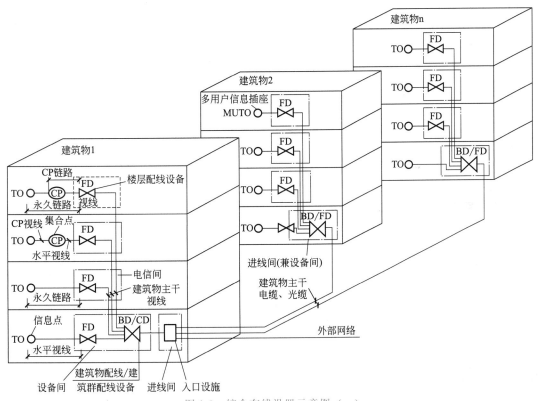

图 1-3 综合布线设置示意图（一）

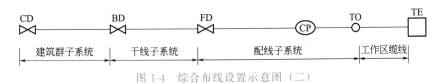

图 1-4 综合布线设置示意图（二）

配线子系统可以设置集合点（CP 点），也可以不设置集合点。

2. 双绞电缆

（1）概述　双绞线（TP）是综合布线工程中最常用的一种传输介质。双绞线由两根具有绝缘保护层的铜导线组成。把两根绝缘的铜导线按一定密度互相绞在一起，可降低信号干扰的程度，每一根导线在传输中辐射的电波会被另一根线上发出的电波抵消。双绞线一般由两根 22～26 号绝缘铜导线相互缠绕而成。如果把一对或多对双绞线放在一个绝缘套管中便成了双绞线电缆。目前，双绞线可分为非屏蔽双绞线（UTP）和屏蔽双绞线（STP）。

虽然双绞线主要是用来传输模拟声音信息的，但同样适用于数字信号的传输，特别适用于较短距离的信息传输。在传输期间，信号的衰减比较大，并且会产生波形畸变。采用双绞线的局域网的带宽取决于所用导线的质量、长度及传输技术。只要精心选择和安装双绞线，就可以在有限距离内达到每秒几百万位的可靠传输率。当距离很短，并且采用特殊的电子传输技术时，传输率可更高。由于利用双绞线传输信息时要向周围辐射，信息很容易被窃听，因此要花费额外的代价加以屏蔽。屏蔽双绞线电缆的外层由铝箔包裹，以减小辐射，但并不能完全消除辐射，屏蔽双绞线价格相对较高，安装时要比非屏蔽双绞线电缆困难，类似于同轴电缆。它必须配有支持屏蔽功能的特殊连接器和相应的安装技术。

（2）规格型号　目前双绞线电缆定义了八种不同质量的型号。计算机网络综合布线使用第 3 类、4 类、5 类、超 5 类、6 类、7 类。

3. 光缆

光缆即光纤线缆，光纤是光导纤维的简称。它是用石英玻璃或特制塑料拉成的柔软细丝，直径在几微米至 120 微米之间。

① 按照传输性能、距离和用途的不同，光缆可以分为用户光缆、市话光缆、长途光缆和海底光缆。

② 按照光缆内使用光纤的种类不同，光缆又可以分为单模光缆和多模光缆。

③ 按照加强件配置方法的不同，光缆可分为中心加强构件光缆、分散加强构件光缆、护层加强构件光缆和综合外护层光缆。

④ 按照传输导体、介质状况的不同，光缆可分为无金属光缆、普通光缆、综合光缆（主要用于铁路专用网络通信线路）。

⑤ 按照铺设方式不同，光缆可分为管道光缆、直埋光缆、架空光缆和水底光缆。

4. 综合布线系统设备

综合布线系统设备很多，主要包括信息面板与模块、CP 箱（集合点配线箱）、配线架、光纤连接盘（器）、机柜、机架、交换机（SW）、集线器（HUB）、无线接入 AP 以及尾纤、光纤跳线等。

四、消防工程

建筑消防系统根据使用灭火剂的种类和灭火方式的不同可分为建筑消火栓灭火系统、建筑自动喷水灭火系统、其他常用建筑灭火系统。

（一）建筑消火栓灭火系统

建筑消火栓灭火系统是将消防给水系统提供的水量经过加压，用于扑灭建筑物中与水接触不能引起燃烧、爆炸的火灾而设置的固定灭火设备。

建筑消火栓灭火系统的组成如下：

1. 消防供水水源

消防供水水源主要是市政给水、天然水源、消防水池，优先选用市政给水管网供水。

2. 消防供水设备

消防供水设备主要任务是为建筑消防系统储存并提供足够的消防水量和水压，确保建筑消防给水系统供水的安全和可靠，包括消防水箱（用于扑救初期火灾，贮存水量应满足室内10min消防用水量）、消防水泵（保证火警后5min内开始工作）、消防增压稳压设备、水泵接合器（15～40m范围内应有供消防车取水的室外消火栓或消防水池）等。

3. 消防供水管网

消防供水管网主要包括进水管、水平干管、立管、支管等，一般布置成环状，并设置阀门。民用建筑的消防管网应与生活给水系统分开设置。

4. 消火栓

消火栓的作用是控制可燃物、隔绝助燃物、消除着火源，分为室内消火栓和室外消火栓。

室内消火栓由消火栓、消防水带和水枪组成。

室外消火栓用于向消防车供水或直接连接水带、水枪出水灭火。

（二）建筑自动喷水灭火系统

建筑自动喷水灭火系统是在发生火灾时能自动打开喷头喷水灭火并同时发出火警信号的消防灭火设施，其扑灭初期火灾的功效较高，成功率在97％以上。自动喷水灭火系统通过加压设备将水送入管网至带有热敏元件的喷头处，喷头在火灾的热环境中自动开启洒水灭火。

自动喷水灭火系统的组成如下：

1. 喷头

喷头按是否有堵水支撑可分为闭式喷头和开式喷头，闭式喷头有玻璃球喷头和易熔元件喷头两种类型，开式喷头有开启式洒水喷头、水幕喷头和喷雾喷头三种类型。

2. 管道系统

主要有进水管、干管、立管、支管等，供水干管一般布置成环状。

3. 火灾探测器

火灾探测器接到火灾信号后，通过电气自动装置进行报警或启动消防设备，它的作用是监视环境中有无火灾发生，分为感烟探测器、感温探测器、感光探测器等类型。

4. 报警控制组件

控制阀，上端连接报警阀，下端连接进水立管，其作用是检修管网以及灭火结束后更换喷头时关闭水源。

报警阀，作用是开启和关闭管网的水流，传递控制信号至控制系统并启动水力警铃直接报警，有湿式、干式、干湿式和雨淋式4种。

报警装置，主要有水力警铃、水流指示器、压力开关和延迟器。

检验装置，在系统的末端接出管线并加上一个截止阀，阀前安装压力表可组成检验装置。

5. 供水设备及供水水源

（1）供水设备　消防水箱、消防水泵、水泵接合器。

（2）供水水源　市政给水管网、高位水池、天然水源等。

（三）其他常用建筑灭火系统

1. 干粉灭火系统

以干粉作为灭火剂的灭火系统，干粉灭火剂是一种干燥的、易于流动的细微粉末，平时贮存于干粉灭火器或干粉灭火设备中，灭火时由加压气体（二氧化碳或氨气）将干粉从喷嘴射出，形成一股雾状粉流射向燃烧物，起到灭火作用。

（1）普通型（BC类）干粉，适用于扑救易燃、可燃液体，如汽油、润滑油等引发的火灾，也可用扑救可燃气体（如液化气、乙炔等）和带电设备的火灾。

（2）多用途型（ABC类）干粉，适用于扑救可燃液体、可燃气体、带电设备和一般固体物质如木材、棉、麻、竹等引起的火灾。

（3）金属专用型（D类）干粉，适用于扑灭金属的燃烧。

2. 泡沫灭火系统

工作原理是使其与水混溶后产生一种可漂浮、黏附在可燃、易燃液体或固体表面的物质，达到隔绝、冷却空气的作用，使燃烧物熄灭。

泡沫灭火系统按其使用方式有固定式、半固定式和移动式之分。

3. 气体灭火系统

用于扑灭电器火灾以及计算机房、重要文物档案库、通信广播机房、微波机房等不宜用水扑灭的火灾。

（1）卤代烷灭火系统。目前推广使用的是洁净气体七氟丙烷灭火剂，七氟丙烷是一种无色、无味、低毒性、绝缘性好、无二次污染的气体，对大气臭氧层的耗损潜能值为零。

（2）二氧化碳灭火系统。它是一种具有不污损保护物、灭火快、空间淹没效果好等优点的气体灭火系统。CO_2灭火剂是液化气体型，一般以液相CO_2贮存在高压瓶内，当CO_2以气体喷向燃烧物时，产生冷却和隔离氧气的作用。

（3）混合气体灭火系统。混合气体是由氮气、氩气和二氧化碳气体按一定的比例混合而成的气体，这些气体都是在大气层中自然存在的，对大气臭氧层没有损耗，也不会对地球的"温室效应"产生影响，是一种十分理想的环保型灭火剂。

（4）气溶胶灭火系统。气溶胶是以固体或液体的微粒悬浮于气体介质中的一种物态，常用的气溶胶有K型、S型。

五、通风空调工程

（一）通风工程

通风就是利用换气的方法，向某一房间或空间输送新鲜空气，将室内被污染的空气直接或经处理后排到室外，从而维持室内环境符合卫生标准，满足人们生活或生产的需要。

通风系统按处理空气方式的不同可分为送风系统和排风系统。

1. 送风系统

送风是把室外新鲜空气或经过净化的空气补充进来，以保持室内的空气环境满足卫生标准和生产工艺的要求。其组成如下：

（1）采风口　作用是采集室外的新鲜空气，采风口上一般装有百叶窗，防止室外空气中的杂物进入送风系统。

（2）空气处理装置　就是把从室外吸入的空气处理到设计送风参数的装置，包括空气过滤器、加热器或冷却器等。

（3）通风机　是机械送风系统中的动力设备，常用的风机有离心式风机、轴流式风机和混流式风机。

（4）通（送）风管道　作用是输送空气处理装置处理好的空气到各送风区域，根据制作方式不同，可分为风管和风道。通风管道的截面形状有矩形和圆形两种。

（5）送风口　作用是把送风管道输送来的空气，按一定的气流组织送到各工作区域，常见的送风口有侧送风口、散流器、孔板送风口、喷射送风口等。

（6）风量调节阀　用于送风系统的开、关和风量调节，常用的风阀有插板阀、蝶阀、对开多叶调节阀等。

2. 排风系统

排风是把室内被污染的空气直接或经过净化后排至室外。其组成如下：

（1）排风罩或排风口　用来将污浊或含尘的空气收集并吸入风管内。

（2）通（排）风管道　用来输送污浊或含尘的空气。

（3）通风机　用于建筑物的通风、排尘和冷却。

（4）排风帽　是机械排风系统的末端设备，防止雨雪、树叶、纸片等杂物进入风道。

（5）空气净化设备　为了防止大气污染，当排出空气中有害物的量超过排放标准时，必须用净化设备处理，达到排放标准后排入大气中。净化设备分除尘器和有害气体净化装置两类。

（二）空调工程

空气调节工程简称空调工程，是对某一房间或空间内空气的温度、湿度、洁净度、气流速度等参数进行调节和控制，以满足人体舒适度要求和生产工艺要求的工程系统。

1. 空调系统的分类

（1）按负荷的介质分：全空气系统、空气-水系统、全水系统、制冷机系统。

（2）按空气处理设备的集中程度分：集中式系统、半集中式系统、分散式系统。

（3）按使用用途分：舒适性空调系统、工艺性空调系统。

2. 空调系统的组成

（1）热源和冷源

① 热源用来加热送风空气，常见的热源有锅炉、电加热器、换热器等提供的热水或蒸汽。

② 冷源用来冷却送风空气，一般由专门的冷水机组（制冷机）制备。

（2）空气处理设备　作用是利用冷热源或其他辅助方法对空气进行加热、冷却、加湿、减湿、净化等，将空气处理到所要求的状态。

常见的空气加热设备有表面式空气加热器、电加热器，空气冷却设备有表面式冷却器、喷水室，空气加湿设备有蒸汽加湿器，空气除湿设备有冷冻除湿、吸湿剂除湿，空气净化设备有过滤器。

（3）空调风系统　作用是将经过空气处理设备处理后的空气输送到空调房间中并进行合理分配，同时为了保持空调房间的恒压，从室内排走空气。

空调风系统由风机和风管系统组成。风机提供空气在风管中的流动动力；风管系统是指输送空气的管道、管道上的风阀、各种附属装置，以及为使气流分布合理均匀而设置的各种送风口、回风口、排风口。

（4）空调水系统　由水泵和水系统组成。

① 冷冻水循环系统。连接冷水机组和空调机之间的水循环系统，负责把冷水机组制备的冷冻水送到末端的空调机或风机盘管去使用。

② 冷却水循环系统。连接冷水机组和冷却塔之间的水循环系统，负责通过冷却塔把冷水机组的热量释放到大气中去。

（5）控制调节装置　作用是调节空调系统的冷量、热量和风量等参数，使空调系统的工作随时适应空调工况的变化，从而将室内空气状态控制在设计的范围内。

六、代表性智能建筑工程案例

（一）基于 BIM 的机电工程数字化建造技术

通过采用 BIM 技术，创建建筑结构模型、机电模型和幕墙、装修等相关模型。根据数字化加工设备确定与之匹配的共享预制加工数据库，利用 Revit 软件将机电模型中的风管、桥架、水管等机电模型转换为数据库中的预制加工模型，进行 BIM 出图、报审，审批通过后对预制加工模型进行自动分段，根据实际预制加工情况对其进行优化。利用 Revit 软件和 Fabrication 系列软件生成预制加工数据、材料清单（包含编码及二维码信息）、三维安装示意图、支吊架放样点、成本等相关信息。将预制加工数据及材料清单发送至数字化加工基地，导入数字化加工设备，进行预制加工和自动化生产，对生产的预制加工构件进行质量验收、张贴二维码。将预制加工构件及材料清单运输至施工现场，进行扫码验收，并录入物资管理软件。采用放样机器人根据放样点信息进行放样，利用射钉枪进行支吊架高效安装，根据三维安装示意图及对应的材料清单对预制加工构件进行装配和少量加工即可；工程竣工验收后，竣工模型可用于运维管理。

（二）雏形—移动式管道工作站

针对距离远、焊接工作量大、时间紧的项目采用移动时管道工作站，针对距离较近、运输条件相对成熟的项目采用固定式预制工厂预制。同时采用管道工作站与半自动焊、全位置自动焊相结合的施工方法，从而达到预制比例和效率最高、焊接质量最优。

某项目负一层制冷机房面积为 $620m^2$，净空高度 4.95m。水系统管道最大管径为冷却循环水管 $\phi630$，最小管径为膨胀管 $DN40$。主要设备有：制冷机组 4 台、板式换热（放冷）器 12 台、冷却循环水泵 6 台、乙二醇循环泵 5 台、空调水循环水泵 10 台、集水器 1 台、分水器 1 台、全自动过滤器 1 台。

实施要点如下：

（1）依据 CAD 图纸，利用 BIM 软件精准建模。主要技术要点：精确校核施工场地，收集设备、阀门、管件等参数信息。

（2）可预制管段的确定，划分预制管段的标准是：工厂可预制管线（管径介于 $DN80\sim DN600$ 之间），直管段较长的管线（大于 5m），现场不易焊接施工管线，现场易进行安装作业管线。

（3）管道装配单元及加工单元的划分，根据机房的总体布局及安装规划，对整体机房进行批次划分，划分为 4 个加工批次。

（4）对三维或二维深化图进一步详细设计，使单线图细化至适合工厂预制的机械图；然后进行管道工厂化预制加工，实现技术、质量、材料、探伤、进度等管理，管理到每个区域、每条管线、每条管段、每道焊缝、每名焊工等。

（5）成品保护及运输。先对预制完成的管段进行二维码编号堆放，然后由项目部及甲方、监理进行检验。对于合格产品，应注意成品保护，做到有序堆放，保持成品两端清洁，防止成品之间因碰撞而产生变形。本次预制完成的管道，要求采用泡沫做保护处理。成品转运要根据安装工程的施工进度计划，批将预制好的管段转运至施工现场安装点，直接进行吊装安装，避免施工现场的二次堆放管理，转运应配备专用工装，能够提高装载量、并方便装卸、减少磕碰。

1.1　建设项目
及其分解

学习单元二　建筑设备安装工程计价方法

一、安装工程计价

（一）基本建设工程项目及其分解

1. 基本建设工程项目

基本建设工程项目，亦称建设项目，是指按一个总体设计组织施工，建成后具有完整的系统，可以独立地形成生产能力或者使用价值的建设工程。

在我国，一般以一个企业（或联合企业）、事业单位或一个独立工程作为一个建设项目。凡属于一个总体设计中的主体工程和相应的附属配套工程、综合利用工程、环境保护工程以及供水供电工程等，都统一作为一个建设项目，例如民用建筑中的某所学校，要使它能独立地发挥使用效益，就需要修建若干幢教学楼、办公楼、图书馆、公寓及其相应的教学设施和生活设施，那么这些工程的总和就形成了这所学校，就是一个完整的建设项目；凡是不属于一个总体设计，经济上分别核算，工艺流程上没有直接联系的几个独立工程，应分别列为几个建设项目。

2. 基本建设工程项目的分解

基本建设工程项目根据其组成内容和层次的不同，按照科学分解管理的需要，可划分为建设项目、单项工程、单位工程、分部工程和分项工程五个层次，如图 1-5 所示。

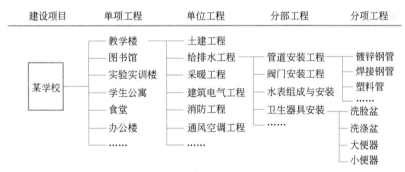

图 1-5　建设项目分解

（1）建设项目　是指在一定约束条件下，按一个总体设计进行建设的，由一个或多个有内在联系的单项工程组成的工程总和。如工业建设中，建一座工厂为一个建设项目；民用建设中，建一个住宅小区或一所学校为一个建设项目。

（2）单项工程　是指具有独立的设计文件，建成后能够独立发挥生产能力或使用功能的工程。单项工程是建设项目的组成部分。如工业建设中，一座工厂里的各个生产车间、库房、水塔等；民用建设中，一所学校里的各幢教学楼、办公楼、食堂、学生公寓等都是具体的单项工程。

（3）单位工程　是指具有独立的设计文件，能够独立组织施工，但建成后不能独立发挥生产能力或使用功能的工程。单位工程是单项工程的组成部分。如工业建设中的一幢生产车间或民用建设中的一幢教学楼，可以划分为土建工程、装饰工程、给排水工程、采暖工程、建筑电气工程、消防工程、通风空调工程等不同性质的单位工程。

（4）分部工程 是指不具备独立施工条件，不能独立发挥生产能力或使用功能，按结构部位、路段长度及施工特点或施工任务的不同划分的工程。分部工程是单位工程的组成部分。如给排水工程中的管道安装、阀门安装、水表组成与安装、卫生器具安装等都是具体的分部工程。

（5）分项工程 是指分部工程的细分，按照不同的施工方法、不同的材料、不同的内容等因素划分分项工程。分项工程是分部工程的组成部分。如管道安装工程中的镀锌钢管、焊接钢管、塑料管等都是具体的分项工程。

综上所述，一个建设项目由一个或几个单项工程组成，一个单项工程由一个或几个单位工程组成，一个单位工程又由若干个分部工程组成，一个分部工程又可划分为若干个分项工程。

（二）安装工程造价形成和计价方法

1. 工程造价形成

工程造价是工程价值的货币形式，工程计价是自下而上的分部组合计价。建设工程造价的形成是在建设项目分解的基础上进行的，将复杂的基本建设项目划分为可以进行定量计算的分项工程，计算各个分项工程的工程量，按照相应的计价依据，确定分项工程费用，然后进行分部组合汇总得到分部工程费用、单位工程造价、单项工程造价以及建设项目的总造价。

建设项目的分解和工程造价的形成关系，如图1-6所示。

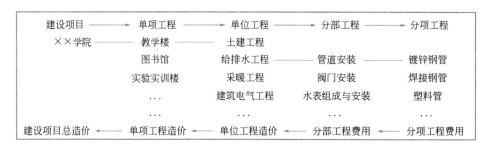

图 1-6 建设项目的分解和工程造价的形成关系

2. 工程计价方法

（1）定额计价法 定额计价法又称单位估价法，是根据国家或地方颁布的统一预算定额规定的消耗量及其单价，以及配套的取费标准和材料预算价格，根据施工图纸计算出相应的工程数量，套用相应的定额单价确定直接费，然后按规定的取费标准确定间接费（包括企业管理费、规费），再计算利润和税金，最后汇总形成建筑工程的预算价值。施工图预算编制的基本程序如图1-7所示。

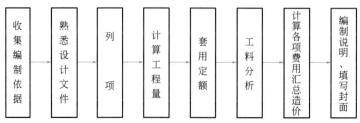

图 1-7 施工图预算编制的基本程序

（2）工程量清单计价法 工程量清单计价法，是我国在 2003 年提出的一种与市场经济相适应的计价方法，这种计价方法是按照《建设工程工程量清单计价规范》(GB 50500—2013) 规定，在各相应专业工程量计算规范规定的工程量清单项目设置和工程量计算规则基础上，针对具体工程的施工图纸和施工组织设计计算出各个清单项目的工程量，根据规定的方法计算出综合单价，并汇总各清单合价得出工程总价。工程量清单计价的基本程序如图 1-8 所示。

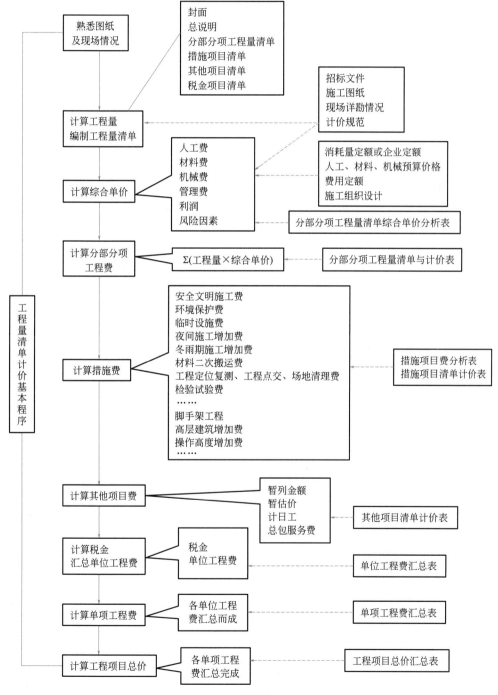

图 1-8　工程量清单计价的基本程序

二、安装工程定额与计价

（一）安装工程定额

1. 2018 山西省建设工程计价依据《安装工程预算定额》

它共分十三册，每册均由册说明、目录、章说明、定额项目表组成，包括：

第一册　机械设备安装工程

第二册　热力设备安装工程

第三册　静置设备与工艺金属结构制作安装工程

第四册　电气设备安装工程

第五册　建筑智能化工程

第六册　自动化控制仪表安装工程

第七册　通风空调工程

第八册　工业管道工程

第九册　消防工程

第十册　给排水、采暖、燃气工程

第十一册　通信设备及线路工程（待编）

第十二册　刷油、防腐蚀、绝热工程

第十三册　炉窑砌筑工程

2. 2018 山西省建设工程计价依据《建设工程费用定额》

它是根据住建部、财政部《关于印发〈建筑安装工程费用项目组成〉的通知》（建标〔2013〕44 号），住建部《关于加强和改善工程造价监管的意见》（建标〔2017〕209 号），财政部、国家税务总局《关于全面推开营业税改征增值税试点的通知》（财税〔2016〕36 号）文件及行业标准的要求，结合山西省具体情况，经调查研究、综合测算编制而成的。晋建标字〔2018〕295 号文件，制定了山西省建设工程绿色文明工地标准，对 2018 山西省建设工程计价依据《建设工程费用定额》中的安全文明施工费、临时设施费、环境保护费用（简称"三项费用"，即绿色文明工地标准费率）进行了调整。

（二）安装工程定额计价

1. 单位工程造价组成

定额计价模式下，单位工程造价由人工费、材料费、施工机具使用费、措施费、企业管理费、利润和税金组成，如图 1-9 所示。

2. 安装工程定额计价的依据

（1）经批准和会审的施工图设计文件及有关标准图集；

（2）经批准的设计概算文件；

（3）施工组织设计；

（4）安装工程预算定额（或企业定额）；

（5）建设工程费用定额；

（6）材料预算价格、各地区材料市场信息或指导信息；

（7）工程承包合同或协议书；

（8）预算工作手册。

3. 安装工程定额计价的程序

安装工程定额计价是以人工费为计算基础的，计价程序见表 1-1。

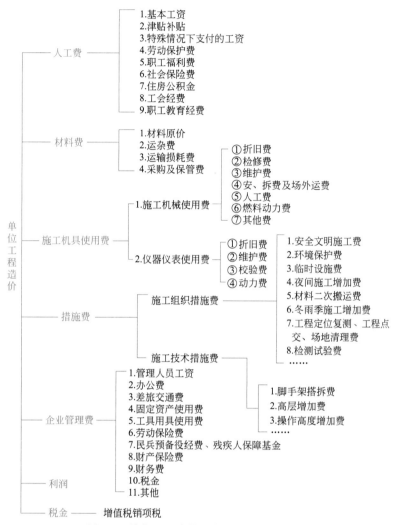

图 1-9 单位工程造价组成（定额计价模式）

表 1-1 安装工程定额计价程序

序号	费用项目	计算公式
(1)	定额工料机费（包括施工技术措施费）	按 2018 山西省《安装工程预算定额》计算
(2)	其中：人工费	按 2018 山西省《安装工程预算定额》计算
(3)	施工组织措施费	(2)×相应费率
(4)	企业管理费	(2)×相应费率
(5)	利润	(2)×相应利润率
(6)	动态调整	按规定计算
(7)	主材费	
(8)	税金	[(1)+(3)+(4)+(5)+(6)+(7)]×税率
(9)	工程造价	(1)+(3)+(4)+(5)+(6)+(7)+(8)

4．安装工程定额计价与建筑工程定额计价的区别

（1）安装工程主材均为未计价材料；

（2）安装工程取费以人工费为计价基数；

（3）安装工程技术措施项目费（脚手架搭拆费、高层建筑增加费、操作高度增加费等）以人工费为计价基数计取；

（4）安装工程系统调整费计入分部分项工程费。

这是重点

1.2 施工图预算的编制

5．安装工程施工图预算编制应包含的内容

（1）封面。反映工程概况，填写内容包括：工程名称、设计单位、建设单位、施工单位、建筑面积、工程造价、编制日期和负责人等，见表1-2。

表 1-2　工程预算书封面

工　程　预　算　书	
工程名称：	设计单位：
建设单位：	施工单位：
建筑面积：	工程造价：
建设单位(盖章)	施工单位(盖章)
日　　　期：	日　　　期：
负　责　人：	负　责　人：

（2）编制说明。包括编制依据、工程性质、内容范围、所用定额、有关部门的调价文件、套用单价或补充单位估价方面的情况及其他需要说明的问题。

（3）单位工程（安装工程）预算表。包括序号、编码、名称、工程量、工程预算单价及合价，同时列出人工费、材料费、机械费、主材费，以便汇总后计算其他费用，见表1-3。

表 1-3　安装工程预算表

序号	编码	名称	工程量		价格/元				其中/元			
			单位	数量	单价	合价	市场单价	市场合价	人工市场价	材料市场价	机械市场价	主材市场价

（4）组织措施费（总价措施项目）计价表，见表1-4。

表 1-4　总价措施项目计价表

序号	项目名称	计算基础	费率/%	费用金额/元
1	安全文明施工费			
2	临时设施费			
3	夜间施工增加费			

续表

序号	项目名称	计算基础	费率/%	费用金额/元
4	冬雨季施工增加费			
5	材料二次搬运费			
6	工程定位复测、工程点交、场地清理费			
7	室内环境污染物检测费			
8	检测试验费			
9	环境保护费			
合计				

（5）技术措施费（单价措施项目）计价表，见表 1-5。

表 1-5 单价措施项目计价表

序号	编码	名称	工程量		价格/元		其中/元		
			单位	数量	单价	合价	人工费	材料费	机械费

（6）单位工程费用表，见表 1-1。

（7）主材市场价汇总表，见表 1-6。

表 1-6 主材市场价汇总表

编号	材料名	单位	材料量	市场价	市场价合计

三、安装工程清单与计价

（一）安装工程工程量清单

1. 《建设工程工程量清单计价规范》（GB 50500—2013）、《通用安装工程工程量计算规范》（GB 50856—2013）

《建设工程工程量清单计价规范》（GB 50500—2013）包括总则、术语、一般规定、工程量清单编制、招标控制价、投标报价、合同价款约定、工程计量、合同价款调整、合同价款期中支付、竣工结算与支付、合同解除的价款结算与支付、合同价款争议的解决、工程造价鉴定、工程计价资料与档案、工程计价表格、附录等内容。

《通用安装工程工程量计算规范》（GB 50856—2013）包括总则、术语、工程计量、工程量清单编制、附录等内容，附录部分包括下列内容：

附录A　机械设备安装工程（编码：0301）

附录B　热力设备安装工程（编码：0302）

附录C　静置设备与工艺金属结构制作安装工程（编码：0303）

附录D　电气设备安装工程（编码：0304）

附录E　建筑智能化工程（编码：0305）

附录F　自动化控制仪表安装工程（编码：0306）

附录G　通风空调工程（编码：0307）

附录H　工业管道工程（编码：0308）

附录J　消防工程（编码：0309）

附录K　给排水、采暖、燃气工程（编码：0310）

附录L　通信设备及线路工程（编码：0311）

附录M　刷油、防腐蚀、绝热工程（编码：0312）

附录N　措施项目（编码：0313）

2. 工程量清单编制

工程量清单是工程量清单计价的基础，是作为编制招标控制价、投标报价、计算工程量、支付工程款、调整合同价款、办理竣工结算及工程索赔的依据，由分部分项工程量清单、措施项目清单、其他项目清单、税金项目清单组成。

工程量清单编制主要由招标人来完成，作为招标文件组成部分。招标文件中应列的清单如下：

（1）封面。按规定的内容填写、签字、盖章，造价人员编制的工程量清单应有负责审核的造价工程师签字、盖章，见表1-7。

表 1-7　工程量清单封面

＿＿＿＿＿＿＿＿＿＿＿＿＿＿ 工 程 **工 程 量 清 单** 工程造价 招 标 人：＿＿＿＿＿＿＿＿　　　　咨 询 人：＿＿＿＿＿＿＿＿ （单位盖章）　　　　　　　　　　（单位资质专用章） 法定代表人　　　　　　　　　　　法定代表人 或其授权人：＿＿＿＿＿＿＿＿　　　或其授权人：＿＿＿＿＿＿＿＿ （签字或盖章）　　　　　　　　　　（签字或盖章） 编 制 人：＿＿＿＿＿＿＿＿　　　　复 核 人：＿＿＿＿＿＿＿＿ （造价人员签字盖专用章）　　　　　（造价工程师签字盖专用章） 编制时间：　年　月　日　　　　　　复核时间：　年　月　日

（2）总说明。包括工程概况，工程招标与分包范围，工程量清单编制依据，工程材料、质量、施工等的特殊要求，其他需要说明的问题。

（3）分部分项工程量清单与计价表，见表1-8。

表 1-8　分部分项工程量清单与计价表

序号	项目编码	项目名称	项目特征描述	计量单位	工程量	金额/元		
						综合单价	合价	其中:暂估价
合计								

注：暂估价是招标人在工程量清单中提供的用于支付必然发生但暂时不能确定的材料单价暂估的金额。

（4）措施项目清单与计价表。安装工程中的措施项目主要是以"项"为计量单位进行编制，见表1-9。

表 1-9　措施项目清单与计价表

序号	项目名称	计量单位	数量	计算基础	费率/%	金额/元
一	组织措施费					
1	安全文明施工费	项	1			
2	临时设施费	项	1			
3	夜间施工增加费	项	1			
4	冬雨季施工增加费	项	1			
5	材料二次搬运费	项	1			
6	工程定位复测、工程点交、场地清理费	项	1			
7	检测试验费	项	1			
8	环境保护费	项	1			
二	技术措施费					
9	脚手架搭拆费	项	1			
10	高层增加费	项	1			
11	……					
合计						

（5）其他项目清单与计价汇总表，见表1-10。

表 1-10　其他项目清单与计价汇总表

序号	项目名称	计量单位	暂定金额/元	备注
1	暂列金额			明细详见表1-11
2	暂估价			
2.1	材料暂估价		—	明细详见表1-12
2.2	专业工程暂估价			明细详见表1-13
3	计日工			明细详见表1-14

序号	项目名称	计量单位	暂定金额/元	备注
4	总承包服务费			明细详见表 1-15
	合计			—

注：材料暂估单价进入清单项目综合单价，此处不汇总。

（6）暂列金额明细表。暂列金额是招标人在工程量清单中暂定并包括在合同价款中的一笔款项。它用于施工合同签订时尚未确定或者不可预见的所需材料、设备、服务的采购，施工中可能发生的工程变更、合同约定调整因素出现时的工程价款调整以及发生的索赔、现场签证确认等的费用。招标人如不能详列，可只列暂列金额总额，投标人将总额计入投标总价中，见表 1-11。

表 1-11　暂列金额明细表

序号	项目名称	计量单位	暂定金额/元	备注
1				
2				
	合计			—

（7）材料暂估单价表。暂估价的材料主要指甲供的材料，材料包括原材料、燃料、构配件以及按规定应计入建筑安装工程造价的设备。招标人在备注栏说明暂估价的材料拟用在哪些清单项目上，投标人将材料暂估单价计入工程量清单综合单价报价中，见表 1-12。

表 1-12　材料暂估单价表

序号	材料名称、规格、型号	计量单位	单价/元	备注
1				
2				
3				

（8）专业工程暂估价表。所谓专业工程，指投标人拟分包的工程，该暂估价包括管理费和利润，由招标人填写，投标人将专业工程暂估价计入投标总价中，见表 1-13。

表 1-13　专业工程暂估价表

序号	工程名称	工程内容	金额/元	备注
1				
2				
	合计			—

（9）计日工表。计日工是在施工过程中，完成发包人提出的施工图纸以外的零星项目或工作，按合同中约定的综合单价计价。此表项目名称、数量由招标人填写，单价由投标人自主报价，见表 1-14。

表 1-14 计日工表

序号	项目名称	单位	暂定数量	综合单价	合价
一	人工				
人工小计					
二	材料				
材料小计					
三	施工机械				
机械小计					
四	企业管理费和利润				
合计					

（10）总承包服务费计价表。总承包服务费是总承包人为配合协调发包人进行的工程分包自行采购的设备、材料等进行管理、服务以及施工现场管理、竣工资料汇总整理等服务所需的费用，见表 1-15。

表 1-15 总承包服务费计价表

序号	工程名称	项目价值/元	服务内容	计算基础	费率/%	金额/元
1	发包人发包专业工程					
2	发包人供应材料					
3						
合计						

（二）安装工程清单计价

实行工程量清单计价的建筑安装工程，采用综合单价计价。综合单价是指完成一个规定清单项目所需的人工费、材料费、施工机具使用费、企业管理费与利润，以及一定范围内的风险费用。

1. 单位工程造价组成

清单计价模式下，单位工程造价由分部分项工程费、措施项目费、其他项目费和税金组成，如图 1-10 所示。

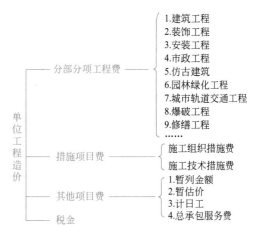

图 1-10 单位工程造价组成（清单计价模式）

2. 安装工程清单计价程序（表1-16）

表 1-16　安装工程清单计价程序

序号	费用项目	计算公式
（1）	分部分项工程费	∑分部分项清单项目工程量×相应清单项目综合单价
（2）	施工技术措施项目费	∑分项技术措施清单项目工程量×相应清单项目综合单价
（3）	施工组织措施项目费	∑计算基础×相应费率
（4）	其他项目费	招标人部分的金额＋投标人部分的金额
（5）	税金	［（1）＋（2）＋（3）＋（4）］×税率
（6）	单位工程造价	（1）＋（2）＋（3）＋（4）＋（5）

这是重点

1.3　工程量
清单报价

3. 投标报价、招标控制价的编制

工程量清单报价由投标人或招标人完成，投标人做投标报价，招标人做招标控制价，应提交以下内容：

（1）封面，投标报价封面见表1-17，招标控制价封面见表1-18。

表 1-17　投标报价封面

投 标 总 价

招　标　人：＿＿＿＿＿＿＿＿＿＿＿＿＿＿＿＿＿＿＿＿＿

工 程 名 称：＿＿＿＿＿＿＿＿＿＿＿＿＿＿＿＿＿＿＿＿＿

投 标 总 价(小写)：＿＿＿＿＿＿＿＿＿＿＿＿＿＿＿＿＿＿

　　　　（大写)：＿＿＿＿＿＿＿＿＿＿＿＿＿＿＿＿＿＿

投　标　人：＿＿＿＿＿＿＿＿＿＿＿＿＿＿＿＿＿＿＿＿＿

　　　　　　（单位盖章）

法定代表人
或其授权人：＿＿＿＿＿＿＿＿＿＿＿＿＿＿＿＿＿＿＿＿＿

　　　　　　（签字或盖章）

编　制　人：＿＿＿＿＿＿＿＿＿＿＿＿＿＿＿＿＿＿＿＿＿

　　　　　　（造价人员签字盖专用章）

编 制 时 间：　　年　　月　　日

表 1-18 招标控制价封面

<table>
<tr><td colspan="2" style="text-align:center">_____工程
招标控制价</td></tr>
<tr><td colspan="2">招标控制价(小写):_____
       (大写):_____</td></tr>
<tr><td colspan="2" style="text-align:center">工程造价</td></tr>
<tr><td>招 标 人:_____
    (单位盖章)</td><td>咨 询 人:_____
    (单位资质专用章)</td></tr>
<tr><td>法定代表人
或其授权人:_____
    (签字或盖章)</td><td>法定代表人
或其授权人:_____
    (签字或盖章)</td></tr>
<tr><td>编 制 人:_____
  (造价人员签字盖专用章)</td><td>复 核 人:_____
  (造价工程师签字盖专用章)</td></tr>
<tr><td>编制时间: 年 月 日</td><td>复核时间: 年 月 日</td></tr>
</table>

（2）总说明（同招标人格式）。

（3）单项工程投标报价（招标控制价）汇总表。此表是在各单位工程汇总表的基础上填报，所报暂估价、三项不可竞争费（安全文明施工费、环境保护费、临时设施费）的金额，须与各单位工程汇总表相关数据一致，见表 1-19。

表 1-19 单项工程投标报价（招标控制价）汇总表

序号	单 位 工 程 名 称	金额/元	其 中	
			暂估价/元	安全文明施工费、环境保护费、临时设施费
1	给排水工程			
2	采暖工程			
3	建筑电气工程			
4	消防工程			
5	通风空调工程			
	合 计			

（4）单位工程投标报价（招标控制价）汇总表，见表 1-20。

表 1-20 单位工程投标报价（招标控制价）汇总表

序号	汇 总 内 容	金额/元	其中:暂估价/元
1	分部分项工程费		
2	措施项目费		
2.1	不可竞争费(三项费用)		
3	其他项目费		
3.1	暂列金额		

续表

序号	汇 总 内 容	金额/元	其中:暂估价/元
3.2	专业工程暂估价		
3.3	计日工		
3.4	总承包服务费		
4	税金		
投标报价(招标控制价)合计=1+2+3+4			

（5）分部分项工程量清单与计价表，见表 1-8。

（6）工程量清单综合单价分析表，见表 1-21。

表 1-21　工程量清单综合单价分析表

项目编码				项目名称				计量单位		
清单综合单价组成明细										
定额编号	定额名称	定额单位	数量	单价				合价		
				人工费	材料费	机械费	管理费和利润	人工费	材料费	机械费	管理费和利润
人工单价		小计									
元/工日		未计价材料费									
清单项目综合单价											

材料费明细	主要材料名称、规格、型号	单位	数量	单价/元	合价/元	暂估单价/元	暂估合价/元
	其他材料费			—		—	
	材料费小计			—		—	

注：1. 如不使用省级或行业建设行政主管部门发布的计价依据，可不填定额编号、名称等。
2. 招标文件提供了暂估单价的材料，按暂估的单价填入表内"暂估单价"及"暂估合价"处。

（7）措施项目清单与计价表，见表 1-9。

（8）其他项目清单与计价汇总表，见表 1-10。

其中总承包服务费费率可参照表 1-22 标准计算。

表 1-22　总承包服务费费率参照表

费用项目	计费基础	费率/%
对专业工程协调与管理	专业工程估算造价	1～3
对专业工程协调、管理并提供配合服务	专业工程估算造价	2～5

📎 项目小结

本项目学习了给排水工程、采暖工程、建筑电气工程、消防工程、通风空调工程的基础知识，了解了建设项目的分解和工程造价的形成，学习了安装工程施工图预算和招标控制价、投标报价的编制方法和编制程序。

在本项目学习中，要熟悉安装工程的基础知识，为识图打好基础，熟悉安装工程预算定额和通用安装工程清单计量与计价规范的相关内容，掌握施工图预算和招标控制价、投标报价的编制依据和编制程序。

练一练、做一做

一、单选题

1. 工程建设定额中不属于计价性定额的是（　　　）。

A. 费用定额　　　　　B. 概算定额　　　　　C. 预算定额　　　　　D. 施工定额

2. 企业定额水平应（　　）国家、行业和地区定额，才能适应投标报价、增强市场竞争能力的要求。

A. 高于　　　　　　　B. 低于　　　　　　　C. 等于　　　　　　　D. 不高于

3. 教学楼的给排水工程是（　　　）。

A. 单项工程　　　　　B. 单位工程　　　　　C. 分部工程　　　　　D. 分项工程

4. 工程计价的基本单元是（　　　）。

A. 单项工程　　　　　B. 单位工程　　　　　C. 分部工程　　　　　D. 分项工程

5. 建筑安装工程费用中的文明施工费属于（　　　）。

A. 人工费　　　　　　B. 措施费　　　　　　C. 企业管理费　　　　D. 规费

二、填空题

1. 建筑安装工程费由分部分项工程费、（　　　　）、（　　　　）、税金构成。

2. 管理人员工资、差旅交通费属于（　　　　）的内容。

3. 建设项目可以依次分解成（　　　　）、（　　　　）、（　　　　）、（　　　　）、（　　　　）。

4. 社会保险费包括养老保险费、失业保险费、（　　　　）、生育保险费、（　　　　）。

5. 在工程量清单计价中，材料暂估价是（　　　　）。

三、问答题

1. 单项工程和单位工程有什么区别？

2. 建筑给水系统由哪几部分组成？

3. 消火栓系统由哪几部分组成？

4. 建设项目分解和工程造价形成的关系是什么？

5. 安装工程招标控制价的编制程序是什么？

1.4 习题答案

项目二

给排水工程计量与计价

 学习目标

掌握给排水工程施工图的主要内容及其识读方法；能熟练识读给排水工程施工图；掌握定额与清单两种计价模式，给排水工程施工图计量与计价编制的步骤、方法、内容、计算规则及其格式。学会根据计量计价成果进行给排水工程工料分析、总结、整理各项造价指标。

思维导图

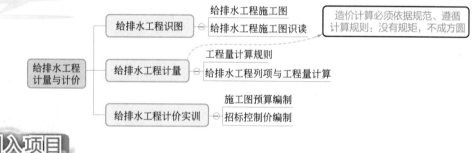

引入项目

项目任务书

完成某村委办公楼施工图生活给水与生活排水分部分项工程量计算，并采用定额计价编制给排水工程施工图预算；计算分部分项清单项目综合单价，采用清单计价编制其招标控制价。

某村委办公楼给排水工程施工图如图 2-1～图 2-8 所示（CAD 图可扫描二维码 2.1 查看）。施工图设计说明如下：

1. 工程概况

某村委办公楼建筑面积 $2640m^2$，建筑高度 18.50m，共 6 层。

2. 设计范围

本设计承担办公楼室内给排水设计，设有生活给水系统和生活排水系统。生活给水引自市政自来水管道；粪便污水与洗涤废水合流排除，污水通过管道靠重力排至室外。

2.1 村委办公楼
给排水施工图

3. 管材及接口

（1）生活给水管及管件选用衬塑热浸镀锌钢管和可锻铸铁衬塑管件螺纹连接。

（2）污水管采用柔性接口的机制排水铸铁管，平口对接，橡胶圈密封不锈钢卡箍卡紧。

4. 阀门及附件

给水管 $DN \leqslant 50mm$ 者采用铜质截止阀，螺纹连接；$DN > 50mm$ 者采用闸阀，法兰连接。阀门工作压力按其所在位置的管道工作压力确定。

5. 管道敷设

（1）管道坡度应根据图中所注标高进行施工，当未注明时，按下列坡度安装。

① 给水管按 0.003 敷设坡向泄水装置。

② 排水铸铁管标准坡度：$DN50$，0.035；$DN75$，0.025；$DN100$，0.02；$DN125$，0.015；$DN150$，0.01。

③ 地漏及存水弯水封高度不小于 50mm，地漏算子表面低于该处地面不小于 10mm。

（2）钢管支架

① 钢管支架水平安装距离，不得大于表 2-1 所列数值。

表 2-1　钢管支架水平安装距离　　　　　　　　　　　单位：m

管径/mm		15	20	25	32	40	50	70	80	100	125	150	200
钢管支架	保温	1.5	2	2	2.3	3	3	4	4	4.5	5	6	7
	不保温	2.5	3	3.5	4	4.5	5	6	6	6.5	7	8	9.5

② 立管均设管卡，安装高度为距地面 1.5m。

（3）铸铁排水管道上的吊钩或卡固定在承重结构，固定件间距横管不得大于 2m，立管不得大于 3m，立管底部的弯管处应设牢固支架或支墩。

（4）管道穿楼板时应加设套管，套管内径比所穿管子外径大 10mm，套管下端与楼板底相平。套管上端应高出楼板面 20～30mm，管间空隙用油麻填实，并用沥青灌平。

6. 防腐及油漆

（1）在涂刷底漆前必须清除表面的灰尘、污垢、锈斑、焊渣等物，涂刷油漆应厚度均匀，不得有脱皮、起泡、流淌和漏涂现象。

（2）生活给水管明装者外刷两道白色调和漆，埋地者外壁刷两道沥青漆防腐。

（3）金属管道支架除锈后刷樟丹防锈漆二道、灰色调和漆二道。

7. 管道试压

管道安装完毕后应按设计规定对管道系统进行强度严密性试压以检查管道系统及各部位连接的工程质量。

室内给水管道试验压力为 1.0MPa，在 10 分钟内压力降不大于 0.02MPa，然后将试验压力降至工作压力做外观检查以不漏为合格。

8. 管道冲洗

（1）生活给水管在交付使用前必须冲洗并消毒，并经有关部门取样检验。符合国家生活饮用水标准 GB/T 5750.1～5750.13—2006 方可使用。

（2）排水管冲洗以管道畅通为合格。工程图例如表 2-2 所示。

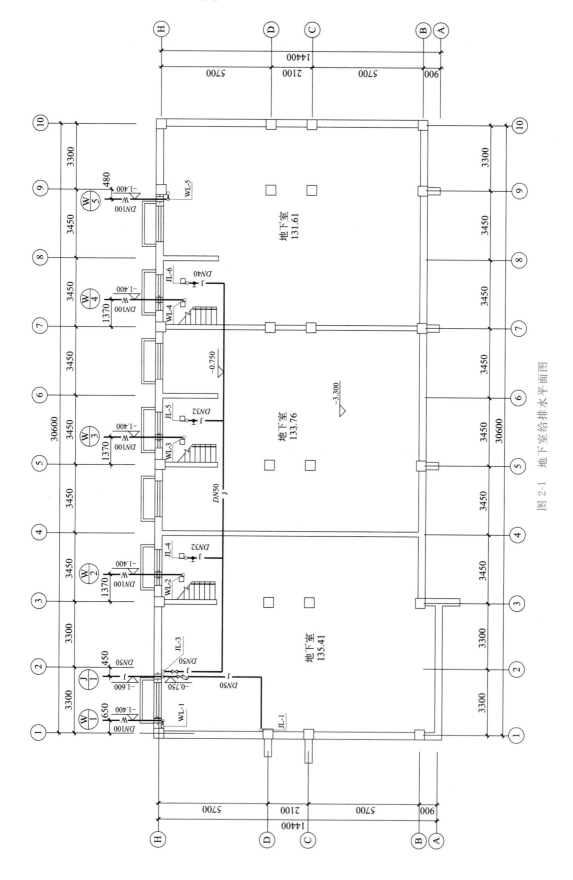

图 2-1 地下室给排水平面图

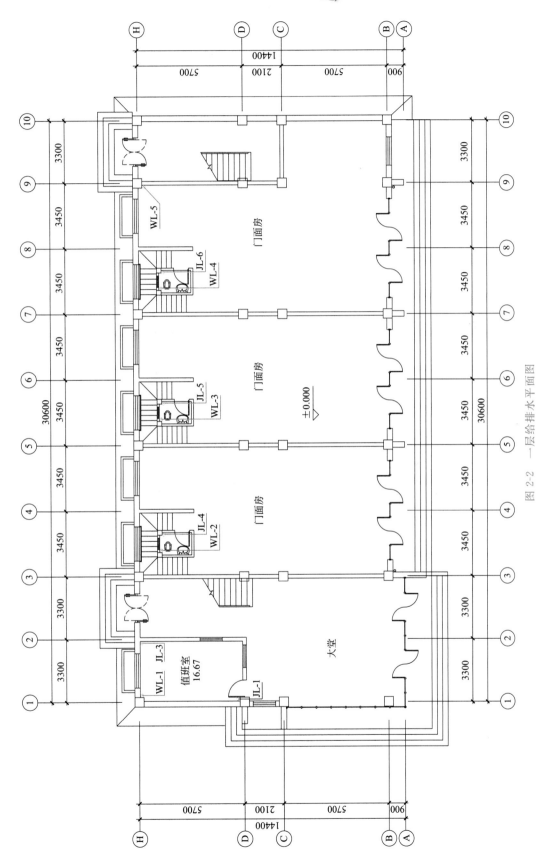

图 2-2 一层给排水平面图

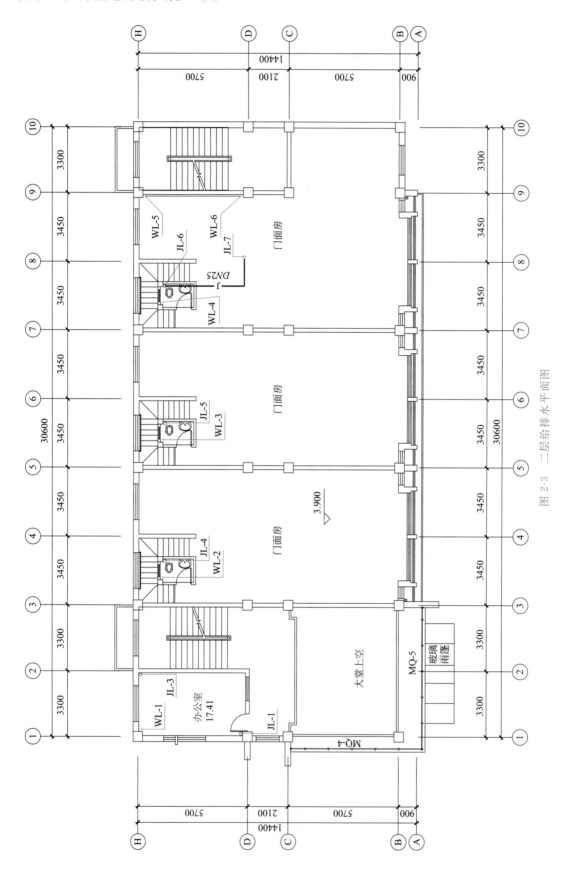

图 2-3 二层给排水平面图

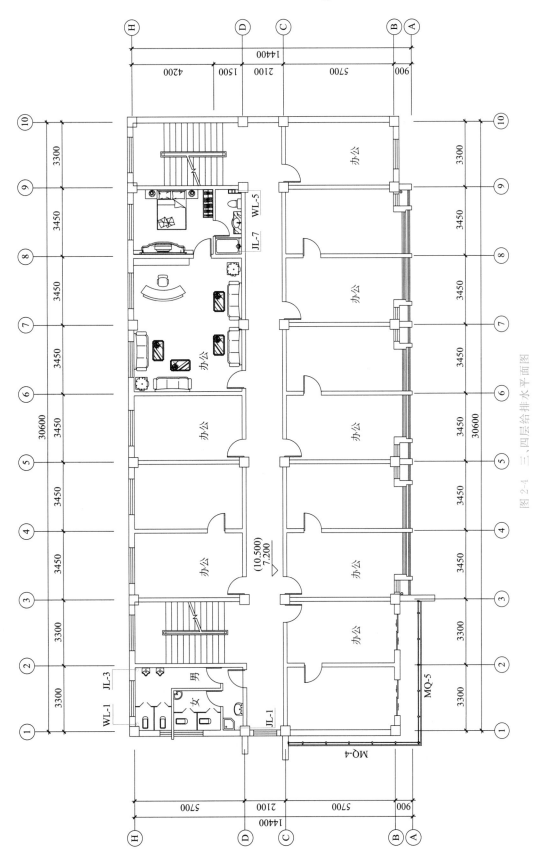

图 2-4 三、四层给排水平面图

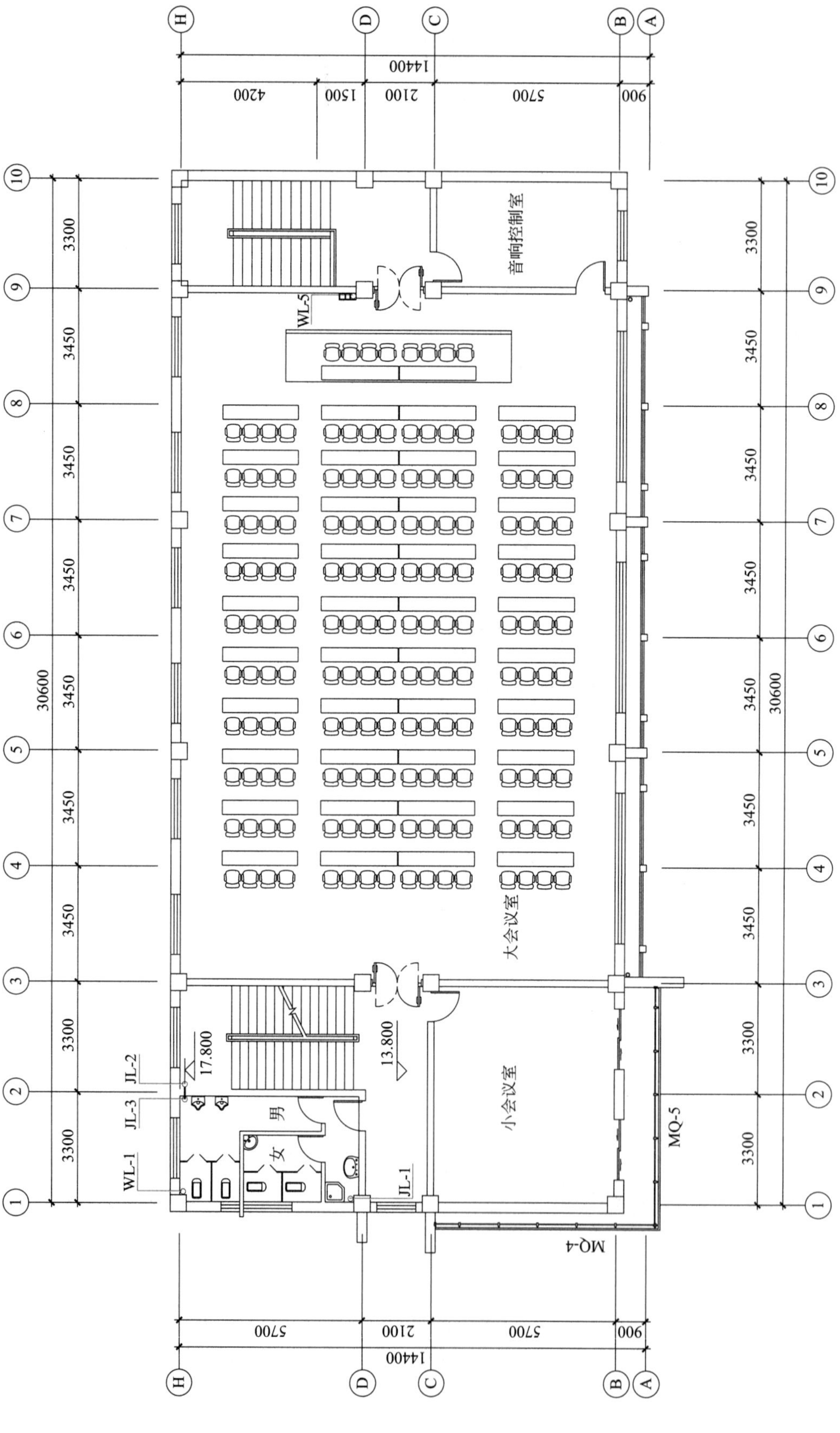

图 2-5 五层给排水平面图

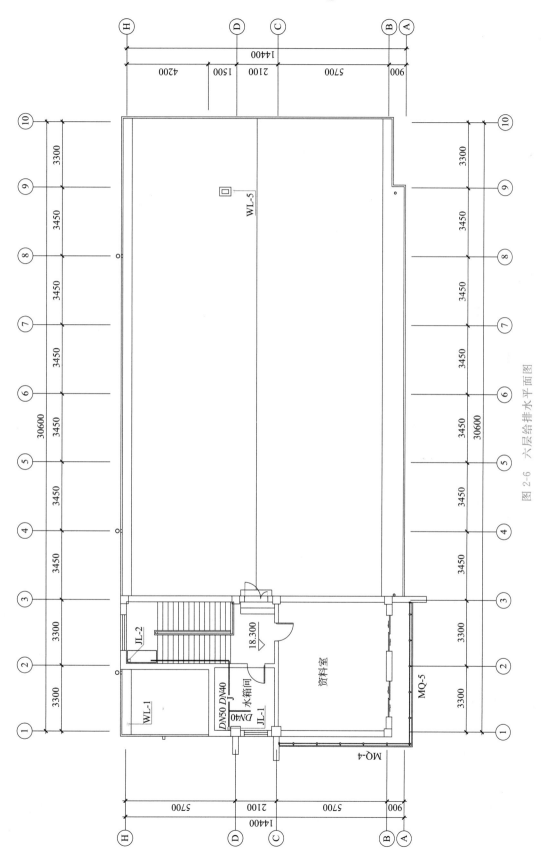

图 2-6　六层给排水平面图

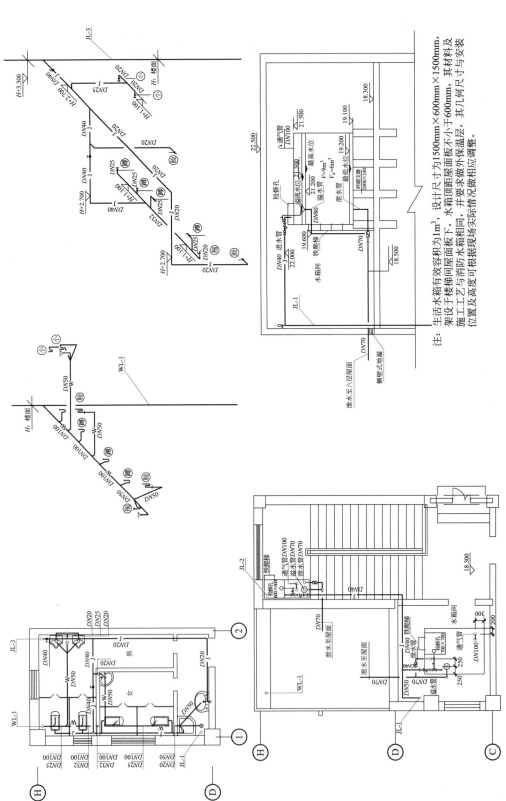

注：生活水箱有效容积为1m³，设计尺寸为1500mm×600mm×1500mm，架设于楼梯间屋面板下，水箱顶距屋面板不小于600mm，其材料及施工工艺与消防水箱相同，并要求根据现场实际情况做相应调整。位置及高度可根据现场实际情况做相应调整。

图 2-7 公共卫生间及水箱间详图

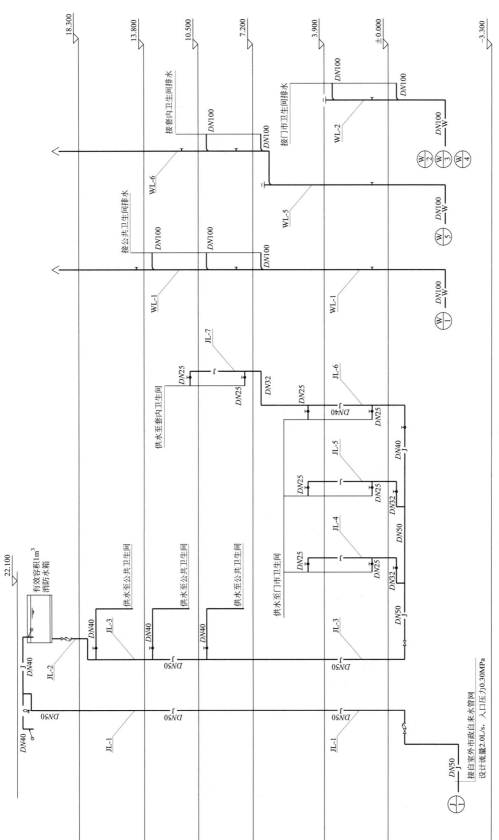

图 2-8　给排水系统图

表 2-2　工程图例

图例	名称	图例	名称
——J——	生活给水管	 ├　↑	检查口　通气帽
——W——	生活污水管	◣　◖	标准单口消火栓
——XH——	消火栓给水管	 ○—WL	排水立管
 —▨—	蝶阀	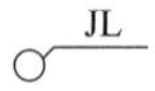 ○—JL	给水立管
 —●—	截止阀	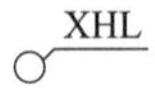 ○—XHL	消防立管
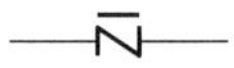 —Ṉ—	止回阀	 Ⓙ	给水进户管
◎平面　Ṯ系统	地漏	 ⓍⒽ	消防水进户管
▲×-××-×	手提式灭火器	 Ⓦ	排水出户管

熟悉施工图

学习单元一　给排水工程识图

一、给排水工程施工图

1. 施工图组成

室内给排水施工图通常由设计及施工说明、施工平面图（总平面图或底层平面图、标准层平面图、顶层平面图）、给水系统图和排水系统图、大样图或详图及标准图组成。

（1）设计及施工说明主要包括工程概况、所用材料材质、规格型号及要求、工程做法、卫生器具种类和型号等内容。

（2）施工平面图表明了各种用水设备平面位置、管道的平面布置和立管的平面位置与编号，底层平面图中还应包括给水引入管和排水排出管的位置、水表节点等内容。

（3）系统图主要表明管道的空间走向，各种水平管的安装高度，阀门的安装位置，管径的变化情况，管道与卫生器具的连接方式，以及地漏和清扫口位置等内容。

（4）通过以上图纸和说明还无法表达清楚的管道节点构造、卫生器具和设备的安装图等需要用大样图或详图及标准图来表示。

2. 图例符号

给排水工程中常见的图例符号见表 2-3。

表 2-3　给排水工程常用图例

名称	图形	名称	图形
闸阀	 —▷◁—	化验盆 洗涤盆	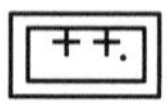 ⊞⊤⊤.

续表

名称	图形	名称	图形
截止阀		污水池	
延时自闭冲洗阀		带沥水板洗涤盆	
减压阀		盥洗盆	
球阀		妇女卫生盆	
止回阀		立式小便器	
消音止回阀		挂式小便器	
蝶阀		蹲式大便器	
柔性防水套管		坐式大便器	
检查口		小便槽	
清扫口		引水器	
通气帽		淋浴喷头	
圆形地漏		雨水口	
方形地漏		水泵	
水锤消除器		水表	
可曲挠橡胶接头		防回流污染止回阀	
水表井		水龙头	

二、给排水工程施工图识读

识读给排水施工图时，应首先查看设计及施工说明，明确设计要求，然后将给水和排水分开阅读，把平面图和系统图对照起来看，最后阅读详图和标准图。

1. 给排水施工平面图的识读

给排水施工平面图是给排水施工图纸中最基本和最重要的图，它主要表明给排水管道和卫生器具等的平面布置。识读此图时应弄清以下内容：

（1）明确卫生器具和用水设备的类型、数量、安装位置、接管方式。

（2）明确给水引入管和污水排出管的平面走向、位置。

（3）明确给排水干管、立管、横管、支管的平面位置与走向。

（4）明确水表、消火栓等的型号、安装方式。

2. 给排水施工系统图的识读

给排水施工系统图主要表示管道系统的空间走向。在给排水系统图上，一般不画出卫生器具，只用图例符号画出水龙头、淋浴器喷头、冲洗水箱等。在排水系统图上，也不画出主要卫生器具，只画出卫生器具下的存水弯或排水支管。识读给排水系统图时要重点掌握以下内容：

（1）明确各部分给水管道的空间走向、标高、管道直径及其变化情况，阀门的设置位置和规格、数量。

（2）明确各部分排水管道的空间走向、管路分支情况、管道直径及其变化情况，弄清横管的坡度、管道各部分的标高、存水弯的形式、清通设施的设置情况。

3. 给排水施工详图的识读

给排水工程施工详图主要有水表节点图、卫生器具安装图、管道支架安装图等。有的详图选用标准图和通用图时，还需查阅相应标准图和通用图。识读详图时重点掌握其所包括的设备、各部分的起止范围。

4. 给排水施工图的表示

（1）管道在平面图上的表示：一般要把该楼层地面以上和楼板以下的所有管道都表示在该层建筑平面图上；对于底层，还要把地沟内的管道表示出来。水平管、倾斜管用其单线条的水平投影表示；当几根管道水平投影相互重合时，可以间隔一定的距离并排表示；当管道交叉时，位置较高的管道可直线通过，位置较低的管道在交叉投影处要断开表示；垂直管道在平面图上用圆圈表示；管道在空间向下或向上拐弯时，按具体情况用图 2-9 所示的方法表示。

（2）管道在系统图上的表示：室内管道系统图主要是反映管道在室内空间的走向和标高位置。

因为一般的给排水、采暖工程的系统图是采用正面斜轴测图，所以其左右方向的管道用水平线表示，上下走向的管道用竖线表示，前后走向的管道用 45°斜线表示。

（3）管道标高的表示：管道的标高符号一般标注在管道的起点或终点，标高的数字对于给水管道、采暖管道是指管道中心处的位置相对于±0.000 的高度；对于排水管道通常是指管子内底的相对标高。标高的单位是"m"。

（4）管道坡度的表示：管道的坡度符号可标注在管子的上方或下方，其箭头所指的一端是管子较低的一端，一般表示为 $i=\times\times\times$。如 $i=0.005$ 表明管道的坡度为千分之五。

（5）管道直径的表示：管道直径一般用公称直径标注，一段管子的直径一般标注在该段管子的两端，而中间不再标注，如图 2-10 所示。

图 2-9　管道上下拐弯在平面图上的表示　　　　图 2-10　管径的表示

看懂了吗

【例 2-1】 以图 2-1、图 2-7、图 2-8 为例，说明识读给排水工程施工图的方法

2.2 给排水工程
施工图识读

（1）先看地下室平面图 2-1，从给水入口 $\frac{1}{1}$ 开始看起，沿着水流方向引入管 $DN50$ 衬塑热浸镀锌钢管从 $-1.6m$ 进入地下室内，沿⑭轴墙向上翻起至 $-0.75m$，沿 $DN50$ 总立管沿①轴与⑭轴交叉处进入屋顶水箱，由立管 JL-2、JL-3 向下敷设至地下室 $-0.75m$，同时在三、四、五层供水给公共卫生间。

（2）系统图与平面图相结合，对照系统图 2-8，从 JL-3 向下敷设至地下室的横管上连接立管 JL-4、JL-5、JL-6 供水到门市卫生间，其中 JL-6 在二层顶下水平敷设 $DN25$ 管道进入连接至 JL-7 向上进入三、四层套内卫生间。

（3）最后再看卫生间的详图［图 2-7（包括大样图及系统图）］，明确公共卫生间里的卫生器具及管道的布置及走向。

（4）排水施工图识读方法与给水类似，沿水流方向或水流逆方向识读。平面图和系统图结合起来看，最后看大样图或详图。

通过这种方法，结合图例，就能很清晰地看懂给排水图中所有的内容，为列项及计量打下基础。

列项算量

学习单元二 **给排水工程计量**

一、工程量计算规则

给排水工程量的计算主要包括管道、管道附件、水箱、卫生器具、支架及其他、除锈刷油绝热等内容。

2.3 山西 2018
给排水定额说明

1. 室内给排水管道

（1）各类管道安装按室内外、材质、连接形式、规格分别列项，以"10m"为计量单位。定额中铜管、塑料管、复合管（除钢塑复合管外）按外径表示，其他管道均按公称直径表示。塑料管、复合管、铜管公称直径与外径对照如表 2-4 所示。

（2）各类管道安装工程量，均按设计管道中心线长度，以"10m"为计量单位，不扣除阀门、管件、附件（包括器具组成）所占长度。

2.4 给排水管
道工程量计算

表 2-4 塑料管、复合管、铜管公称直径与外径对照表

公称直径 DN/mm	外径 dn/mm	
	塑料管、复合管	铜管
15	20	18
20	25	22
25	32	28
32	40	35

公称直径 DN/mm	外径 dn/mm	
	塑料管、复合管	铜管
40	50	42
50	63	54
65	75	76
80	90	89
100	110	108
125	140	
150	160	
200	200	

（3）室内给排水管道与卫生器具连接的分界线如下：

① 给水管道，卫生器具（含附件）与管道系统连接的第一个连接件（角阀、三通、弯头、管箍等）；

② 排水管道，卫生器具排出口与地面或墙面连接处；与地漏连接的排水管道自地面设计尺寸算起，不扣除地漏所占长度。

（4）在已封闭的管道（井）、地沟及吊顶内安装的项目，人工乘以系数 1.20。

会算了吗

（5）管道工程量计算

① 水平管道的长度要尽量按平面图上所标注尺寸计算。当平面图上未标注尺寸时，可用比例尺度量。竖直管道的长度要按系统图上的标高差计算。管道中有些弯曲部分在图上未表示出时，要按施工实际考虑管道的弯曲长度。

② 计算各种规格管道长度时，要注意管道安装的变径点。螺纹管道的变径点一般在分支三通处，焊接管道的变径点一般在分支后 200mm 处。然后按变径点位置计算每段不同规格管子的长度。铸铁给水管道的变径点按变径管件的图示位置具体考虑。

③ 为了清楚地算出和复核各部分管道长度，计算给水管道延长米时，立管要编号（图上有立管号的不再另编）。对于明装给水管道要先计算明装干管长度，然后按立管编号的顺序计算各立管长度以及立管上横管、支管长度。对于暗装给水管道也要计算暗装干管长度，然后按水立管编号再计算各立管暗装部分长度。最后应将计算结果列表记录。

④ 计算室内排水管道安装工程量时，首先弄清卫生器具成组安装中包括了哪部分排水管道，然后按排水立管的编号或排出管的编号顺序，先计算各排出管、立管长度，再计算各立管或排出管上的横管、横支管、立支管的长度。

⑤ 管道的室内外界限划分。室内外给水管道以建筑物外墙皮 1.5m 为界，建筑物入口设阀门者以阀门为界；室内外排水管道以出户第一个排水检查井为界，如施工图上未标示出检查井、阀门井，但标示了市政碰头点，按市政碰头点计算，如果均未标示，按给水管道以建筑物外墙皮 1.5m 为界，排水以建筑物外墙皮 3.0m 为界。

2. 室内给排水管道附件

包括各类阀门、法兰、低压器具、补偿器、计量表、软接头、倒流防止器、塑料排水管消声器、液面计、水位标尺等安装。

（1）各种阀门、补偿器、软接头、普通水表、IC卡水表、水锤消除器、塑料排水管消声器安装，均按照不同连接方式、公称直径，以"个"为计量单位。

（2）减压器、疏水器、水表、倒流防止器、热量表成组安装，按照不同组成结构、连接方式，按公称直径，以"组"为计量单位。减压器安装按高压侧的直径计算。

2.5　给排水阀门

（3）卡紧式软管按照不同管径，以"根"为计量单位。

（4）法兰均区分不同公称直径，以"副"为计量单位。承插盘法兰短管按照不同连接方式，按公称直径，以"副"为计量单位。

（5）浮标液面计、浮漂水位标尺区分不同的型号，以"组"为计量单位。

3. 卫生器具安装

包括浴盆、净身盆、洗脸盆、洗涤盆、化验盆、大便器、小便器、淋浴器、淋浴室、桑拿浴房、烘手器、拖布池、水龙头、排水栓、地漏、地面扫除口、雨水斗、蒸汽-水加热器、冷热水混合器、饮水器、隔油器等器具安装项目，以及大、小便器自动冲洗水箱和小便槽冲洗管制作安装。

（1）各种材质卫生器具均按设计图示数量计算，以"10组"或"10套"为计量单位。

（2）大、小便槽自动冲洗水箱安装分容积按设计图示数量，以"10套"为计量单位。大、小便槽自动冲洗水箱制作不分规格，以"100kg"为计量单位。

（3）小便槽冲洗管制作与安装按设计图示长度以"10m"为计量单位，不扣除阀门的长度。

（4）各类卫生器具安装项目包括卫生器具本体、配套附件、成品支托架安装。各类卫生器具配套附件是指给水附件（水嘴、金属软管、阀门、冲洗管、喷头等）和排水附件（下水口、排水栓、存水弯、与地面或墙面排水口之间的排水连接管等）。

4. 水箱的制作与安装

（1）钢板水箱的制作　钢板水箱的制作的工程量计算，应按水箱的不同形式（圆形或矩形），区别每个水箱的容量，分别以箱体金属重量千克（kg）为计量单位。

（2）水箱的安装　水箱安装的工程量，按水箱设计容量，以"台"为计量单位。

各种水箱连接管的安装，在水箱制作与安装项目中均未包括，应执行相应的管道安装项目。

5. 室内给排水工程支架及其他

包括管道支架、设备支架和一般套管制作安装，阻火圈安装，管道水压试验，管道消毒、冲洗，预留孔洞、堵洞眼、机械钻孔、剔堵槽沟等项目。

（1）支架的制作与安装

管道、设备支架制作安装按设计图示单件重量，以"100kg"为计量单位。计算时以施工图设计规定为准，如设计无规定，可以参照表2-5确定。

2.6　管道支架
工程量计算

2.7　管道支架

表2-5　室内钢管、铸铁管道支架用量参考表

序号	公称直径（以内）/mm	钢管/（kg/m）		铸铁管/（kg/m）	
		给水、采暖、空调水		给水、排水	雨水
		保温	不保温		
1	15	0.58	0.34	—	—

序号	公称直径(以内)/mm	钢管/(kg/m)		铸铁管/(kg/m)	
		给水、采暖、空调水			
		保温	不保温	给水、排水	雨水
2	20	0.47	0.30	—	—
3	25	0.50	0.27	—	—
4	32	0.53	0.24	—	—
5	40	0.47	0.22	—	—
6	50	0.60	0.41	0.47	—
7	65	0.59	0.42	—	—
8	80	0.62	0.45	0.65	0.32
9	100	0.75	0.54	0.81	0.62
10	125	0.75	0.58	—	—
11	150	1.06	0.64	1.29	0.86
12	200	1.66	1.33	1.41	0.97
13	250	1.76	1.42	1.60	1.09
14	300	1.81	1.48	2.03	1.20
15	350	2.96	2.22	3.12	—
16	400	3.07	2.36	3.15	—

（2）成品管卡、阻火圈安装、成品防火套管安装，按工作介质管道直径，区分不同规格以"个"为计量单位，成品管卡设计无规定时，可参照表2-6确定。

表2-6　成品管卡用量参考表　　　　　　　单位：个/10m

序号	公称直径（以内）/mm	给水、采暖、空调水管道								排水管道	
		钢管		铜管		不锈钢管		塑料管及复合管			塑料管
		保温管	不保温管	垂直管	水平管	垂直管	水平管	立管	水平管		立管	横管
									冷水管	热水管		
1	15	5.00	4.00	5.56	8.33	6.67	10.00	11.11	16.67	33.33	—	—
2	20	4.00	3.33	4.17	5.56	5.00	6.67	10.00	14.29	28.57	—	—
3	25	4.00	2.86	4.17	5.56	5.00	6.67	9.09	12.50	25.00	—	—
4	32	4.00	2.50	3.33	4.17	4.00	5.00	7.69	11.11	20.00	—	—
5	40	3.33	2.22	3.33	4.17	4.00	5.00	6.25	10.00	16.67	8.33	25.00
6	50	3.33	2.00	3.33	4.17	3.33	4.00	5.56	9.09	14.29	8.33	20.00
7	65	2.50	1.67	2.86	3.33	3.33	4.00	5.00	8.33	12.50	6.67	13.33
8	80	2.50	1.67	2.86	3.33	2.86	3.33	4.55	7.41	—	5.88	11.11
9	100	2.22	1.54	2.86	3.33	2.86	3.33	4.17	6.45	—	5.00	9.09
10	125	1.67	1.43	2.86	3.33	2.86	3.33	—	—	—	5.00	7.69
11	150	1.43	1.25	2.50	2.86	2.50	2.86	—	—	—	5.00	6.25

（3）管道保护管制作与安装，分为钢制和塑料两种材质，区分不同规格，按设计图示管

道中心线长度以"10m"为计量单位。

（4）预留孔洞、堵洞项目，按工作介质管道直径，分规格以"10 个"为计量单位。

（5）管道水压试验、消毒冲洗按设计图示管道长度，分规格以"100m"为计量单位。

（6）套管的制作与安装

① 一般套管的制作与安装，按照材质分为钢套管与塑料套管，区分介质管道直径，以"个"为计量单位。

② 钢套管穿越建筑物基础、防水墙体、顶板时，应做防水套管，执行 2018 山西省建设工程计价依据《安装工程预算定额》中《工业管道工程》相应的子目。计量单位为"个"。

（7）成品表箱安装按箱体半周长以"个"为计量单位。

（8）机械钻孔项目，区分混凝土楼板钻孔及混凝土墙体钻孔，按钻孔直径以"10 个"为计量单位。

（9）剔堵槽、沟项目，区分砖结构及混凝土结构，按截面尺寸以"10m"为计量单位。

6. 除锈、刷油、绝热

除锈、刷油、防腐、保温绝热执行 2018 山西省建设工程计价依据《安装工程预算定额》中《刷油、防腐蚀、绝热工程》定额。

（1）除锈

① 钢管除锈工程量计算：按管道表面展开面积计算工程量。表面展开面积可用下式进行计算：

$$S = L\pi D$$

式中　L——管道的长度，m；

　　　D——管道的外径，m。

各种管件、阀门及设备的人孔、管口凹凸部分除锈，已综合在定额中。因施工需要发生的二次除锈应另行计算。

② 铸铁管道除锈工程量的计算：按管道表面展开面积计算工程量。表面展开面积可用下式计算：

$$S = L\pi D + 承口展开面积$$
$$或 \quad S = 1.2L\pi D$$

③ 金属结构除锈工程量的计算：金属结构除锈时，采用人工除锈和喷砂除锈，以"kg"为计量单位；采用动力除锈和化学除锈时，以"m²"为计量单位（金属结构可按 100kg 折算为 5.8m² 面积计算）。

（2）刷油　刷油有底漆和面漆的区别，其刷漆的遍数、种类、颜色等需根据设计图纸的要求确定。

① 管道刷油工程量按管道表面展开面积计算，工程量计算与除锈工程量计算相同。

② 管道保温层上表面的刷油，根据保温层厚度形成的表面积计算刷油的工程量。其计算公式为：

$$S_{面积}(m^2) = L\pi \times (D + 2\delta + 2\delta \times 5\% + 2d_1 + 3d_2)$$

式中　L——管道的长度；

　　　D——管道外径；

　　　δ——保温层厚度；

　　　d_1——用于捆扎保温材料的金属线直径或钢带厚度（取定 16♯线 $2d_1 = 0.0032$）；

　　　d_2——防潮层厚度（取定 350g 油毡纸 $3d_2 = 0.005$）；

3.3%、5%——保温材料允许超厚系数，系根据国标 GB 50235—2010 和部标 HGJ 215—80 标准，绝热厚度允许偏差－比率≤（5%～8%）加权平均取定。

定额中，管道的刷油按在安装地点就地刷油考虑，如在安装前进行管道集中刷油，其人工乘以系数 0.7，其余不变。

③ 金属结构刷油的工程量计算：金属结构刷油工程量以"kg"为计量单位。

（3）绝热

① 绝热工程中绝热层以"m³"为计量单位，不扣除法兰、阀门、管件所占的长度，其计算公式如下：

$$V_{体积}(\text{m}^3)=L\pi\times(D+\delta+\delta\times3.3\%)\times(\delta+\delta\times3.3\%)$$

防潮层、保护层以"m²"为计量单位。保护层的计算与保温层外面刷油相同。

② 设备和管道绝热按现场安装后绝热施工考虑，若先绝热后安装，其人工乘以系数 0.9。

③ 防火涂料施工，管道、设备及各类型金属结构均以"m²"为计量单位。

④ 2018 山西省建设工程计价依据《安装工程预算定额》中第十二册《刷油、防腐蚀、绝热工程》附录二为按钢管外径计算绝热、保温层工程量表，附录三为法兰、阀门保温盒保护层和绝热层工程量计算表，可以直接查表得到相应工程量。

钢管刷油、绝热、保护层计算也可以按公称直径，查表 2-7、表 2-8 计算。

表 2-7　焊接钢管保温材料工程量计算表　　　　单位：10m 管长

项目		保温层厚度/mm									
		0	20	30	40	50	60	70	80	90	100
公称直径 DN /mm	15		0.027[2]	0.051	0.081	0.118	0.162	0.213	0.270	0.334	0.404
		0.67[1]	2.246[3]	2.906	4.226	4.226	4.885	5.545	6.205	6.864	7.524
	20		0.031	0.056	0.088	0.127	0.173	0.225	0.284	0.350	0.422
		0.84	2.419	3.079	3.739	4.398	5.058	5.718	6.378	7.037	7.697
	25		0.035	0.063	0.097	0.138	0.186	0.240	0.302	0.369	0.444
		1.05	2.630	3.290	3.949	4.609	5.268	5.928	6.588	7.248	7.907
	32		0.041	0.071	0.109	0.153	0.203	0.260	0.324	0.395	0.473
		1.33	2.906	3.566	4.226	4.885	5.545	6.205	6.864	7.524	8.184
	40		0.045	0.077	0.116	0.162	0.214	0.273	0.339	0.412	0.491
		1.51	3.085	3.745	4.405	5.064	5.724	6.384	7.044	7.703	8.363
	50		0.052	0.089	0.132	0.181	0.238	0.301	0.370	0.447	0.530
		1.89	3.462	4.122	4.782	5.441	6.101	6.761	7.421	8.080	8.740
	70		0.062	0.104	0.152	0.206	0.268	0.336	0.411	0.492	0.580
		2.37	3.949	4.609	5.269	5.928	6.588	7.248	7.907	8.567	9.227
	80		0.069	0.113	0.165	0.223	0.287	0.359	0.437	0.521	0.613
		2.78	4.263	4.239	5.583	6.242	6.902	7.562	8.222	8.881	9.541
	100		0.087	0.141	0.202	0.269	0.343	0.423	0.511	0.605	0.705
		3.58	5.159	5.818	6.478	7.138	7.798	8.457	9.117	9.777	10.436
	125		0.104	0.167	0.235	0.311	0.393	0.482	0.578	0.680	0.790
		4.40	5.975	6.635	7.295	7.955	8.614	9.274	9.934	10.594	11.253
	150		0.121	0.191	0.268	0.352	0.442	0.539	0.643	0.754	0.871
		5.18	6.761	7.421	8.080	8.740	9.400	10.059	10.719	11.379	12.039
	200		0.156	0.243	0.338	0.419	0.547	0.662	0.783	0.911	1.046
		6.88	8.457	9.117	9.777	10.436	11.096	11.756	12.416	13.075	13.735
	250		0.191	0.296	0.408	0.527	0.652	0.784	0.903	1.069	1.221
		8.58	10.154	10.813	11.473	12.133	12.973	13.452	14.112	14.722	15.432
	300		0.224	0.347	0.476	0.611	0.754	0.903	1.058	1.221	1.390
		10.21	11.787	12.447	13.107	13.767	14.426	15.086	15.746	16.405	17.065

①表中这列的数字表示面积，单位 m²；②表中该位置的数字表示体积，单位 m³；③表中该位置的数字表示面积，单位 m²。

表 2-8　无缝钢管保温材料工程量计算表　　　　单位：10m 管长

项目		保温层厚度/mm									
		0	20	30	40	50	60	70	80	90	100
管道外径 dn/mm	28	0.879①	0.032② 2.457③	0.058 3.116	0.090 3.776	0.129 4.436	0.176 5.096	0.228 5.755	—		
	32	1.010	0.034 2.582	0.061 3.242	0.096 3.902	0.135 4.562	0.183 5.221	0.238 5.881	—		
	38	1.193	0.038 2.771	0.067 3.431	0.103 4.090	0.146 4.750	0.194 5.410	0.251 6.070	—		
	45	1.413	0.041 2.991	0.074 3.651	0.112 4.310	0.157 4.970	0.209 5.630	0.265 6.289	—		
	57	1.790	0.051 3.366	0.086 4.025	0.127 4.686	0.177 5.344	0.231 6.004	0.293 6.663	0.363 7.322	0.438 7.982	
	89	2.795	0.071 5.030	0.169 5.690	0.228 6.349	0.293 7.008	0.368 7.668	0.445 8.327	0.531 8.997		
	108	3.391	0.084 4.967	0.135 5.627	0.194 6.286	0.257 6.946	0.331 7.605	0.409 8.264	0.495 8.924	0.587 9.583	
	133	4.810	0.100 5.752	0.159 6.412	0.226 7.071	0.300 7.731	0.379 8.390	0.466 9.049	0.560 9.709	0.660 10.368	0.766 11.037
	159	5.000	0.117 6.569	0.185 7.228	0.260 7.888	0.342 8.547	0.430 9.206	0.525 9.866	0.627 10.525	0.735 11.185	0.851 11.854
	219	6.880	0.156 8.453	0.243 9.112	0.338 9.772	0.439 10.431	0.546 11.090	0.661 11.750	0.783 12.409	0.911 13.069	1.045 13.738
	273	8.580	0.190 10.148	0.295 10.808	0.408 11.467	0.527 12.127	0.652 12.786	0.784 13.445	0.922 14.105	1.068 14.764	1.221 15.433
	325	10.201	0.224 11.781	0.346 12.441	0.475 13.100	0.611 13.759	0.753 14.419	0.902 15.078	1.058 15.738	1.220 16.397	1.389 17.066

　　①表中这列的数字表示面积，单位 m^2；②表中该位置的数字表示体积，单位 m^3；③表中该位置的数字表示面积，单位 m^2。

7. 技术措施项目

（1）给排水、采暖工程

① 脚手架搭拆费：按定额人工费的 4.6% 计算，其中人工费占 35%；单独承担的室外埋地管道工程，不计取该费用。

② 操作高度增加费：定额中操作物高度以距楼地面 3.6m 为限，超过 3.6m 时，超过部分工程量按定额人工费乘以表 2-9 相应系数计算。

表 2-9　操作高度增加费系数表

操作物高度/m	≤10	≤30	≤50
系数	1.10	1.20	1.50

　　③ 高层建筑增加费：指在建筑物层数＞6 层或建筑高度＞20m 的工业与民用建筑物上进行安装时增加的费用（计算基数不包括地下室部分），按表 2-10 计算，其中人工费占 35%。

表 2-10　高层建筑增加费费率表

建筑物高度/m	≤40	≤60	≤80	≤100	≤120	≤140	≤160	≤180	≤200
建筑层数/层	≤12	≤18	≤24	≤30	≤36	≤42	≤48	≤54	≤60
按人工费的百分数/%	1.9	4.8	8.6	13.3	19	24.7	30.4	36.1	41.8

（2）除锈、刷油、绝热工程

① 脚手架搭拆费：刷油防腐蚀工程按人工费的 6.4%；绝热工程按人工费的 9.1%，其中人工费占 35%。

② 操作高度增加费：以设计标高 ±0.000 或楼地面为基准，安装高度超过 6.00m 时，超过部分工程量按定额人工和机械分别乘以系数 1.2。

③ 高层建筑增加费：指在建筑物层数＞6 层或建筑高度＞20m 的工业与民用建筑物上进行安装时增加的费用（计算基数不包括地下室部分），按表 2-10 计算，其费用中人工费占 35%。

 这是重点

二、给排水工程列项与工程量计算

给排水工程施工图如图 2-1～图 2-8 所示，其分项工程列项与工程量计算见表 2-11；其工程量汇总见表 2-12。

表 2-11　工程量计算表

分项工程名称	计算式	单位	工程量
1. 卫生器具			
洗脸盆	14	组	14
坐便器	2	套	2
蹲便器	18	套	18
浴盆	2	组	2
拖布池	3	套	3
小便器	6	套	6
2. 给水管道			
(1)暗装管道（±0.000 以下）			
引入管 DN50	1.5＋0.45(外墙皮距总立管中心)	m	1.95
总立管 DN50	−0.75−(−1.6)	m	0.85
总立管-JL-1 DN50	5.15＋2.65	m	7.8
JL-1 DN50	0−(−0.75)	m	0.75
JL-3 DN50	0−(−0.75)	m	0.75
JL-3-JL-7 DN50	12.61＋3.1	m	15.71
JL-3-JL-7 DN40	6.9＋1.93	m	8.83

续表

分项工程名称	计算式	单位	工程量
接 JL-4 JL-5 横管 DN32	1.93×2	m	3.86
JL-4 JL-5 DN32	[0−(−0.75)]×2	m	1.5
JL-6 DN40	0−(−0.75)	m	0.75
(2)明装管道(±0.000 以上)			
JL-1 DN50	22.5(屋顶标高)−0.1(板厚)−0.3 (自动排气阀距顶板底)	m	22.1
水箱间进水管 DN50	(1.2+1.83)×0.5	m	1.52
水箱间进水管 DN40	(4.92+7.92)×0.5+(22−21.3)	m	7.12
JL-2 DN50	19.1−17.8	m	1.3
JL-2-JL-3 DN50	0.45	m	0.45
JL-3 DN50	17.8−0	m	17.8
JL-4 JL-5 DN32	(0+2.7−0)×2	m	5.4
JL-4 JL-5 DN25	(3.9+2.7−2.7)×2	m	7.8
JL-6、JL-7 的立管部分 DN40	3.9+2.7−0	m	6.6
JL-6、JL-7 的立管部分 DN32	7.2+2.7−(3.9+2.7)	m	3.3
JL-6、JL-7 的立管部分 DN25	10.5+2.7−(7.2+2.7)	m	3.3
JL-6-JL-7 DN32	4.13+1.44	m	5.57
(3)公共卫生间的给水管道(不包括门市及套内卫生间)			
水平支管 DN40	(3.34+5.89)×0.5×3	m	13.85
水平支管 DN32	1.27×0.5×3	m	1.91
水平支管 DN25	(1.8+4.58)×0.5×3	m	9.57
水平支管 DN20	(0.74+7.46+3.95)×0.5×3	m	18.23
接蹲便器支立管 DN40	(2.7−1.1)×3	m	4.8
接蹲便器支管 DN25	(0.28+0.77+0.21×2+0.75+0.15)×0.5×3	单位	3.56
接洗脸盆 DN20	{(0.16+0.54+0.37+0.2)×0.5+[2.7−0.5 (洗脸盆进水管距地)]×2}×3	m	15.11
接小便器 DN25	(0.35×0.5+2.7−1.1)×3	m	5.33
接小便器 DN20	(1.45+0.23×2)×0.5×3	m	2.87
接拖布池 DN20	0.15×0.5×3	m	0.23
3. 排水管道			
排出管 1、5 DN100	[0.45(立管中心距外墙皮)+0.3(水平管)+3]×2	m	7.5
排出管 2、3、4 DN100	[1.5(立管中心距外墙皮)+3]×3	m	13.5
排水立管 WL-1 DN100	18.3+0.7−(−1.4)	m	20.4

续表

分项工程名称	计算式	单位	工程量
排水立管 WL-2、3、4 DN100	[3.9−(−1.4)]×3	m	15.9
排水立管 WL-5、6 DN100	18.3+0.7−(−1.4)+5	m	25.4
横支管 DN50	(0.92×2+3.2+5.2+3+2.2+0.3)×0.5×3	m	23.61
横支管 DN100	(0.59×2+0.42×2+7.16)×0.5×3	m	13.77
立支管 DN100(蹲便器)	0.5×4×3	m	6
立支管 DN50	0.5(洗脸盆、地漏、小便器、拖布池均按 0.5m)×7×3	m	10.5
4. 管道附件			
截止阀 DN50	3	个	3
截止阀 DN40	7	个	7
截止阀 DN32	2	个	2
截止阀 DN25	8	个	8
截止阀 DN20	1	个	1
止回阀 DN50	2	个	2
自动排气阀 DN20	1	个	1
浮球阀 DN40	1	个	1
地漏 DN50	2×3	个	6
地面扫除口 DN100	2	个	2
5. 套管(给水引入管、排水出户管穿墙设刚性防水套管,给水管道穿墙、板设普通套管)			
刚性防水套管 DN50	1	个	1
刚性防水套管 DN100	5	个	5
普通钢套管 DN50	13	个	13
普通钢套管 DN40	3	个	3
普通钢套管 DN32	6	个	6
普通钢套管 DN25	3	个	3
普通钢套管 DN20	6	个	6
6. 给水管道冲洗消毒			
DN20	18.23+15.11+2.87+0.23	m	36.44
DN25	7.8+3.3+9.57+3.56+5.33	m	29.56
DN32	3.86+1.5+5.4+3.3+5.57+1.91	m	21.54
DN40	8.83+0.75+7.12+6.6+13.85+4.8	m	41.95
DN50	1.95+0.85+7.8+0.75+0.75+15.71+22.1+1.52+1.3+0.45+17.8	m	70.98

续表

分项工程名称		计算式	单位	工程量
7.管道支架(给排水管道均按金属支架计算)				
钢管 $DN20$		$36.44×0.3$	kg	10.93
钢管 $DN25$		$29.56×0.27$	kg	7.98
钢管 $DN32$		$21.54×0.24$	kg	5.17
钢管 $DN40$		$41.95×0.22$	kg	9.23
钢管 $DN50$		$70.98×0.41$	kg	29.1
铸铁管 $DN50$		$(23.61+10.5)×0.47$	kg	16.03
铸铁管 $DN100$		$(7.5+13.5+20.4+15.9+25.4+13.77+6)×0.81$	kg	83
8. 除锈、刷油(依据设计,管道只计算给水,支架包括给排水)				
明装管道	$DN20$	$36.44×0.084$	m²	3.06
	$DN25$	$29.56×0.105$	m²	3.10
	$DN32$	$16.18×0.133$	m²	2.15
	$DN40$	$32.37×0.151$	m²	4.89
	$DN50$	$43.17×0.189$	m²	8.16
暗装管道	$DN32$	$5.36×0.133$	m²	0.71
	$DN40$	$9.58×0.151$	m²	1.45
	$DN50$	$27.81×0.189$	m²	5.26
支架除锈、刷油		$10.93+7.98+5.17+9.23+29.1+16.03+83$	kg	161.44

表 2-12　给排水工程量汇总表

序号	分项工程名称	单位	数量	序号	分项工程名称	单位	数量
1	洗脸盆	组	14	13	排水铸铁管 $DN100$	m	102.47
2	坐便器	套	2	14	螺纹截止阀 $DN20$	个	1
3	蹲便器	套	18	15	螺纹截止阀 $DN25$	个	8
4	浴盆	组	2	16	螺纹截止阀 $DN32$	个	2
5	拖布池	套	3	17	螺纹截止阀 $DN40$	个	7
6	小便器	套	6	18	螺纹截止阀 $DN50$	个	3
7	衬塑镀锌钢管 $DN20$	m	36.44	19	自动排气阀 $DN20$	个	1
8	衬塑镀锌钢管 $DN25$	m	29.56	20	浮球阀 $DN40$	个	1
9	衬塑镀锌钢管 $DN32$	m	21.54	21	止回阀 $DN50$	个	2
10	衬塑镀锌钢管 $DN40$	m	41.95	22	地漏 $DN50$	个	6
11	衬塑镀锌钢管 $DN50$	m	70.98	23	地面扫除口 $DN100$	个	2
12	排水铸铁管 $DN50$	m	34.11	24	刚性防水套管 $DN50$	个	1

续表

序号	分项工程名称	单位	数量	序号	分项工程名称	单位	数量
25	刚性防水套管 DN100	个	5	34	给水管道消毒冲洗 DN40	m	41.95
26	普通钢套管 DN20	个	6	35	给水管道消毒冲洗 DN50	m	70.98
27	普通钢套管 DN25	个	3	36	支架制作安装	kg	161.44
28	普通钢套管 DN32	个	6	37	支架除锈	kg	161.44
29	普通钢套管 DN40	个	3	38	管道刷白色调和漆两遍	m²	21.36
30	普通钢套管 DN50	个	13	39	管道刷沥青漆两遍	m²	7.42
31	给水管道消毒冲洗 DN20	m	36.44	40	支架刷樟丹两遍	kg	161.44
32	给水管道消毒冲洗 DN25	m	29.56	41	支架刷灰色调和漆两遍	kg	161.44
33	给水管道消毒冲洗 DN32	m	21.54				

工程计价

学习单元三 给排水工程计价实训

一、给排水工程施工图预算编制

1. 封面（表 2-13）

2. 编制说明

（1）本预算编制依据为某村委办公楼给排水工程施工图（图 2-1～图 2-8）。

2.8 给排水工程定额计价程序

（2）主材价格：采用 2018 年太原市建设工程材料预算价格及 2019 年太原市建设工程造价信息第 5 期材料指导价格，指导价上没有价格的材料采用参考资料的相似价格及市场调研价格。

（3）采用 2018 山西省建设工程计价依据《安装工程预算定额》，取费选择总承包工程一般纳税人计税，绿色文明工地标准：一级。

3. 单位工程（安装工程）预算表（表 2-14）

4. 措施项目计价表（表 2-15）

5. 单位工程费用表（表 2-16）

表 2-13 给排水工程预算书封面

工程预算书	
工程名称：某村委办公楼给排水工程	设计单位：×××建筑设计院
建设单位：某村委会	施工单位：×××建筑工程有限公司
建筑面积：2640m²	工程造价：75929.93 元
建设单位(盖章)	施工单位(盖章)
日　　期：	日　　期：
负 责 人：	负 责 人：

表2-14　单位工程预算表

工程名称：某村委办公楼给排水工程

序号	编码	名称	工程量		价格/元				其中/元			
			单位	数量	单价	合价	市场单价	市场合价	人工市场价	材料市场价	机械市场价	主材市场价
1	C10-1323	洗脸盆 挂墙式 成套安装 冷水 手动开关	10组	1.4	851.79	1192.51	851.79	1192.51	768.25	424.26		
	主材	洗脸盆	个	14.14			131.89	1864.92				1864.92
	主材	洗脸盆托架	副	14.14			7.64	108.03				108.03
	主材	洗脸盆排水附件	套	14.14			23	325.22				325.22
	主材	立式水嘴	个	14.14			22.12	312.78				312.78
	主材	螺纹管件	个	14.14			1.18	16.69				16.69
2	C10-1345	蹲式大便器安装 脚踏开关	10套	1.8	838.42	1509.16	838.42	1509.16	1095.75	413.41		
	主材	瓷蹲式大便器	个	18.18			260	4726.8				4726.8
	主材	防污器	个	18.18			267	4854.06				4854.06
	主材	冲洗管	根	18.18			8.7	158.17				158.17
	主材	大便器脚踏阀	个	18.18			45	818.1				818.1
	主材	大便器存水弯	个	18.18			14.64	266.16				266.16
3	C10-1349	坐式大便器安装 连体水箱	10套	0.2	1053.25	210.65	1053.25	210.65	147	63.65		
	主材	连体便器进水阀配件	套	2.02			13.73	27.73				27.73
	主材	坐便器桶盖	套	2.02			12.8	25.86				25.86
	主材	螺纹管件	个	2.02			9.79	19.78				19.78
	主材	连体坐便器（带盖）	个	2.02			330	666.6				666.6

续表

序号	编码	名称	工程量 单位	数量	价格/元 单价	合价	市场单价	市场合价	其中/元 人工市场价	材料市场价	机械市场价	主材市场价
4	C10-1311	搪瓷浴盆冷热水	10组	0.2	1087.78	217.56	1087.78	217.56	203	14.56		
	主材	螺纹管件	个	4.04			1.18	4.77				4.77
	主材	搪瓷浴盆	件	2.02			1120	2262.4				2262.4
	主材	浴盆排水附件	套	2.02			23	46.46				46.46
	主材	混合冷热水龙头	个	2.02			45	90.9				90.9
5	C10-1358	成品拖布池安装	10套	0.3	499.53	149.86	499.53	149.86	120	29.86		
	主材	螺纹管件	个	3.03			1.18	3.58				3.58
	主材	拖布池	个	3.03			188	569.64				569.64
	主材	存水弯塑料	个	3.03			10.5	31.82				31.82
	主材	长颈水嘴	个	3.03			13.8	41.81				41.81
	主材	排水栓带链堵	个	3.03			29	87.87				87.87
6	C10-1354	壁挂式小便器安装 感应开关 埋入式	10套	0.6	505.24	303.14	505.24	303.14	243.75	59.39		
	主材	埋入式感应控制器	个	6.06			14.64	88.72				88.72
	主材	挂式小便器	件	6.06			168	1018.08				1018.08
	主材	小便器排水附件	套	6.06			35	212.1				212.1
	主材	小便器冲水连接器	根	6.06			49.5	299.97				299.97
7	C10-428	室内钢塑复合管（螺纹连接）公称外径20mm以内	10m	3.644	229.4	835.93	229.4	835.93	806.24	18.62	11.07	
	主材	复合管	m	36.112			15.99	577.43				577.43
	主材	给水室内钢塑复合管螺纹管件	个	44.0924			4.94	217.82				217.82

续表

序号	编码	名称	工程量		价格/元				其中/元			
			单位	数量	单价	合价	市场单价	市场合价	人工市场价	材料市场价	机械市场价	主材市场价
8	C10-429	室内钢塑复合管（螺纹连接）公称外径 25mm 以内	10m	2.956	279.14	825.14	279.14	825.14	787.04	19.07	19.03	
	主材	复合管	m	29.294			22.4	656.19				656.19
	主材	给水室内钢塑复合管螺纹管件	个	33.6984			7.37	248.36				248.36
9	C10-430	室内钢塑复合管（螺纹连接）公称外径 32mm 以内	10m	2.154	304.43	655.74	304.43	655.74	621.97	15.53	18.24	
	主材	复合管	m	21.3461			28.27	603.45				603.45
	主材	给水室内钢塑复合管螺纹管件	个	21.1738			10.42	220.63				220.63
10	C10-431	室内钢塑复合管（螺纹连接）公称外径 40mm 以内	10m	4.195	311.23	1305.61	311.23	1305.61	1227.04	30.62	47.95	
	主材	复合管	m	42.0339			33.06	1389.64				1389.64
	主材	给水室内钢塑复合管螺纹管件	个	32.9727			13.14	433.26				433.26
11	C10-432	室内钢塑复合管（螺纹连接）公称外径 50mm 以内	10m	7.098	335.54	2381.66	335.54	2381.66	2235.87	54.51	91.28	
	主材	给水室内钢塑复合管螺纹管件	个	46.9178			4.94	231.77				231.77
	主材	复合管	m	71.122			44.44	3160.66				3160.66

续表

序号	编码	名称	工程量		价格/元				其中/元			主材市场价
			单位	数量	单价	合价	市场单价	市场合价	人工市场价	材料市场价	机械市场价	
12	C10-233	室内无承口柔性铸铁排水管（卡箍连接）公称直径 50mm 以内	10m	3.411	224.84	766.93	224.84	766.93	741.89	3.58	21.46	
	主材	无承口柔性排水铸铁管 公称直径 50mm 以内	m	33.3596			30	1000.79				1000.79
	主材	室内无承口柔性排水铸铁管件（卡箍连接）	个	22.4103			10	224.1				224.1
	主材	不锈钢卡箍（含胶圈）	个	48.7773			2	97.55				97.55
13	C10-235	室内无承口柔性铸铁排水管（卡箍连接）公称直径 100mm 以内	10m	10.247	387.1	3966.61	387.1	3966.61	3471.17	19.16	476.28	
	主材	无承口柔性排水铸铁管	m	92.7354			50	4636.77				4636.77
	主材	室内无承口柔性排水铸铁管件（卡箍连接）	个	97.449			15	1461.74				1461.74
	主材	不锈钢卡箍（含胶圈）	个	222.2574			3	666.77				666.77
14	C10-842	螺纹阀门安装 公称直径 20mm 以内	个	1	18.02	18.02	18.02	18.02	12.5	4.23	1.29	
	主材	螺纹阀门	个	1.01			43.08	43.51				43.51
15	C10-843	螺纹阀门安装 公称直径 25mm 以内	个	8	20.52	164.16	20.52	164.16	110	41.84	12.32	
	主材	螺纹阀门	个	8.08			60.36	487.71				487.71
16	C10-844	螺纹阀门安装 公称直径 32mm 以内	个	2	26.52	53.04	26.52	53.04	35	14.86	3.18	
	主材	螺纹阀门	个	2.02			96.48	194.89				194.89

续表

序号	编码	名称	工程量 单位	工程量 数量	价格/元 单价	价格/元 合价	价格/元 市场单价	价格/元 市场合价	其中/元 人工市场价	其中/元 材料市场价	其中/元 机械市场价	主材市场价
17	C10-845	螺纹阀门安装 公称直径40mm以内	个	7	39.73	278.11	39.73	278.11	192.5	72.8	12.81	
	主材	螺纹阀门	个	7.07			146.04	1032.5				1032.5
18	C10-846	螺纹阀门安装 公称直径50mm以内	个	3	52.69	158.07	52.69	158.07	101.25	47.13	9.69	
	主材	螺纹阀门	个	3.03			237.48	719.56				719.56
19	C10-846	螺纹阀门安装 公称直径50mm以内	个	2	52.69	105.38	52.69	105.38	67.5	31.42	6.46	
	主材	螺纹止回阀门DN50	个	2.02			83.5	168.67				168.67
20	C10-869	自动排气阀安装 公称直径20mm以内	个	1	19.08	19.08	19.08	19.08	16.25	2.72	0.11	
	主材	自动排气阀	个	1			43	43				43
21	C10-863	螺纹浮球阀安装 公称直径40mm以内	个	1	26.85	26.85	26.85	26.85	23.75	2.65	0.45	
	主材	螺纹浮球阀	个	1.01			62	62.62				62.62
22	C10-1399	地漏安装 公称直径50mm以内	10个	0.6	189.5	113.7	189.5	113.7	113.25	0.45		
	主材	地漏	个	6.06			49	296.94				296.94
23	C10-1405	地面扫除口安装 直径100mm以内	10个	0.2	112.62	22.52	112.62	22.52	22.25	0.27		
	主材	地面扫除口	个	2.02			102	206.04				206.04
24	C10-1826	管道支架制作 单件重量5kg以内	100kg	1.6144	969.1	1564.52	969.1	1564.52	1134.12	77.2	353.2	
	主材	型钢	kg	169.512			3.82	647.54				647.54

续表

序号	编码	名称	工程量		价格/元				其中/元			
			单位	数量	单价	合价	市场单价	市场合价	人工市场价	材料市场价	机械市场价	主材市场价
25	C10-1831	管道支架安装 单件重量5kg以内	100kg	1.6144	651.48	1051.75	651.48	1051.75	611.45	205.56	234.74	
26	C10-1850	一般钢套管制作安装 介质管道公称直径20mm以内	个	6	14.24	85.44	14.24	85.44	67.5	12.3	5.64	
	主材	焊接钢管	m	1.92			26.6	51.07				51.07
27	C10-1851	一般钢套管制作安装 介质管道公称直径25mm以内	个	3	16.48	49.44	16.48	49.44	37.5	8.73	3.21	
	主材	焊接钢管	m	0.96			29.7	28.51				28.51
28	C10-1851	一般钢套管制作安装 介质管道公称直径32mm以内	个	6	16.48	98.88	16.48	98.88	75	17.46	6.42	
	主材	焊接钢管	m	1.92			32.34	62.09				62.09
29	C10-1852	一般钢套管制作安装 介质管道公称直径40mm以内	个	3	25.32	75.96	25.32	75.96	52.5	20.25	3.21	
	主材	焊接钢管	m	0.96			35.25	33.84				33.84
30	C10-1852	一般钢套管制作安装 介质管道公称直径50mm以内	个	13	25.32	329.16	25.32	329.16	227.5	87.75	13.91	
	主材	焊接钢管	m	4.16			38.5	160.16				160.16
31	C10-1914	管道消毒、冲洗 公称直径20mm以内	100m	0.3644	50.94	18.56	50.94	18.56	18.22	0.34		

续表

序号	编码	名称	工程量 单位	数量	价格/元 单价	合价	市场单价	市场合价	其中/元 人工市场价	材料市场价	机械市场价	主材市场价
32	C10-1915	管道消毒,冲洗 公称直径25mm以内	100m	0.2956	55.28	16.34	55.28	16.34	15.89	0.45		
33	C10-1916	管道消毒,冲洗 公称直径32mm以内	100m	0.2154	60.12	12.95	60.12	12.95	12.39	0.56		
34	C10-1917	管道消毒,冲洗 公称直径40mm以内	100m	0.4195	64.71	27.15	64.71	27.15	25.69	1.46		
35	C10-1918	管道消毒,冲洗 公称直径50mm以内	100m	0.7098	70.7	50.18	70.7	50.18	46.14	4.04		
36	C12-5	手工除锈 一般钢结构 轻锈	100kg	1.6144	47.37	76.47	47.37	76.47	60.54	1.76	14.17	
37	C12-61	管道刷油 调和漆 第一遍	10m²	2.136	29.5	63.01	29.5	63.01	61.41	1.6		
	主材	酚醛磁漆	kg	2.2428	16.2		16.2	36.33				36.33
38	C12-62	管道刷油 调和漆 每增一遍	10m²	2.136	28.25	60.34	28.25	60.34	58.74	1.6		
	主材	酚醛磁漆	kg	1.9865	16.2		16.2	32.18				32.18
39	C12-67	管道刷油 沥青漆 第一遍	10m²	0.742	33.93	25.18	33.93	25.18	21.33	3.85		
	主材	沥青防腐漆	kg	2.137	28		28	59.84				59.84
40	C12-68	管道刷油 沥青漆 每增一遍	10m²	0.742	32.12	23.83	32.12	23.83	20.41	3.42		
	主材	沥青防腐漆	kg	1.8327	28		28	51.32				51.32
41	C12-98	金属结构刷油 一般钢结构防锈漆第一遍	100kg	1.6144	34.44	55.6	34.44	55.6	38.34	3.08	14.18	
	主材	樟丹	kg	1.4852	14.73		14.73	21.88				21.88

续表

序号	编码	名称	工程量		价格/元				其中/元			主材市场价
			单位	数量	单价	合价	市场单价	市场合价	人工市场价	材料市场价	机械市场价	
42	C12-99	金属结构刷油 一般钢结构 防锈漆 每增一遍	100kg	1.6144	32.98	53.24	32.98	53.24	36.32	2.74	14.18	
	主材	樟丹	kg	1.2592			14.73	18.55				18.55
43	C12-103	金属结构调和漆 一般钢结构 第一遍	100kg	1.6144	31.88	51.47	31.88	51.47	36.32	0.97	14.18	
	主材	酚醛调和漆	kg	1.2915			12.94	16.71				16.71
44	C12-104	金属结构调和漆 一般钢结构 每增一遍	100kg	1.6144	31.83	51.39	31.83	51.39	36.32	0.89	14.18	
	主材	酚醛调和漆	kg	1.1301			12.94	14.62				14.62
45	C8-3201	刚性防水套管制作 公称直径 50mm 以内	个	1	113.72	113.72	113.72	113.72	71.25	27.04	15.43	
	主材	焊接钢管	kg	3.26			3.8	12.39				12.39
46	C8-3218	刚性防水套管安装 公称直径 50mm 以内	个	1	100.35	100.35	100.35	100.35	81.25	19.1		
47	C8-3203	刚性防水套管制作 公称直径 100mm 以内	个	5	175.32	876.6	175.32	876.6	550	191.2	135.4	
	主材	焊接钢管	kg	25.7			3.8	97.66				97.66
48	C8-3219	刚性防水套管安装 公称直径 150mm 以内	个	5	123.73	618.65	123.73	618.65	456.25	162.4		
49	BM94	系统调整费（站内工艺系统安装工程）（刷油,防腐蚀,绝热工程）	元	1	51.02	51.02	51.02	51.02	17.86	33.16		
50	BM93	系统调整费（站内工艺系统安装工程）（工业管道工程）	元	1	159.91	159.91	159.91	159.91	55.97	103.94		

表 2-15 措施项目计价表

工程名称:某村委办公楼给排水工程

序号	项目名称	费率/%	费用金额/元
1	安装工程		2586.33
1.1	安全文明施工费	3.05	530.17
1.2	临时设施费	3.35	582.32
1.3	夜间施工增加费	0.36	62.58
1.4	冬雨季施工增加费	0.43	74.74
1.5	材料二次搬运费	0.77	133.84
1.6	工程定位复测、工程点交、场地清理费	0.18	31.29
1.7	室内环境污染物检测费	0	0
1.8	检测试验费	0.31	53.89
1.9	环境保护费	1.61	279.86
1.10	大型机械进、出场及安、拆		
1.11	脚手架		837.64
1.12	模板(胎具)及支架		
1.13	已完工程及设备保护		
1.14	施工排水、降水		
1.15	垂直运输机械费		
合　计			2586.33

表 2-16 单位工程费用表

工程名称:某村委办公楼给排水工程

序号	费用名称	取费基础	费率/%	费用金额/元
1	定额工料机(包括施工技术措施费)	直接费+技术措施项目合计		21878.18
2	其中:人工费	人工费+技术措施项目人工费		17382.61
3	施工组织措施费	其中:人工费	10.06	1748.69
4	企业管理费	其中:人工费	19.8	3441.76
5	利润	其中:人工费	18.5	3215.78
6	动态调整	人材机价差+组织措施人工价差+安装费用人工价差		0
7	主材费	主材费		39376.08
8	税金	定额工料机(包括施工技术措施费)+施工组织措施费+企业管理费+利润+动态调整+主材费	9	6269.44
9	工程造价	定额工料机(包括施工技术措施费)+施工组织措施费+企业管理费+利润+动态调整+主材费+税金		75929.93

二、给排水工程招标控制价编制

《通用安装工程工程量计算规范》（GB 50856—2013），附录 K 给排水、采暖、燃气工程常用项目有：K.1 给排水、采暖、燃气管道（031001），K.2 支架及其他（031002），K.3 管道附件（031003），K.4 卫生器具（031004）；附录 M 刷油-防腐蚀、绝热工程常用项目有：M.1 刷油工程（031201），M.2 绝热工程（031208）。常用清单项目详见本书附录。

1. 招标控制价封面（表 2-17）

2. 编制说明

（1）本预算编制依据某村委办公楼给排水工程施工图。

（2）编制依据：《通用安装工程工程量计算规范》（GB 50856—2013）。

（3）主材价格：采用 2018 年太原市建设工程材料预算价格及 2019 年太原市建设工程造价信息第 5 期材料指导价格，指导价上没有价格的材料采用参考资料的相似价格及市场调研价格。

（4）采用 2018 山西省建设工程计价依据《安装工程预算定额》，取费选择总承包工程一般纳税人计税，绿色文明工地标准：一级。

（5）未计入暂列金额、计日工等其他项目费。

3. 单位工程（安装工程）招标控制价汇总表（表 2-18）

4. 分部分项工程和单价措施项目清单与计价表（表 2-19）

5. 总价措施项目清单与计价表（表 2-20）

6. 工程量清单综合单价分析表（列举）（表 2-21）

2.9 给排水工程清单计价完整表

表 2-17　给排水工程招标控制价封面

招标控制价(小写)：_____ 75,813.10 _____	
（大写）：_____ 柒万伍仟捌佰壹拾叁元壹角零分 _____	

招　标　人：＿＿＿＿＿＿＿＿＿＿　　　　造价咨询人：＿＿＿＿＿＿＿＿＿＿
　　　　　　（单位盖章）　　　　　　　　　　　　　　（单位资质专用章）
法定代表人　　　　　　　　　　　　　　法定代表人
或其授权人：＿＿＿＿＿＿＿＿＿＿　　　或其授权人：＿＿＿＿＿＿＿＿＿＿
　　　　　　（签字或盖章）　　　　　　　　　　　　　（签字或盖章）
编　制　人：＿＿＿＿＿＿＿＿＿＿　　　复　核　人：＿＿＿＿＿＿＿＿＿＿
　　　　（造价人员签字盖专用章）　　　　　　　（造价工程师签字盖专用章）
编制时间：　　年　　月　　日　　　　　　复核时间：　　年　　月　　日

表 2-18　单位工程招标控制价汇总表

工程名称：某村委办公楼给排水工程

序号	汇总内容	金额/元	其中:暂估价/元
1	分部分项工程费	66854.68	
2	施工技术措施项目费	949.93	
3	施工组织措施项目费	1748.69	
4	其他项目费		—
4.1	暂列金额		
4.2	专业工程暂估价		
4.3	计日工		
4.4	总承包服务费		

续表

序号	汇总内容	金额/元	其中:暂估价/元
5	税金(扣除不列入计税范围的工程设备费)	6259.8	—
	招标控制价合计＝1＋2＋3＋4＋5	75,813.10	

表 2-19　分部分项工程和单价措施项目清单与计价表

工程名称:某村委办公楼给排水工程

序号	项目编码	项目名称	项目特征描述	计量单位	工程量	综合单价	合价	其中:暂估价
							金额/元	
	一	分部分项					66854.68	
1	031004003001	洗脸盆	1. 材质:陶瓷 2. 规格、类型:挂墙式 3. 组装形式:托架	组	14	293.78	4112.92	
2	031004006001	蹲便器	1. 材质:陶瓷 2. 规格、类型:脚踏冲洗	套	18	708.45	12752.1	
3	031004006002	坐便器	1. 材质:陶瓷 2. 规格、类型:坐式	套	2	511.54	1023.08	
4	031004001001	浴盆	材质:搪瓷	组	2	1367.31	2734.62	
5	031004008001	拖布池	1. 材质:陶瓷 2. 规格、类型:落地	套	3	318.87	956.61	
6	031004007001	小便器	材质:陶瓷	套	6	346.36	2078.16	
7	031001007001	钢塑复合管	1. 安装部位:室内 2. 介质:水 3. 材质、规格:热浸镀锌钢管 $DN20$ 4. 连接形式:螺纹连接 5. 压力试验及吹、洗设计要求:水压试验、消毒冲洗	m	36.44	53.94	1965.57	
8	031001007002	钢塑复合管	1. 安装部位:室内 2. 介质:水 3. 材质、规格:热浸镀锌钢管 $DN25$ 4. 连接形式:螺纹连接 5. 压力试验及吹、洗设计要求:水压试验、消毒冲洗	m	29.56	63.12	1865.83	
9	031001007003	钢塑复合管	1. 安装部位:室内 2. 介质:水 3. 材质、规格:热浸镀锌钢管 $DN32$ 4. 连接形式:螺纹连接 5. 压力试验及吹、洗设计要求:水压试验、消毒冲洗	m	21.54	75.2	1619.81	
10	031001007004	钢塑复合管	1. 安装部位:室内 2. 介质:水 3. 材质、规格:热浸镀锌钢管 $DN40$ 4. 连接形式:螺纹连接 5. 压力试验及吹、洗设计要求:水压试验、消毒冲洗	m	41.95	69.56	2918.04	

续表

序号	项目编码	项目名称	项目特征描述	计量单位	工程量	金额/元		
						综合单价	合价	其中：暂估价
11	031001007005	钢塑复合管	1. 安装部位：室内 2. 介质：水 3. 材质、规格：热浸镀锌钢管 DN50 4. 连接形式：螺纹连接 5. 压力试验及吹、洗设计要求：水压试验、消毒冲洗	m	70.98	105.29	7473.48	
12	031001005001	铸铁管	1. 安装部位：室内 2. 介质：污水、废水、雨水 3. 材质、规格：DN50 4. 连接形式：不锈钢卡箍连接	m	34.11	69.58	2373.37	
13	031001005002	铸铁管	1. 安装部位：室内 2. 介质：污水、废水、雨水 3. 材质、规格：DN100 4. 连接形式：不锈钢卡箍连接	m	102.47	117.71	12061.74	
14	031003001001	螺纹阀门	1. 类型：螺纹截止阀 2. 材质：铜 3. 规格、压力等级：DN20 4. 连接形式：螺纹连接	个	1	66.32	66.32	
15	031003001002	螺纹阀门	1. 类型：螺纹截止阀 2. 材质：铜 3. 规格、压力等级：DN25 4. 连接形式：螺纹连接	个	8	86.74	693.92	
16	031003001003	螺纹阀门	1. 类型：螺纹截止阀 2. 材质：铜 3. 规格、压力等级：DN32 4. 连接形式：螺纹连接	个	2	130.67	261.34	
17	031003001004	螺纹阀门	1. 类型：螺纹截止阀 2. 材质：铜 3. 规格、压力等级：DN40 4. 连接形式：螺纹连接	个	7	197.77	1384.39	
18	031003001005	螺纹阀门	1. 类型：螺纹截止阀 2. 材质：铜 3. 规格、压力等级：DN50 4. 连接形式：螺纹连接	个	3	305.46	916.38	
19	031003001006	螺纹阀门	1. 类型：自动排气 2. 规格、压力等级：DN20 3. 连接形式：螺纹连接	个	1	68.31	68.31	
20	031003001007	螺纹阀门	1. 类型：浮球阀 2. 规格、压力等级：DN40 3. 连接形式：螺纹连接	个	1	98.56	98.56	
21	031003001008	螺纹阀门	1. 类型：止回阀 2. 规格、压力等级：DN50 3. 连接形式：螺纹连接	个	2	149.95	299.9	
22	031201001001	管道刷油	1. 除锈级别：Sa1 级 轻度喷砂除锈 2. 油漆品种：白色调和漆 3. 涂刷遍数、漆膜厚度：二遍	m²	21.36	12.02	256.75	

续表

序号	项目编码	项目名称	项目特征描述	计量单位	工程量	金额/元		
						综合单价	合价	其中：暂估价
23	031201001002	管道刷油	1. 除锈级别:Sa1 级轻度喷砂除锈 2. 油漆品种:沥青漆 3. 涂刷遍数、漆膜厚度:二遍	m²	7.42	24.62	182.68	
24	031201003001	金属结构刷油	1. 除锈级别:Sa1 级轻度喷砂除锈 2. 油漆品种:樟丹、灰色调和漆 3. 结构类型:一般钢结构 4. 涂刷遍数、漆膜厚度:二遍	m²	161.44	2.92	471.4	
25	031004014001	地漏	1. 材质:不锈钢 2. 型号、规格:DN50	个	6	75.71	454.26	
26	031004014002	地面扫除口	1. 材质:不锈钢 2. 型号、规格:DN100	个	2	118.55	237.1	
27	031002001001	管道支架	1. 材质:钢 2. 管架形式:保温管架	kg	161.44	24.36	3932.68	
28	031002003001	套管	1. 名称、类型:普通钢套管 2. 材质:钢 3. 规格:DN20	个	6	27.06	162.36	
29	031002003002	套管	1. 名称、类型:普通钢套管 2. 材质:钢 3. 规格:DN25	个	3	30.77	92.31	
30	031002003003	套管	1. 名称、类型:普通钢套管 2. 材质:钢 3. 规格:DN32	个	6	31.62	189.72	
31	031002003004	套管	1. 名称、类型:普通钢套管 2. 材质:钢 3. 规格:DN40	个	3	43.31	129.93	
32	031002003005	套管	1. 名称、类型:普通钢套管 2. 材质:钢 3. 规格:DN50 4. 填料材质	个	13	44.35	576.55	
33	031002003006	套管	1. 名称、类型:刚性防水套管 2. 材质:钢 3. 规格:DN50	个	1	308.74	308.74	

续表

序号	项目编码	项目名称	项目特征描述	计量单位	工程量	综合单价	合价	其中:暂估价
							金额/元	
34	031002003007	套管	1. 名称、类型:刚性防水套管 2. 材质:钢 3. 规格:DN100	个	5	427.15	2135.75	
	二	措施项目					949.93	
35	031301017001	脚手架搭拆			1	949.93	949.93	
	合　计						67804.61	

表 2-20　总价措施项目清单与计价表

工程名称:某村委办公楼给排水工程

序号	项目编码	项目名称	计算基础	费率/%	金额/元	调整费率/%	调整后金额/元	备注
1	031302001001	安全文明施工费	分部分项人工费+技术措施项目人工费	3.05	530.17			
2	031302001002	临时设施费	分部分项人工费+技术措施项目人工费	3.35	582.32			
3	031302001003	环境保护费	分部分项人工费+技术措施项目人工费	1.61	279.86			
4	031302002001	夜间施工增加费	分部分项人工费+技术措施项目人工费	0.36	62.58			
5	031302004001	材料二次搬运费	分部分项人工费+技术措施项目人工费	0.77	133.84			
6	031302005001	冬雨季施工增加费	分部分项人工费+技术措施项目人工费	0.43	74.74			
7	03B001	工程定位复测、工程点交、场地清理费	分部分项人工费+技术措施项目人工费	0.18	31.29			
8	03B002	室内环境污染物检测费	分部分项人工费+技术措施项目人工费	0	0			
9	03B003	检测试验费	分部分项人工费+技术措施项目人工费	0.31	53.89			
	合　计				1748.69			

表 2-21 工程量清单综合单价分析表（列举）

项目编码	03100100700001	项目名称	钢塑复合管			计量单位	m	工程量		36.44
			清单综合单价组成明细							
定额编号	定额项目名称	定额单位	数量	单价/元				合价/元		
				人工费	材料费	机械费	管理费和利润	人工费	材料费	机械费	管理费和利润
C10-428	室内钢塑复合管（螺纹连接）公称外径20mm以内	10m	0.1	221.25	223.34	3.04	84.75	22.13	22.33	0.3	8.48
C10-1914	管道消毒、冲洗 公称直径20mm以内	100m	0.01	50	0.94	0	19.15	0.5	0.01	0	0.19
人工单价		小计						22.63	22.34	0.3	8.67
综合工日125元/工日		未计价材料费						21.82			
		清单项目综合单价						53.94			

材料费明细	主要材料名称、规格、型号	单位	数量	单价/元	合价/元	暂估单价/元	暂估合价/元
	复合管	m	0.991	15.99	15.85		
	给水室内钢塑复合管螺纹管件	个	1.21	4.94	5.98		0
	其他材料费			—	0.51	—	0
	材料费小计			—	22.34	—	1

项目编码	03100300100001	项目名称	螺纹阀门			计量单位	个	工程量		
			清单综合单价组成明细							
定额编号	定额项目名称	定额单位	数量	单价/元				合价/元		
				人工费	材料费	机械费	管理费和利润	人工费	材料费	机械费	管理费和利润
C10-842	螺纹阀门安装 公称直径20mm以内	个	1	12.5	47.74	1.29	4.79	12.5	47.74	1.29	4.79
人工单价		小计						12.5	47.74	1.29	4.79
综合工日125元/工日		未计价材料费						43.51			
		清单项目综合单价						66.32			

材料费明细	主要材料名称、规格、型号	单位	数量	单价/元	合价/元	暂估单价/元	暂估合价/元
	螺纹阀门	个	1.01	43.08	43.51	—	0
	其他材料费			—	4.23	—	0
	材料费小计			—	47.74	—	0

项目小结

本项目学习了给排水工程识图、列项、算量与计价全过程，掌握了给排水工程施工图识读方法，工程量计算规则，了解了施工图预算和招标控制价编制依据、编制方法、编制程序和格式。

在本项目学习中，要熟悉给排水工程识图规则，掌握相关的图例、平面图、系统图识读方法，掌握给排水工程工程量计算规则并能准确列项与算量，熟悉清单规范、定额计量规则，并能准确报价。

练一练、做一做

一、单选题

1. 在双向流动的给水管网管段上，应采用闸阀或（　　）。

A. 止回阀　　　　　　　B. 截止阀　　　　　　　C. 蝶阀

2. 套管计量时按照（　　）直径列项。

A. 介质管道　　　　　　B. 套管　　　　　　　　C. 都不是

3. 金属支架刷油的计量单位是（　　）。

A. m　　　　　　　　　B. m^2　　　　　　　　C. kg

4. 综合单价中除了人材机外还要计入（　　）。

A. 管理费和利润　　　　B. 规费和税金　　　　　C. 措施费

5. 管道绝热的计量单位为（　　）。

A. m　　　　　　　　　B. m^2　　　　　　　　C. m^3

二、问答题

1. 给排水管道常用的管材有哪些？

2. 根据定额，给排水管道计算的室内外界限分别是什么？

3. 定额中的材料费是否包含主材价？主材价一般如何获得？

4. 给排水管道工程量计算规则是什么？

5. 给排水工程脚手架搭拆费如何计算？

2.10　习题答案

三、实训

按《通用安装工程工程量计算规范》（GB 50856—2013），完成某学生公寓给排水工程分部分项工程量清单编制，CAD 图纸请扫描二维码 2.11 获得。

2.11　实训图
学生公寓给排水

项目三

采暖工程计量与计价

学习目标

　　了解采暖工程常用材料和设备组成，熟悉采暖工程中的图例；掌握采暖工程施工图的主要内容及其识读方法；能熟练识读采暖工程施工图；掌握定额与清单两种计价模式采暖工程施工图计量与计价编制的步骤、方法、内容、计算规则及其格式；学会根据计量计价成果进行采暖工程工料分析、总结，整理各项造价指标。

思维导图

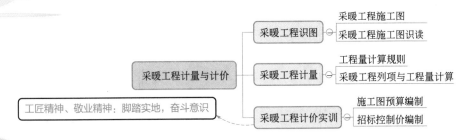

引入项目

项目任务书

　　完成某村委办公楼施工图散热器采暖系统与低温热水辐射采暖系统分部分项工程量计算，并采用定额计价编制采暖工程施工图预算；计算分部分项清单项目综合单价，采用清单计价编制其招标控制价。

　　某村委办公楼，共六层，一、二层为商铺，三至六层是办公室。地下室采用 ⓡ₂ 散热器采暖系统，商铺、办公室采用 ⓡ₁ 低温热水辐射采暖系统，图纸见图 3-1～图 3-8，完整的 CAD 图可扫描二维码 3.1 查看。

3.1　村委办公楼
采暖施工图

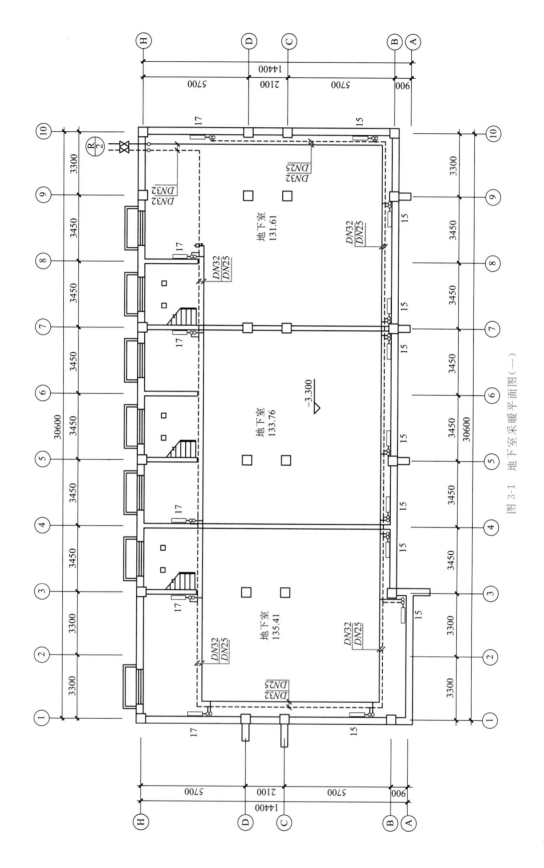

图 3-1 地下室采暖平面图（一）

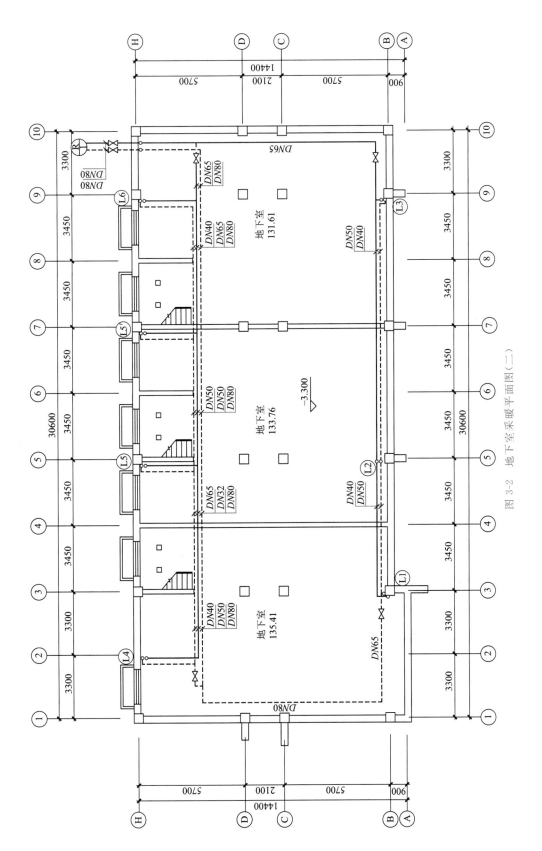

图 3-2 地下室采暖平面图(二)

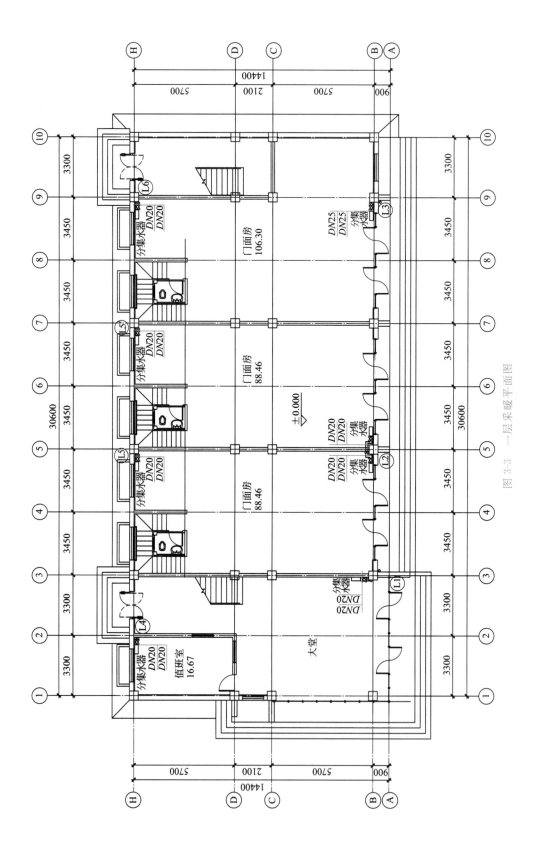

图 3-3 一层采暖平面图

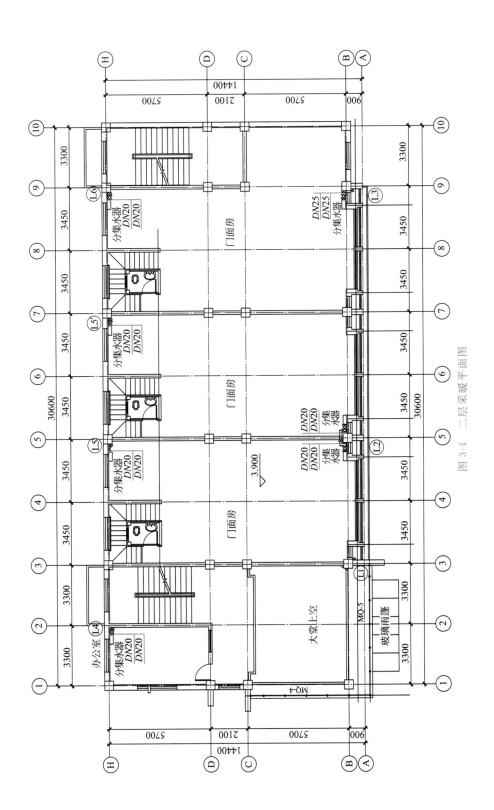

图 3-4 二层采暖平面图

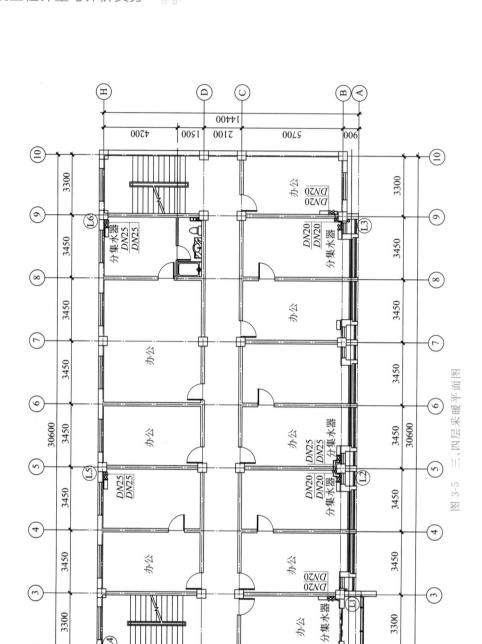

图 3-5 三、四层采暖平面图

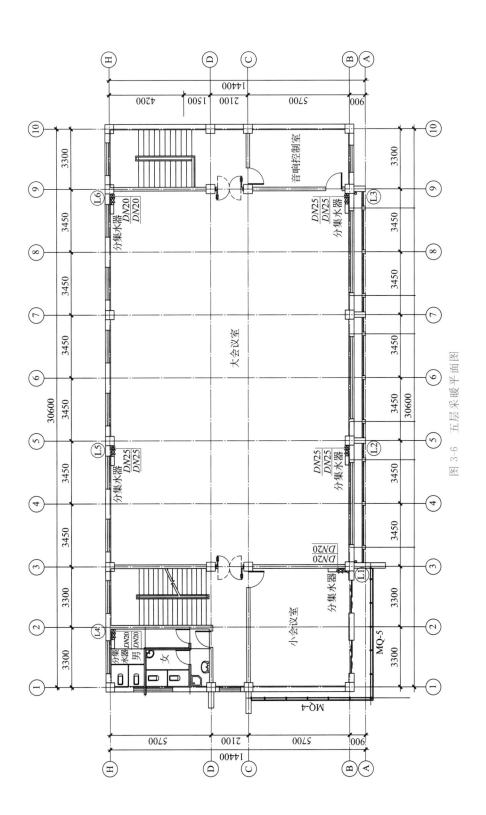

图 3-6 五层采暖平面图

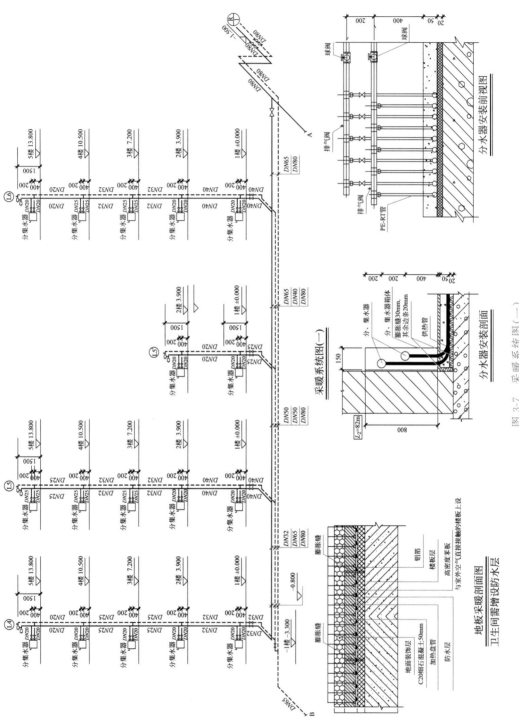

图 3-7 采暖系统图(一)

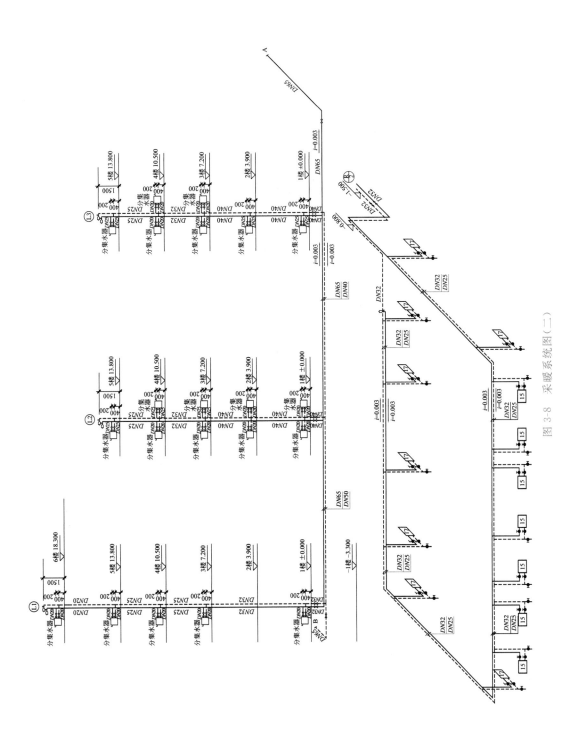

图 3-8 采暖系统图（二）

工程设计与施工说明如下：

1. 设计说明

（1）热媒：地下室部分采暖热媒为 80/60℃ 低温热水，直接接城市热网。商铺、办公室采暖热媒为 55/45℃ 低温热水，在院内辅助用房设高低温直连机组。

（2）地下室采暖埋地管道采用焊接钢管，焊接连接。地板辐射采暖采用交联聚乙烯管材（PE-X），规格为 20mm×2.0mm，热媒集配装置采用集分水器，挂墙安装。其余采暖管道采用热镀锌钢管。

2. 施工要求

（1）管材连接方式：热镀锌钢管 $DN>100$mm 的管道采用法兰连接，镀锌钢管与法兰的焊接处应二次镀锌；$DN\leqslant100$mm 的管道采用螺纹连接，连接时破坏的镀锌层表面及外露螺纹部分应做防腐处理，埋地的 PE-X 管和 PP-R 管埋地部分不得有接头。

（2）防腐：所有管件、支吊架表面除锈后，刷防锈漆两道。散热器刷两道防锈漆后，刷调和漆两道。

（3）PE-X 管材出地面部分及穿墙时，需加 PVC 波纹套管。

（4）保温聚苯板厚 20mm，密度为 20kg/m³。铝箔采用地板采暖专用玻璃布基铝箔面层。

（5）地板辐射采暖面积超过 30m² 或长边超过 6m 时，加装 PE 片材伸缩缝，边角处加 PE 片材保温。

（6）铺设保温板之地面应平整，不允许有凹凸及沙石碎块。

（7）试压：埋地管道敷设后，填充混凝土前应作水压试验，试验方法严格遵照《低温热水地板辐射供暖应用技术规程》（DBJ/T 01-49—2000）的规定。采暖立管及干管系统试验压力为 0.6MPa，10min 内压力降不大于 0.02MPa，不渗不漏为合格。

（8）冲洗：系统投入使用前必须进行冲洗，冲洗前应将滤网、温度计、调节阀、恒温及平衡阀等拆除，待冲洗合格后再装上。

（9）入口：采暖入口做法请见采暖工程标准图集 05N1-13。

（10）管道穿过墙壁和楼板做钢套管，套管直径比相应管道大 2 号。安装在楼板内的套管，其顶部高出 20mm；安装在卫生间及厨房楼内的套管，其顶部高出装饰地面 50mm；套管底部与楼板平，安装在墙壁内的套管其两端与饰面相平。穿过楼板的套管与管道之间缝隙应用阻燃密实材料和防水油膏填实，端面光滑。穿墙套管与管道之间缝隙用阻燃密实材料填实，且端面光滑。管道的接口不得设在套管内。

（11）图中尺寸：标高以"m"计，其他皆以"mm"计，管道标高以管中心计。

（12）本说明未提及部分请严格按照下列规范及施工规程执行：《建筑给水排水及采暖工程施工质量验收规范》（GB 50242—2002）、《辐射供暖供冷技术规程》（JGJ 142—2012）、《通风与空调工程施工质量验收规范》（GB 50243—2016）。

熟悉施工图

学习单元一 采暖工程识图

一、采暖工程施工图构成

与建筑给水排水施工图一样，室内采暖施工图一般由图纸目录、设计施工说明、图例、主要设备及材料表、平面图、系统图及施工详图等组成。具体内容如下：

1. 图纸目录

包括设计人员绘制部分和所选用的标准图部分。标注单位工程名称、图号的编码、图纸名称及数量、图纸规格等内容。

2. 设计施工说明

采暖施工图的设计施工说明是整个采暖施工中的指导性文件，通常阐述以下内容：室内外计算温度；采暖建筑面积，采暖热负荷，建筑面积热指标；建筑物供热入口数，入口的热负荷，压力损失；热媒种类、来源，入口装置形式及安装方法；采用何种散热器，管道材质及其连接方式；采暖系统防腐，保温做法；散热器组装后试压及系统试压的要求等。其他未说明的各项施工要求应遵守什么规范的有关规定也应予以说明。

3. 图例

采暖施工图中的管道及附件、管道连接、阀门、采暖设备及仪表等，采用《暖通空调制图标准》（GB/T 50114—2010）中统一的图例表示，凡在标准图例中未列入的可自设，但在图纸上应专门画出图例，并加以说明。表 3-1 摘录了《暖通空调制图标准》（GB/T 50114—2010）中的部分图例。

表 3-1　常用图例

名称	图例	名称	图例
RG	采暖热水供水管	RH	采暖热水回水管
闸阀		球阀	
止回阀		自动排气阀	
集气罐、放气阀		膨胀阀	
固定支架		活动支架	
Y 形过滤器		矩形补偿器	
疏水器		套管补偿器	
减压阀		弧形补偿器	
补偿器		球形补偿器	
保护套管		坡度及坡向	$i=0.003$ 或 $i=0.003$

4. 主要设备及材料表

为了便于施工备料，保证安装质量和避免浪费，使施工单位能按设计要求选用设备和材料，一般的施工图均应附有设备及主要材料表，简单项目的设备材料表可列在主要图纸内。设备材料表的主要内容有编号、名称、型号、规格、单位、数量、质量、附注等。

5. 平面图

室内供暖平面图表示建筑各层供暖管道与设备的平面布置。内容包括：采暖管道系统的干管、立管、支管的平面位置、走向、立管编号和管道安装方式；散热器平面位置、规格、数量及安装方式（明装或暗装）；采暖干管上的阀门、固定支架以及与采暖系统有关的设备（如膨胀水箱、集气罐、疏水器等平面位置、规格、型号等）；热媒入口及入口地沟情况，热媒来源、流向及与室外热网的连接等。

6. 系统图

系统图又称流程图，也叫系统轴测图，与平面图配合，表明了整个采暖系统的全貌。供暖工程系统图应以轴测投影法绘制，并宜用正等轴测或正面斜轴测投影法。当采用正面斜轴测投影法时，y 轴与水平线的夹角可选用 45°或 30°。系统图的布置方向一般应与平面图一致。系统图包括水平方向和垂直方向的布置情况，立支管的连接方式和管径、立支管阀门的位置、支管与散热器的连接方法、管道的标高、管道的坡度与坡向、主干管上做分支管道的三维空间连接方法、散热器的安装高度和连接方法、散热器片数、自动排气阀（集气罐）安装位置和标高等内容。

7. 施工详图

在供暖平面图和系统图上表达不清楚、用文字也无法说明的地方，可用详图画出，包括节点图、大样图和标准图。

（1）节点图　能清楚地表示某一部分采暖管道的详细结构和尺寸，但管道仍然用单线条表示，只是将比例放大，使人能看清楚。

（2）大样图　管道用双线图表示，看上去有真实感。

（3）标准图　它是具有通用性质的详图，一般由国家或有关部委出版标准图案，作为国家标准或部标准的一部分颁发。

二、采暖工程施工图的表示方法

1. 系统编号

两个及以上的不同采暖系统时，应进行系统编号。采暖系统编号、入口编号，应由系统代号和顺序号组成，如图 3-9 所示。

系统编号宜标注在系统总管处。竖向布置的垂直管道系统，应标注立管号，如图 3-10 所示。

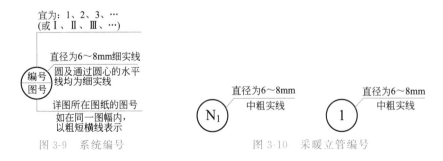

图 3-9　系统编号　　　　　　　　图 3-10　采暖立管编号

2. 采暖系统管道标高、管径、尺寸标注

（1）在无法标注垂直尺寸的图样中，应标注标高。标高应以"m"为单位，并应精确到

"cm" 或 "mm"。

（2）标高符号应以等腰直角三角形表示。当标准层较多时，可只标注与本层楼（地）板面的相对标高，如 $\underline{h+2.200}$ 。

（3）水、汽管道所标注标高未予说明时，应表示为管中心标高。

（4）水、汽管道标注管道外底或顶标高时，应在数字前加"底"或"顶"字样。

（5）平面图中无坡度要求的管道标高可标注在管道截面尺寸后的括号内。必要时，应在标高数字前加"底"或"顶"的字样。

3. 常用图例见表 3-1

三、采暖工程施工图识读

识读施工图时，应首先对照图纸目录，检查整套图纸是否完整，每张图纸的图名是否与图纸目录所列的图名相符，在确认无误后再正式阅图。先读设计施工说明，并掌握与图纸有关的设备及图例符号；后看各层平面图，再看系统图，详图或标准图及通用图，相互对照，既要看清楚系统本身的全貌与各部位的关系，也要搞清楚采暖系统与建筑物的关系和在建筑物中所处的位置。

平面图和系统图是采暖施工图中的主要图纸，看图时应该相互联系和对照。一般按照热媒的流动方向阅读，即供水总管→供水总立管→供水干管→供水立管→供水支管→散热器→回水支管→回水立管→回水干管→回水总管。

看懂了吗

3.2 采暖工程
图识读

【例 3-1】 以图 3-1～图 3-8 为例说明采暖工程施工图的识读。

（1）阅读设计说明

先看设计说明，了解该采暖施工图共有 $\textcircled{\tfrac{R}{1}}$、$\textcircled{\tfrac{R}{2}}$ 两个采暖系统，

其中 $\textcircled{\tfrac{R}{1}}$ 系统为地上部分供暖，采用低温热水辐射采暖系统，在院内辅助用房设高低温直连机组。

地下室采暖埋地管道采用焊接钢管，焊接连接。地板辐射采暖采用交联聚乙烯管材（PE-X），规格为 20mm×2.0mm，热媒集配装置采用集分水器，挂墙安装。其余采暖管道采用热镀锌钢管。热镀锌钢管 $DN>100mm$ 的管道采用法兰连接，$DN\leqslant100mm$ 的管道采用螺纹连接，埋地的 PE-X 管和 PP-R 管埋地部分不得有接头。所有管件、支吊架表面除锈后，刷防锈漆两道。散热器刷两道防锈漆后，刷调和漆两道。

（2）看平面图，了解热力入口、供水干管、回水干管、立管的设置情况

由采暖平面图可知，$\textcircled{\tfrac{R}{1}}$ 系统供水总干管在地下室平面图上沿轴线⑩引入，供水总立管设在⑩轴线与Ⓗ轴线相交处墙旁边，在门面房楼梯间（①、Ⓗ轴线之间），分为两支路。南环路有 L4、L5、L5′、L6 四个立管，北环路有 L1、L2、L3 三个立管。各个立管供水经每层散热降温后，两回水干管支路汇合在门面房楼梯间（①、Ⓗ轴线之间）之间交于一回水总干管，管径 $DN80$，由东向西，由北向南走至采暖引入口处。供回水总干管管径为 $DN80$。

$\textcircled{\tfrac{R}{2}}$ 系统供水总管在地下室平面图上沿轴线⑩引入，供水总立管设在⑩轴线与Ⓗ轴线相交处墙旁边，沿墙由南向北，再由西向东，再向南最后向西，经散热器循环降温后，走至采暖引入口处。供回水总干管管径为 $DN32$。

回水总干管与供水总干管在同一位置处为热力入口。

（3）结合平面图与系统图，弄清管网及管道布置情况

阅读采暖系统图时，一般从热力入口起，先弄清干管的走向，再逐一看各立、支管。

在本图中，⑱系统热力入口供、回水干管均为 $DN80$，并设阀门，标高为 $-1.500m$。引入室内后，标高为 $-0.800m$，分为两个分支，分流后设阀门，分流后水平干管管径为 $DN65$，且水平干管坡度均为 0.003，再供水到各个立管，立管管径随楼层有变化，图中已标明。各楼层分集水器与立管通过水平支管连接，并设有阀门，在立管走向的环路末端均设排气阀。

⑲系统热力入口供、回水干管均为 $DN32$，并设阀门，标高为 $-1.500m$。引入室内后，标高为 $-0.800m$，水平干管坡度均为 0.003。沿墙走向，连接各个散热器，图中可看出散热器型号和数量，并在西南角设排气阀。

（4）其他

通过平面图和系统图，可了解建筑物内整个采暖系统的空间布置情况，但有些部位的具体做法还需要查看详图，如散热器的安装，管道支架的固定等都需要阅读相关的施工详图或者标准图集。

固定支架情况具体位置在平面图上已标示出来，立、支管上的支架在施工图是不画出来的，应按规范规定进行选用和设置。

列项算量

学习单元二 采暖工程计量

一、工程量计算规则

1. 采暖管道安装

（1）采暖管道的界限划分

① 室内外管道以建筑物外墙皮 1.5m 为界；建筑物入口处设阀门者以阀门为界；室外设有采暖入口装置者以入口装置循环管三通为界。

3.3 山西 2018 采暖工程定额说明

② 与工业管道以锅炉房或热力站外墙皮 1.5m 为界。

③ 与设在建筑物内的换热站管道以站房外墙皮为界。

（2）采暖管道的工程量计算规则

① 各类管道安装按室内外、材质、连接形式、规格分别列项，以"10m"为计量单位。

3.4 分集水器

② 各类管道安装工程量，均按设计管道中心线长度，以"10m"为计量单位，不扣除阀门、管件、附件所占长度。

③ 方形补偿器所占长度计入管道安装工程量。方形补偿器制作安装应执行"管道附件"相应项目。

④ 与分集水器进出口连接的管道工程量，应计算至分集水器中心线位置。

⑤ 直埋保温管保温层补口分管径，以"个"为计量单位。

⑥ 与原有采暖热源钢管碰头，区分带介质、不带介质两种情况，按新接支管公称管径列项，以"处"为计量单位。每处含有供、回水两条管道碰头连接。

（3）采暖管道工程量计算说明

① 连接散热器立管的工程量计算。管道的安装长度为上下干管的标高差，加上上部干管、立管与墙面的距离差（立管乙字弯也可按 0.10～0.06m 取值），减去散热器进出口之间的间距，再加上立管与下部干管连接时规范规定的增加长度（当立管高度大于 15m 时，可按 0.3m 计取；当立管高度小于 15m 时，可按 0.1～0.06m 计取）。

② 连接散热器支管的工程量计算。连接散热器支管的安装长度等于立管中心到散热器中心的距离，再减去散热器长度的 1/2，再加上支管与散热器连接时的乙字弯的增加长度（一般可按 0.06～0.035m 计取）。

2. 供暖器具的安装

（1）铸铁散热器安装分落地安装、挂式安装。铸铁散热器组对安装以"10 片"为计量单位；成组铸铁散热器安装按每组片数以"组"为计量单位。铸铁散热器见图 3-11。

（2）闭式散热器安装以"片"为计量单位，其他成品散热器安装以"组"为计量单位，见图 3-12。钢制柱式散热器安装按每组片数，以"组"为计量单位，见图 3-13。

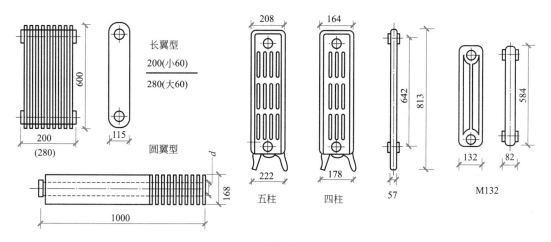

图 3-11 铸铁散热器

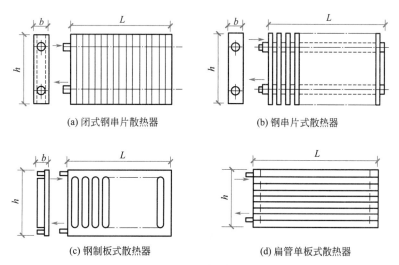

(a) 闭式钢串片散热器　　　　　(b) 钢串片式散热器

(c) 钢制板式散热器　　　　　(d) 扁管单板式散热器

图 3-12 钢制散热器

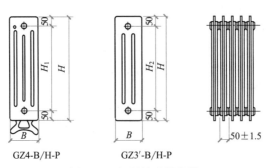

图 3-13　钢制柱式散热器

（3）艺术造型散热器按与墙面的正投影（高×长）计算面积，以"组"为计量单位。不规则形状以正投影轮廓的最大高度乘以最大长度计算面积。

（4）光排管散热器制作分 A 型、B 型，区分排管公称直径，按设计图示散热器长度计算排管长度以"10m"为计量单位，其中联管、支撑管不计入排管工程量；光排管散热器安装不分 A 型、B 型，区分排管公称直径，按光排管散热器长度以"组"为计量单位。光排管散热器见图 3-14。

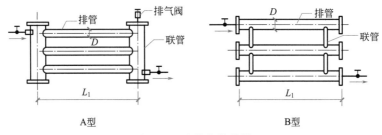

图 3-14　光排管散热器

🔔 **会算了吗**

排管的总长度为：　　　　　$L = nL_1$

式中　n——排管的根数；

　　　　L_1——排管的长度。

3.5　地板辐射采暖

安装工作包括切管、焊接、组成、打眼栽钩、稳固、水压试验等。

（5）暖风机安装按设备重量，以"台"为计量单位。

（6）地板辐射采暖管道区分管道外径，按设计图示中心线长度计算，以"10m"为计量单位。保护层（铝箔）、隔热板、钢丝网按设计图示尺寸计算实际铺设面积，以"10m²"为计量单位。边界保温带按设计图示长度以"10m"为计量单位。

3.6　补偿器

（7）热媒集配装置安装区分带箱、不带箱，按分支管环路数以"组"为计量单位。

3.　管道附件的安装

（1）各种阀门、补偿器、软接头，均按照不同连接方式、公称直径，以"个"为计量单位。

（2）减压器、疏水器、倒流防止器、热量表成组安装，按照不同组成结构、连接方式、公称直径，以"组"为计量单位。减压器安装按高压侧的直径计算。

（3）法兰均区分不同公称直径，以"副"为计量单位。

4. 采暖设备

（1）各种采暖设备安装项目除另有说明外，按设计图示规格、型号、重量，均以"台"为计量单位。

（2）太阳能集热装置区分平板、玻璃真空管形式，以"m^2"为计量单位。

（3）地源热泵机组按设备重量列项，以"组"为计量单位。

5. 采暖系统的调试

计算范围以室内采暖管道、管件、阀门、法兰、供暖器具等组成的采暖系统安装的人工费为计算基数，按采暖工程人工费的 9.2% 计算，其中人工费占 35%，以"系统"为计量单位。

6. 支架、除锈、刷油、绝热工程

工程量计算同项目二给排水工程相关项目。

7. 技术措施项目

脚手架搭拆费、操作高度增加费、高层建筑增加费同项目二给排水工程相关项目。

二、采暖工程列项与工程量计算

采暖工程施工图如图 3-1～图 3-8 所示，各系统管道、管件工程量计算见表 3-2（区别系统分别列出）。管径分类汇总见表 3-3。

3.7　采暖管道工程量计算

表 3-2　工程量计算表

分项工程名称	计　算　式	单位	工程量
1. 水平主干管(回水管)按图示长度以 m 计算			
回水管 $DN32$	2+3.925+29.033+9.343	m	44.301
回水管 $DN25$	0.619+29.529+9.351+0.197×6+1.048+0.133×2+0.323×2+(0.329+0.133)×4	m	44.489
回水管 $DN80$	2+3.696+27.961	m	33.657
回水管 $DN65$	0.412+1.145+10.036+0.614+9.593+5.636	m	27.436
回水管 $DN50$	6.9+6.843	m	13.743
回水管 $DN40$	6.9+13.488+0.28+0.144	m	20.812
回水管 $DN32$	2.817+0.263	m	3.08
回水管 $DN40$	(2.817+0.263)×2	m	6.16
回水管 $DN25$	2.817+0.263	m	3.08
2. 水平主干管(供水管)按图示长度以 m 计算			
供水管 $DN32$	2+12.723+29.065+0.345	m	44.133
供水管 $DN25$	9.195+23.761+0.361×2+0.406×6+1.258+0.645×2+0.464×4	m	40.518
供水管 $DN80$	2+3.475	m	5.475
供水管 $DN65$	9.924+9.596+3.034	m	22.554
供水管 $DN50$	6.9+13.575	m	20.475
供水管 $DN32$	10.036+2.814+0.524	m	13.374

续表

分项工程名称	计　算　式	单位	工程量
供水管 DN 40	$2.84×2+7.088+0.314$	m	13.082
供水管 DN 25	2.814	m	2.814
3. 立管按图示长度以 m 计算			
立管 L1			
供水 DN 32	$7.2+0.8+0.6$	m	8.6
供水 DN 25	$13.8-7.2$	m	6.6
供水 DN 20	$18.3-13.8+0.9$	m	5.4
回水 DN 32	$7.2+0.8+0.4$	m	8.4
回水 DN 25	$13.8-7.2$	m	6.6
回水 DN 20	$18.3-13.8+1.1$	m	5.6
立管 L2			
供水 DN 40	$7.2+0.8+0.6$	m	8.6
供水 DN 32	$10.5-7.2$	m	3.3
供水 DN 25	$13.8-10.5+0.9$	m	4.2
回水 DN 40	$7.2+0.8+0.4$	m	8.4
回水 DN 32	$10.5-7.2$	m	3.3
回水 DN 25	$13.8-10.5+1.1$	m	4.4
立管 L3			
供水 DN 40	$7.2+0.8+0.6$	m	8.6
供水 DN 32	$10.5-7.2$	m	3.3
供水 DN 25	$13.8-10.5+0.9$	m	4.2
回水 DN 40	$7.2+0.8+0.4$	m	8.4
回水 DN 32	$10.5-7.2$	m	3.3
回水 DN 25	$13.8-10.5+1.1$	m	4.4
立管 L4			
供水 DN 32	$3.9+0.8+0.6$	m	5.3
供水 DN 25	$10.5-3.9$	m	6.6
供水 DN 20	$13.8-10.5+0.9$	m	4.2
回水 DN 32	$3.9+0.8+0.4$	m	5.1
回水 DN 25	$10.5-3.9$	m	6.6
回水 DN 20	$13.8-10.5+1.1$	m	4.4
立管 L5			
回水 DN 40	$3.9+0.8+0.6$	m	5.3
回水 DN 32	$10.5-3.9$	m	6.6
回水 DN 25	$13.8-10.5+0.9$	m	4.2

续表

分项工程名称	计 算 式	单位	工程量
回水 $DN40$	3.9＋0.8＋0.4	m	5.1
回水 $DN32$	10.5－3.9	m	6.6
回水 $DN25$	13.8－10.5＋1.1	m	4.4
立管 L5′			
供水 $DN25$	0.8＋0.6	m	1.4
供水 $DN20$	3.9＋0.9	m	4.8
回水 $DN25$	0.8＋0.4	m	1.2
回水 $DN20$	3.9＋1.1	m	5
立管 L6			
供水 $DN40$	3.9＋0.8＋0.6	m	5.3
供水 $DN32$	10.5－3.9	m	6.6
供水 $DN20$	13.8－10.5＋0.9	m	4.2
回水 $DN40$	3.9＋0.8＋0.4	m	5.1
回水 $DN32$	10.5－3.9	m	6.6
回水 $DN20$	13.8－10.5＋1.1	m	4.4
水平主管距散热器管 $DN20$	(3.3－0.8＋0.5)×15×2＋0.3×2×15	m	99
分水器支管 $DN20$	38	m	38
分水器支管 $DN25$	0.5×2×9	m	9

4. 管道附件及设备

分项工程名称	计 算 式	单位	工程量
分水器	38	个	38
散热器	15	组	15
排气阀 $DN20$	62	个	62
排气阀 $DN25$	28	个	28
排气阀 $DN32$	1	个	1
闸阀 $DN25$	47	个	47
闸阀 $DN40$	8	个	8
闸阀 $DN32$	4	个	4
闸阀 $DN65$	4	个	4
球阀 $DN20$	54	个	54
球阀 $DN25$	22	个	22

表 3-3 管径分类汇总

管径名称	计 算 式	单位	工程量
$DN20$	5.4＋5.6＋4.2＋4.4＋4.8＋5.0＋4.2＋4.4＋99＋38	m	175

续表

管径名称	计 算 式	单位	工程量
DN25	44.489＋3.08＋40.518＋2.814＋6.6＋6.6＋4.2＋4.4＋4.2＋4.4＋6.6＋6.6＋4.2＋4.4＋1.4＋1.2＋9	m	154.7
DN32	44.301＋3.08＋44.133＋13.374＋8.6＋8.4＋3.3＋3.3＋3.3＋3.3＋5.3＋5.1＋6.6＋6.6＋6.6＋6.6	m	171.89
DN40	20.812＋6.16＋13.082＋8.6＋8.4＋8.6＋8.4＋5.1＋5.3＋5.3＋5.1	m	94.85
DN50	13.743＋20.475	m	34.22
DN65	27.436＋22.554	m	49.99
DN80	33.657＋5.475	m	39.13

工程计价

学习单元三　采暖工程计价实训

3.8　采暖设备计量

一、采暖工程施工图预算编制

1. 封面（表3-4）

2. 编制说明

（1）本预算编制依据为某村委办公楼采暖工程施工图。

（2）主材价格：采用2018年太原市建设工程材料预算价格及2019年太原市建设工程造价信息第5期材料指导价格，指导价上没有价格的材料采用参考资料的相似价格及市场调研价格，除主材外其他材料未考虑动态调整。

（3）采用2018山西省建设工程计价依据《安装工程预算定额》，取费选择总承包工程，采用一般纳税人计税，绿色文明工地标准：一级。

3. 安装工程预算表（表3-5）

4. 措施项目计价表（表3-6）和措施项目分项汇总表（表3-7）

5. 单位工程费用表（表3-8）

6. 主材市场价汇总表（表3-9）

表3-4　工程预算书封面

工 程 预 算 书

工程名称：某村委办公楼采暖工程　　　　　设计单位：×××建筑设计院

建设单位：某村委会　　　　　　　　　　　施工单位：×××建筑工程有限公司

建筑面积：　　　　　　　　　　　　　　　工程造价：226,640.83元

建设单位(盖章)　　　　　　　　　　　　　施工单位(盖章)

日　　期：　　　　　　　　　　　　　　　日　　期：

负 责 人：　　　　　　　　　　　　　　　负 责 人：

表 3-5　安装工程预算表

工程名称：某村委办公楼采暖工程

序号	编码	名称	工程量		价格/元				其中/元			
			单位	数量	单价	合价	市场单价	市场合价	人工市场价	材料市场价	机械市场价	主材市场价
1	C10-493	采暖管道 室内镀锌钢管（螺纹连接）公称直径80mm以内	10m	3.82	355.72	1358.85	356.35	1361.26	1270.15	27.39	63.72	
	主材	采暖室内镀锌钢管螺纹管件 DN80	个	16.6934			18	300.48				300.48
	主材	镀锌钢管 DN80	m	38.2764			36.871	1411.29				1411.29
2	C10-492	采暖管道 室内镀锌钢管（螺纹连接）公称直径65mm以内	10m	5	328.61	1643.05	329.03	1645.15	1543.75	33.25	68.15	
	主材	采暖室内镀锌钢管螺纹管件 DN65	个	24.65			14	345.1				345.1
	主材	镀锌钢管 DN65	m	50.1			30.462	1526.15				1526.15
3	C10-491	采暖管道 室内镀锌钢管（螺纹连接）公称直径50mm以内	10m	3.4	306.45	1041.93	306.82	1043.19	977.51	20.77	44.91	
	主材	采暖室内镀锌钢管螺纹管件	个	19.312			12	231.74				231.74
	主材	镀锌钢管 DN50	m	33.898			22.593	765.86				765.86
4	C10-490	采暖管道 室内镀锌钢管（螺纹连接）公称直径40mm以内	10m	9.5	301	2859.5	301.25	2861.88	2695.63	55.2	111.05	
	主材	镀锌钢管 DN40	m	63.365			19	1203.94				1203.94
	主材	镀锌钢管 DN40	m	94.715			20.065	1900.46				1900.46
5	C10-489	采暖管道 室内镀锌钢管（螺纹连接）公称直径32mm以内	10m	17.2	288.47	4961.68	288.65	4964.78	4708.5	99.24	157.04	
	主材	采暖室内镀锌钢管螺纹管件	个	187.996			5.128	964.04				964.04
	主材	镀锌钢管 DN32	m	171.484			16.355	2804.62				2804.62

序号	编码	名称	工程量		价格/元					其中/元		主材市场价
			单位	数量	单价	合价	市场单价	市场合价	人工市场价	材料市场价	机械市场价	
6	C10-488	采暖管道 室内镀锌钢管（螺纹连接）公称直径25mm以内	10m	14.12	270.24	3815.79	270.37	3817.62	3653.55	71.16	92.91	
	主材	室内镀锌钢管螺纹管件	个	173.8172			4.274	742.89				742.89
	主材	镀锌钢管 DN25	m	136.964			12.645	1731.91				1731.91
7	C10-487	采暖管道 室内镀锌钢管（螺纹连接）公称直径20mm以内	10m	15.17	222.98	3382.61	223.04	3383.52	3280.51	55.83	47.18	
	主材	室内镀锌钢管螺纹管件	个	190.2318			2.564	487.75				487.75
	主材	镀锌钢管 DN20	m	147.149			8.6	1265.48				1265.48
8	C10-1547	不带热媒集配装置安装 分支管2环路以内	组	31	30.21	936.51	30.21	936.51	891.25	45.26		
	主材	分集水器2环路	个	62			55	3410				3410
9	C10-1548	不带热媒集配装置安装 分支管4环路以内	组	7	45.22	316.54	45.23	316.61	306.25	10.36		
	主材	分集水器3环路	个	21			55	1155				1155
10	C10-1548	不带热媒集配装置安装 分支管4环路以内	组	4	45.22	180.88	45.23	180.92	175	5.92		
	主材	分集水器4环路	个	16			55	880				880
11	C10-1541	地板辐射采暖塑料管道敷设 公称外径20mm以内	10m	632.7	27.96	17690.29	27.96	17690.29	15026.62	2638.36	25.31	
	主材	地板辐射采暖管	m	6453.54			3.5	22587.39				22587.39
12	C10-1543	地板辐射采暖 保温隔热层 敷设 保护层（铝箔）	10m²	161.7	29.32	4741.04	29.32	4741.04	2829.75	1911.29		
	主材	铝箔纸	m²	1665.51			1.5	2498.27				2498.27

续表

序号	编码	名称	工程量 单位	工程量 数量	价格/元 单价	价格/元 合价	价格/元 市场单价	价格/元 市场合价	人工市场价	其中/元 材料市场价	其中/元 机械市场价	主材市场价
13	C10-1544	地板辐射采暖 保温隔热层 敷设 隔热板	10m²	161.7	29.58	4783.09	29.58	4783.09	4648.88	134.21		
	主材	聚苯乙烯泡沫塑料板	m²	1665.51			6.5	10825.82				10825.82
14	C10-1546	地板辐射采暖 保温隔热层 敷设 钢丝网	10m²	161.7	31.47	5088.7	31.47	5088.7	5053.13	35.57		
	主材	镀锌铁丝网	m²	1665.51			2	3331.02				3331.02
15	C10-1545	地板辐射采暖 保温隔热层 敷设 边界保温带	10m	485.1	6.95	3371.45	6.95	3371.45	3031.88	339.57		
	主材	聚苯乙烯条	m	5093.55			0.5	2546.78				2546.78
16	C10-869	自动排气阀安装 公称直径 20mm以内	个	16	19.08	305.28	19.09	305.44	260	43.52	1.92	
	主材	自动排气阀	个	16			30	480				480
17	C10-842	螺纹阀门安装 公称直径 20mm以内	个	16	18.02	288.32	18.06	288.96	200	67.52	21.44	
	主材	闸阀	个	16.16			24.14	390.1				390.1
18	C10-843	螺纹阀门安装 公称直径 25mm以内	个	2	20.52	41.04	20.56	41.12	27.5	10.44	3.18	
	主材	螺纹闸阀	个	2.02			14.18	28.64				28.64
19	C10-844	螺纹阀门安装 公称直径 32mm以内	个	6	26.52	159.12	26.55	159.3	105	44.46	9.84	
	主材	螺纹闸阀	个	6.06			21.8	132.11				132.11
20	C10-878	法兰阀门安装 公称直径 40mm以内	个	8	37.98	303.84	38	304	230	65.36	8.64	
	主材	法兰阀门	个	8			40.7	325.6				325.6

续表

序号	编码	名称	工程量		价格/元				其中/元			
			单位	数量	单价	合价	市场单价	市场合价	人工市场价	材料市场价	机械市场价	主材市场价
21	C10-880	法兰阀门安装 公称直径 65mm以内	个	4	52.92	211.68	52.95	211.8	160	43.2	8.6	
	主材	法兰阀门	个	4			40.7	162.8				162.8
22	C10-881	法兰阀门安装 公称直径 80mm以内	个	2	74.33	148.66	74.36	148.72	110	34.42	4.3	
	主材	法兰阀门	个	2			40.7	81.4				81.4
23	C10-1826	管道支架制作 单件重量 5kg以内	100kg	3.8	969.1	3682.58	975.97	3708.69	2669.51	179.47	859.71	
	主材	型钢	kg	399			3.633	1449.57				1449.57
24	C10-1831	管道支架安装 单件重量 5kg以内	100kg	3.8	651.48	2475.62	663.29	2520.5	1439.25	507.87	573.38	
25	C12-98	金属结构刷油 一般钢结构 防锈漆 第一遍	100kg	3.8	34.44	130.87	35.09	133.34	90.25	8.51	34.58	
	主材	酚醛防锈漆	kg	3.496			6.88	24.05				24.05
26	C12-99	金属结构刷油 一般钢结构 防锈漆 每增一遍	100kg	3.8	32.98	125.32	33.6	127.68	85.5	7.6	34.58	
	主材	酚醛防锈漆	kg	2.964			6.88	20.39				20.39
27	C12-101	金属结构刷油 一般钢结构 银粉漆 第一遍	100kg	3.8	34.84	132.39	35.79	136	85.5	15.92	34.58	
	主材	银粉漆	kg	1.254			10.34	12.97				12.97
28	C12-102	金属结构刷油 一般钢结构 银粉漆 每增一遍	100kg	3.8	34.48	131.02	35.37	134.41	85.5	14.33	34.58	
	主材	银粉漆	kg	1.102			10.34	11.39				11.39
29	C12-5	手工除锈 一般钢结构 轻锈	100kg	3.8	47.37	180.01	47.69	181.22	142.5	4.14	34.58	

序号	编码	名称	工程量		价格/元				其中/元			
			单位	数量	单价	合价	市场单价	市场合价	人工市场价	材料市场价	机械市场价	主材市场价
30	C10-1852	一般钢套管制作安装 介质管道公称直径50mm以内	个	2	25.32	50.64	25.38	50.76	35	13.54	2.22	
	主材	焊接钢管 DN80	m	0.64			31.593	20.22				20.22
31	C10-1852	一般钢套管制作安装 介质管道公称直径50mm以内	个	23	25.32	582.36	25.38	583.74	402.5	155.71	25.53	
	主材	焊接钢管 DN70	m	7.36			35.615	262.13				262.13
32	C10-1852	一般钢套管制作安装 介质管道公称直径50mm以内	个	32	25.32	810.24	25.38	812.16	560	216.64	35.52	
	主材	焊接钢管 DN40	m	10.24			35.615	364.7				364.7
33	C10-1851	一般钢套管制作安装 介质管道公称直径32mm以内	个	31	16.48	510.88	16.54	512.74	387.5	90.83	34.41	
	主材	焊接钢管 DN50	m	9.92			20.155	199.94				199.94
34	C10-1854	一般钢套管制作安装 介质管道公称直径80mm以内	个	2	51.94	103.88	51.98	103.96	62.5	39.24	2.22	
	主材	焊接钢管 DN100	m	0.64			41.018	26.25				26.25
35	C10-1854	一般钢套管制作安装 介质管道公称直径80mm以内	个	2	51.94	103.88	51.98	103.96	62.5	39.24	2.22	
	主材	焊接钢管 DN125	m	0.64			50.48	32.31				32.31
36	C10-1160	热水采暖入口热量表组成安装(法兰连接)入口管道公称直径50mm以内	组	1	1314.85	1314.85	1313.82	1313.82	596.25	634.76	82.81	
	主材	过滤器 DN32	个	2			64.965	129.93				129.93
	主材	闸阀 DN32	个	4			112	448				448
	主材	法兰热量表 DN32	套	1			396.549	396.55				396.55

续表

序号	编码	名称	工程量		价格/元				其中/元			
			单位	数量	单价	合价	市场单价	市场合价	人工市场价	材料市场价	机械市场价	主材市场价
37	C10-1162	热水采暖入口热量表组成安装（法兰连接）入口管道公称直径80mm以内	组	1	1765.69	1765.69	1766.21	1766.21	838.75	813.45	114.01	
	主材	过滤器 DN80	个	2			233.159	466.32				466.32
	主材	闸阀 DN80	个	4			192.8	771.2				771.2
	主材	法兰热量表 DN80	套	1			1800	1800				1800
38	C6-1	温度仪表 膨胀式温度计 工业液体温度计	支	4	22.51	90.04	22.51	90.04	85	5.04		
	主材	仪表插座	套	4			26.04	104.16				104.16
39	C6-23	压力仪表 压力计 单管	台（块）	4	50.16	200.64	50.16	200.64	180	20.64		
	主材	仪表取源部件	套	4			35	140				140
40	C12-1	手工除锈 管道 轻锈	10m²	1	38.96	38.96	38.96	38.96	37.5	1.46		
41	C12-58	管道刷油 防锈漆 第一遍	10m²	1	30.15	30.15	30.62	30.62	27.5	3.12		
	主材	酚醛防锈漆	kg	1.31			6.88	9.01				9.01
42	C12-59	管道刷油 防锈漆 每增一遍	10m²	1	29.91	29.91	30.33	30.33	27.5	2.83		
	主材	酚醛防锈漆	kg	1.12			6.88	7.71				7.71
43	C12-837	纤维类制品（管壳）安装 管道φ133mm以下 厚度40mm	m³	3.48	314.66	1095.02	314.82	1095.57	978.74	44.06	72.77	
	主材	矿岩棉保温管壳	m³	3.5844			330	1182.85				1182.85
44	C12-1243	防潮层、保护层安装 玻璃布管道	10m²	14.253	48.88	696.69	48.87	696.54	694.83	1.71		
	主材	玻璃丝布	m²	199.542			2.155	430.01				430.01
45	C12-187	玻璃布、白布面刷油 管道 调和漆 第一遍	10m²	14.253	95.25	1357.6	95.52	1361.45	1336.22	25.23		
	主材	酚醛调和漆	kg	27.0807			8.5	230.19				230.19

续表

序号	编码	名称	工程量		价格/元				其中/元			
			单位	数量	单价	合价	市场单价	市场合价	人工市场价	材料市场价	机械市场价	主材市场价
46	C12-188	玻璃布、白布面刷油 管道 调和漆 每增一遍	10m²	14.253	82.35	1173.73	82.55	1176.59	1158.06	18.53		
	主材	酚醛调和漆	kg	20.6669			8.5	175.67				175.67
47	C10-1435	成组铸铁散热器落地安装 柱型(柱翼型)落地安装单组 片数16片以内	组	7	52.9	370.3	52.92	370.44	350	19.11	1.33	
	主材	铸铁四柱散热器	组	7			515.7	3609.9				3609.9
48	C10-1436	成组铸铁散热器落地安装 柱型(柱翼型)落地安装单组 片数20片以内	组	8	66.75	534	66.78	534.24	510	22.72	1.52	
	主材	铸铁四柱散热器	组	8			584.46	4675.68				4675.68
49	C10-842	螺纹阀门安装 公称直径20mm以内	个	30	18.02	540.6	18.06	541.8	375	126.6	40.2	
	主材	截止阀 DN20	个	30.3			11.43	346.33				346.33
50	C10-842	螺纹阀门安装 公称直径20mm以内	个	15	18.02	270.3	18.06	270.9	187.5	63.3	20.1	
	主材	泄水阀 DN20	个	15.15			18	272.7				272.7
51	C8-3201	刚性防水套管制作 公称直径50mm以内	个	2	113.72	227.44	116.08	232.16	142.5	57.96	31.7	
	主材	焊接钢管	kg	6.52			3.77	24.58				24.58
52	C8-3218	刚性防水套管安装 公称直径50mm以内	个	2	100.35	200.7	100.69	201.38	162.5	38.88		
53	C10-842	螺纹阀门安装 公称直径20mm以内	个	76	18.02	1369.52	18.06	1372.56	950	320.72	101.84	
	主材	螺纹球阀	个	76.76			22	1688.72				1688.72

续表

序号	编码	名称	单位	数量	单价	合价	市场单价	市场合价	人工市场价	材料市场价	机械市场价	主材市场价
54	C8-3202	刚性防水套管制作公称直径 80mm 以内	个	2	136.23	272.46	138.97	277.94	170	70.78	37.16	
	主材	焊接钢管	kg	8.04			4.25	34.17				34.17
55	C8-3219	刚性防水套管安装公称直径 150mm 以内	个	2	123.73	247.46	124.29	248.58	182.5	66.08		
56	C12-1	手工除锈 管道 轻锈	10m²	10.363	38.96	403.74	38.96	403.74	388.61	15.13		
57	C12-155×2	铸铁管,暖气片刷油 防锈漆一遍 单价×2	10m²	10.363	73.1	757.54	74.1	767.9	699.5	68.4		
	主材	酚醛防锈漆	kg	10.8812			9.8	106.64				106.64
58	C12-157	铸铁管,暖气片刷油 银粉漆 第一遍	10m²	10.363	41.16	426.54	42.25	437.84	362.71	75.13		
	主材	调和漆	kg	5.596			10	55.96				55.96
59	C12-158	铸铁管,暖气片刷油 银粉漆 每增一遍	10m²	10.363	39.16	405.82	40.12	415.76	349.75	66.01		
	主材	调和漆	kg	5.0779			10	50.78				50.78
60	BM73	采暖工程系统调整费(给排水,采暖,燃气工程)	元	1	4687.62	4687.62	4687.62	4687.62	1640.67	3046.95		
61	BM94	系统调整费(站内工艺系统安装工程)(刷油,防腐蚀,绝热工程)	元	1	903.92	903.92	903.92	903.92	316.37	587.55		
62	BM93	系统调整费(站内工艺系统安装工程)(工业管道工程)	元	1	90.74	90.74	90.74	90.74	31.76	58.98		
		合 计				86151.52		170410.42	70072.59	13360.47	2879.74	84097.62

表 3-6 措施项目计价表

序号	项目名称	费率/%	费用金额/元
1	安装工程		10453.2
1.1	安全文明施工费	3.05	2172.31
1.2	临时设施费	3.35	2385.99
1.3	夜间施工增加费	0.36	256.4
1.4	冬雨季施工增加费	0.43	306.26
1.5	材料二次搬运费	0.77	548.42
1.6	工程定位复测、工程点交、场地清理费	0.18	128.2
1.7	室内环境污染物检测费	0	0
1.8	检测试验费	0.31	220.79
1.9	环境保护费	1.61	1146.7
1.10	大型机械进、出场及安、拆		
1.11	脚手架		3288.13
1.12	模板(胎具)及支架		
1.13	已完工程及设备保护		
1.14	施工排水、降水		
1.15	垂直运输机械费		
	合 计		10453.2

表 3-7 措施项目分项汇总表

序号	编号	名称	工程量		价格/元		其中/元		
			单位	数量	单价	合价	人工费	材料费	机械费
1		大型机械进、出场及安、拆	项	1					
		脚手架	项	1	3288.13	3288.13	1150.85	2137.28	
2	BM60	脚手架搭拆费(除单独承担的室外埋地管道工程)(给排水、采暖、燃气工程)	元	1	2788.11	2788.11	975.84	1812.27	
	BM74	脚手架搭拆费(管道刷油、防腐蚀、绝热工程)	元	1	275.71	275.71	96.5	179.21	
	BM32	脚手架搭拆费(自动化控制仪表安装工程)	元	1	12.19	12.19	4.27	7.92	
	BM75	脚手架搭拆费(金属结构刷油、防腐蚀、绝热工程)	元	1	152.29	152.29	53.3	98.99	
	BM45	脚手架搭拆费(除单独承担的埋地管道工程)(工业管道工程)	元	1	59.83	59.83	20.94	38.89	
3		模板(胎具)及支架	项	1					
4		已完工程及设备保护	项	1					
5		施工排水、降水	项	1					

表 3-8　单位工程费用表

工程名称：某村委办公楼采暖工程

序号	费用名称	取费基础	费率/%	费用金额/元
1	定额工料机（包括施工技术措施费）	直接费＋技术措施项目合计		89439.65
2	其中：人工费	人工费＋技术措施项目人工费		71223.44
3	施工组织措施费	其中：人工费	10.06	7165.07
4	企业管理费	其中：人工费	19.8	14102.24
5	利润	其中：人工费	18.5	13176.34
6	动态调整	人材机价差＋组织措施人工价差＋安装费用人工价差		0
7	主材费	主材费		84044.07
8	税金	定额工料机（包括施工技术措施费）＋施工组织措施费＋企业管理费＋利润＋动态调整＋主材费	9	18713.46
9	工程造价	定额工料机（包括施工技术措施费）＋施工组织措施费＋企业管理费＋利润＋动态调整＋主材费＋税金		226640.83

表 3-9　主材市场价汇总表

序号	材料名	单位	材料量	市场价/元	市场价合计/元
1	粘接剂	kg	242.55	7.66	1857.93
2	塑料卡钉	个	16608.375	0.14	2325.17
3	铸铁四柱散热器(17)	组	8	584.46	4675.68
4	铸铁四柱散热器(15)	组	7	515.7	3609.9
5	型钢	kg	399	3.633	1449.57
6	采暖室内镀锌钢管螺纹管件	个	63.365	19	1203.94
7	法兰热量表 DN80	套	1	1800	1800
8	聚苯乙烯泡沫塑料板	m²	1665.51	6.5	10825.82
9	聚苯乙烯条	m	5093.55	0.5	2546.78
10	镀锌铁丝网	m²	1665.51	2	3331.02
11	镀锌钢管 DN25	m	136.964	12.645	1731.91
12	镀锌钢管 DN20	m	147.149	8.6	1265.48
13	镀锌钢管 DN65	m	50.1	30.462	1526.15
14	镀锌钢管 DN80	m	38.2764	36.871	1411.29
15	镀锌钢管 DN40	m	94.715	20.065	1900.46
16	镀锌钢管 DN32	m	171.484	16.355	2804.62
17	地板辐射采暖管	m	6453.54	3.5	22587.39
18	分、集水器环路	个	62	55	3410
19	螺纹球阀	个	76.76	22	1688.72
20	铝箔纸	m²	1665.51	1.5	2498.27
	合　计				74450.1

二、采暖工程招标控制价编制

依据《通用安装工程工程量计算规范》（GB 50856—2013），附录 K 给排水、采暖、燃气工程常用项目有 K.1 给排水、采暖、燃气管道（031001），K.2 支架及其他（031002），K.3 管道附件（031003），K.5 供暖器具（031005），K.9 采暖、空调水工程系统调试（031009）等。常用清单项目详见本书附录。

1. 招标控制价封面（表 3-10）

2. 编制说明

（1）本预算编制依据某村委会村委办公楼采暖工程施工图。

（2）主材价格：采用 2018 年太原市建设工程材料预算价格及 2019 年太原市建设工程造价信息第 5 期材料指导价格，指导价上没有价格的材料采用参考资料的相似价格及市场调研价格。

（3）编制依据：《通用安装工程工程量计算规范》（GB 50856—2013）。

（4）采用 2018 山西省建设工程计价依据《安装工程预算定额》，取费选择总承包工程，采用一般纳税人计税，绿色文明工地标准：一级。

（5）暂列金额按分部分项总价 10% 考虑。

3. 单位工程（安装工程）招标控制价汇总表（表 3-11）

4. 分部分项工程和单价措施项目清单与计价表（表 3-12）

5. 总价措施项目清单与计价表（表 3-13）

6. 工程量清单综合单价分析表（列举）（表 3-14）

7. 其他项目清单与计价汇总表（表 3-15）

3.9　采暖工程清单计价完整表

表 3-10　采暖工程招标控制价封面

招标控制价(小写):242490.98 元 _____ 　　　（大写）:贰拾肆万贰仟肆佰玖拾元玖角捌分元 _____   招　标　人：_____　　　　造价咨询人：_____ 　　　（单位盖章）　　　　　　　　　　　　（单位资质专用章）   法定代表人　　　　　　　　　　　　法定代表人 或其授权人：_____　　　或其授权人：_____ 　　　（签字或盖章）　　　　　　　　　　（签字或盖章）   编　制　人：_____　　　　复　核　人：_____ 　　　（造价人员签字盖专用章）　　　　　（造价工程师签字盖专用章）   编制时间：　　年　月　日　　　　　　复核时间：　　年　月　日

表 3-11　单位工程招标控制价汇总表

序号	汇总内容	金额/元	其中:暂估价/元
1	分部分项工程费	192337.11	
2	施工技术措施项目费	3732.9	

续表

序号	汇总内容	金额/元	其中:暂估价/元
3	施工组织措施项目费	7165.07	
4	其他项目费	19233.71	—
4.1	暂列金额	19233.71	
4.2	专业工程暂估价		
4.3	计日工		
4.4	总承包服务费		
5	税金(扣除不列入计税范围的工程设备费)	20022.19	—
招标控制价合计＝1＋2＋3＋4＋5		242490.98	

表 3-12　分部分项工程和单价措施项目清单与计价表

序号	项目编码	项目名称	项目特征描述	计量单位	工程量	金额/元		
						综合单价	合价	其中:暂估价
一		分部分项					192337.11	
1	031001001001	镀锌钢管 DN80	1. 管道安装:DN80 2. 连接形式:螺纹连接 3. 压力试验 4. 吹扫、冲洗 5. 警示带铺设	m	38.2	96.65	3692.03	
2	031001001002	镀锌钢管 DN65	1. 管道安装:DN65 2. 连接形式:螺纹连接 3. 压力试验 4. 吹扫、冲洗 5. 警示带铺设	m	50	85.37	4268.5	
3	031001001003	镀锌钢管 DN50	1. 管道安装:DN50 2. 连接形式:螺纹连接 3. 压力试验 4. 吹扫、冲洗 5. 警示带铺设	m	34	74.03	2517.02	
4	031001001004	镀锌钢管 DN40	1. 管道安装:DN40 2. 连接形式:螺纹连接 3. 压力试验 4. 吹扫、冲洗 5. 警示带铺设	m	95	74.35	7063.25	
5	031001001005	镀锌钢管 DN32	1. 管道安装:DN32 2. 连接形式:螺纹连接 3. 压力试验 4. 吹扫、冲洗 5. 警示带铺设	m	172	64.12	11028.64	
6	031001001006	镀锌钢管 DN25	1. 管道安装:DN25 2. 连接形式:螺纹连接 3. 压力试验 4. 吹扫、冲洗 5. 警示带铺设	m	141.2	57.17	8072.4	

续表

序号	项目编码	项目名称	项目特征描述	计量单位	工程量	金额/元		
						综合单价	合价	其中：暂估价
7	031001001007	镀锌钢管 DN20	1. 管道安装：DN20 2. 连接形式：螺纹连接 3. 压力试验 4. 吹扫、冲洗 5. 警示带铺设	m	151.7	44.4	6735.48	
8	031005006001	地板辐射采暖	1. 采暖 PE-RT 管 $\phi 3@200$ 钢丝网片 2. 铝箔聚苯乙烯泡沫板，保温层密度≥20kg/m³ 3. 埋地的 PE-X 管和 PP-R 管埋地部分不得有接头	m²	1617	57.13	92379.21	
9	031005007001	热媒集配装置	1. 材质：含铜质分水器 2. 规格：2 环路分支管 3. 制作、安装 4. 附件安装	组	31	151.22	4687.82	
10	031005007002	热媒集配装置	1. 材质：含铜质分水器 2. 规格：3 环路分支管 3. 制作、安装 4. 附件安装	组	7	226.97	1588.79	
11	031005007003	热媒集配装置	1. 材质：含铜质分水器 2. 规格：4 环路分支管 3. 制作、安装 4. 附件安装	组	4	281.97	1127.88	
12	031003001001	螺纹阀门	1. 类型：自动排气阀 2. 连接形式：螺纹连接 3. 规格型号：DN20	个	16	55.31	884.96	
13	031003001002	螺纹阀门	1. 类型：闸阀 DN32 2. 连接形式：螺纹连接	个	6	55.28	331.68	
14	031003001003	螺纹阀门	1. 类型：闸阀 DN20 2. 连接形式：螺纹连接	个	16	47.22	755.52	
15	031003001004	螺纹阀门	1. 类型：闸阀 DN25 2. 连接形式：螺纹连接	个	2	40.14	80.28	
16	031003003001	焊接法兰阀门	1. 规格、压力等级：闸阀 DN80 2. 焊接方法：焊接法兰连接	个	2	136.12	272.24	
17	031003003005	焊接法兰阀门	1. 规格、压力等级：闸阀 DN65 2. 焊接方法：焊接法兰连接	个	4	108.98	435.92	

序号	项目编码	项目名称	项目特征描述	计量单位	工程量	综合单价	合价	其中:暂估价
18	031003003006	焊接法兰阀门	1. 规格、压力等级:闸阀DN40 2. 焊接方法:焊接法兰连接	个	8	89.71	717.68	
19	031002001001	管道支架	材质:管道支架	kg	380	24.35	9253	
20	031201003002	金属结构刷油	刷铁红酚醛防锈漆二道、银粉漆二道	kg	380	2.75	1045	
21	031002003001	套管	1. 名称、类型:钢套管、焊接钢管 2. 规格:DN80	个	2	42.19	84.38	
22	031002003002	套管	1. 名称、类型:钢套管、焊接钢管 2. 规格:DN70	个	23	43.48	1000.04	
23	031002003003	套管	1. 名称、类型:钢套管、焊接钢管 2. 规格:DN40	个	32	43.48	1391.36	
24	031002003004	套管	1. 名称、类型:钢套管、焊接钢管 2. 规格:DN50	个	31	27.76	860.56	
25	031002003005	套管	1. 名称、类型:钢套管、焊接钢管 2. 规格:DN100	个	2	77.07	154.14	
26	031002003006	套管	1. 名称、类型:钢套管、焊接钢管 2. 规格:DN125	个	2	80.09	160.18	
27	031003014001	热量表	1. 类型:进户热量总表 2. 型号、规格:DN32 3. 连接形式:法兰	组	1	2516.67	2516.67	
28	031003014002	热量表	1. 类型:进户热量总表 2. 型号、规格:DN80 3. 连接形式:法兰	组	1	5124.98	5124.98	
29	030601001001	温度仪表	本体安装	支	4	56.69	226.76	
30	030601002001	压力仪表	本体安装	台	4	102.4	409.6	
31	031201001001	管道刷油	管道除锈、刷二道防锈漆	m²	10	16.66	166.6	
32	031201001002	管道刷油	管道除锈、刷二道防锈漆	m²	10	15.21	152.1	
33	031208002001	管道绝热	保温材料采用离心玻璃棉管壳(厚度见说明)	m³	3.48	806.45	2806.45	

续表

序号	项目编码	项目名称	项目特征描述	计量单位	工程量	金额/元 综合单价	金额/元 合价	金额/元 其中：暂估价
34	031208007001	防潮层、保护层	外包密纹玻璃丝布，外刷两道乳胶漆	m²	142.53	40.63	5790.99	
35	031005001001	铸铁散热器	1. 组对、安装 2. 水压试验 3. 托架制作、安装 4. 除锈、刷油	组	15	345.44	5181.6	
36	031003001008	螺纹阀门	1. 安装 2. 截止阀 DN20 3. 调试	个	30	34.38	1031.4	
37	031003001009	螺纹阀门	1. DN20 泄水阀安装 2. 调试	个	15	41.02	615.3	
38	031003001010	螺纹阀门	1. 安装 2. 球阀 DN20 3. 调试	个	76	45.06	3424.56	
39	030817008001	刚性防水套管安装	DN50	个	2	311.34	622.68	
40	030817008002	刚性防水套管制作	DN80	个	2	375.44	750.88	
41	031201004001	铸铁管、暖气片刷油	1. 散热器手工除锈 2. 散热器刷两道防锈漆 3. 刷银粉漆两道	m²	103.63	28.26	2928.58	
二		措施项目					3747.75	
42	031301017001	脚手架搭拆			1	3747.75	3747.75	
43	031302007001	高层施工增加			1			
合 计							196070.01	

表 3-13 总价措施项目清单与计价表

序号	项目编码	项目名称	计算基础	费率/%	金额/元
1	031302001001	安全文明施工费	分部分项人工费＋技术措施项目人工费	3.05	2172.31
2	031302001002	临时设施费	分部分项人工费＋技术措施项目人工费	3.35	2385.99
3	031302001003	环境保护费	分部分项人工费＋技术措施项目人工费	1.61	1146.70
4	031302002001	夜间施工增加费	分部分项人工费＋技术措施项目人工费	0.36	256.40
5	031302004001	材料二次搬运费	分部分项人工费＋技术措施项目人工费	0.77	548.42
6	031302005001	冬雨季施工增加费	分部分项人工费＋技术措施项目人工费	0.43	306.26
7	03B001	工程定位复测、工程点交、场地清理费	分部分项人工费＋技术措施项目人工费	0.18	128.20
8	03B002	室内环境污染物检测费	分部分项人工费＋技术措施项目人工费	0	0
9	03B003	检测试验费	分部分项人工费＋技术措施项目人工费	0.31	220.79
合 计					7165.07

表 3-14 工程量清单综合单价分析表（列举）

项目编码	031001001001	项目名称	采暖管道室内镀锌钢管 DN80		计量单位	m	工程量	38.2

清单综合单价组成明细

定额编号	定额项目名称	定额单位	数量	单价/元				合价/元			
				人工费	材料费	机械费	管理费和利润	人工费	材料费	机械费	管理费和利润
C10-493	采暖管道室内镀锌钢管（螺纹连接）公称直径80mm以内	10m	0.1	332.5	455.28	16.68	127.34	33.25	45.53	1.67	12.73
BM73	采暖工程系统调整费（给排水、采暖、燃气工程）	元	0.0262	40.9	75.96	0	15.67	1.07	1.99	0	0.41
人工单价				小计				34.32	47.52	1.67	13.14
综合工日 125 元/工日				未计价材料费				44.81			
清单项目综合单价								96.65			

材料费明细	主要材料名称、规格、型号	单位	数量	单价/元	合价/元	暂估单价/元	暂估合价/元
	镀锌钢管 DN80	m	1.002	36.871	36.94		
	采暖室内镀锌钢管螺纹管件 DN80	个	0.437	18	7.87		
	其他材料费			—	2.71	—	
	材料费小计			—	47.52	—	

项目编码	031201001002	项目名称	管道刷油		计量单位	m²	工程量	10

清单综合单价组成明细

定额编号	定额项目名称	定额单位	数量	单价/元				合价/元			
				人工费	材料费	机械费	管理费和利润	人工费	材料费	机械费	管理费和利润
C12-1	手工除锈 管道 轻锈	10m²	0.1	37.5	1.46	0	14.37	3.75	0.15	0	1.44
C12-58	管道刷油 防锈漆 第一遍	10m²	0.1	27.5	12.13	0	10.55	2.75	1.21	0	1.055
C12-59	管道刷油 防锈漆 每增一遍	10m²	0.1	27.5	10.55	0	10.55	2.75	1.05	0	1.055
综合工日 125 元/工日				小计				9.25	2.41	0	3.55
				未计价材料费				1.67			

项目编码	0312010011002	项目名称		管道刷油	计量单位	m²	工程量	15.21

材料费明细	主要材料名称、规格、型号	单位	数量	单价/元	合价/元	暂估单价/元	暂估合价/元
	酚醛防锈漆 各色	kg	0.243	6.88	1.67		0
				—	0.74		0
	其他材料费			—	2.41		0
	材料费小计			—	142.53	—	10

项目编码	0312080007001	项目名称	防潮层、保护层	计量单位	m²	工程量	

清单综合单价组成明细

定额编号	定额项目名称	定额单位	数量	单价/元				合价/元			
				人工费	材料费	机械费	管理费和利润	人工费	材料费	机械费	管理费和利润
C12-1243	防潮层、保护层安装 玻璃布管道	10m²	0.1	48.75	30.29	0	18.67	4.88	3.03	0	1.87
C12-187	玻璃布、白布面刷油 管道调和漆 第一遍	10m²	0.1	93.75	17.92	0	35.9	9.38	1.79	0	3.59
C12-188	玻璃布、白布面刷油 管道调和漆 每增一遍	10m²	0.1	81.25	13.63	0	31.12	8.13	1.36	0	3.11
BM94	系统调整费（站内工艺系统安装工程）（刷油、防腐蚀、绝热工程）	元	0.007	154.03	286.06	0	59	1.08	2.00	0	0.41
人工单价	综合工日125元/工日		小计					23.47	8.18	0	8.98
			未计价材料费						5.86		
			清单项目综合单价						40.63		

材料费明细	主要材料名称、规格、型号	单位	数量	单价/元	合价/元	暂估单价/元	暂估合价/元
	玻璃丝布	m²	1.4	2.155	3.02		0
	酚醛调和漆 各色	kg	0.335	8.5	2.85		0
	其他材料费			—	2.31		0
	材料费小计			—	8.18	—	0

表 3-15　其他项目清单与计价汇总表

序号	项目名称	金额/元	结算金额/元
1	暂列金额	19233.71	
2	暂估价		
2.1	材料暂估价	—	
2.2	专业工程暂估价		
3	计日工		
4	总承包服务费		
	合　计	19233.71	

 项目小结

　　本项目以编制某村委办公楼的采暖工程施工图预算及招标控制价为工作任务，从识读采暖工程施工图入手，详细介绍了采暖工程识图、列项、算量与计价全过程，以及采暖工程施工图预算、招标控制价编制依据、编制方法、编制程序和格式。

　　在本项目学习中，要熟悉采暖工程识图规则，掌握相关的图例、平面图、系统图识读方法，掌握采暖工程工程量计算规则并能准确列项与算量，熟悉清单规范、定额并能准确报价。

练一练、做一做

一、单选题

　　1. 能表示出供暖系统的空间布置情况、散热器与管道连接形式，设备、管道附件等空间关系的是（　　）。

　　A. 平面图　　　　　　B. 系统图　　　　　　C. 详图　　　　　　D. 设计说明

　　2. 管道安装工程计算规则规定，采暖管道室内外以入口阀门或建筑物外墙皮的（　　）m 为界。

　　A. 0.8　　　　　　B. 1　　　　　　C. 1.2　　　　　　D. 1.5

　　3. 除微锈时，按轻锈定额乘以系数（　　）。

　　A. 0.2　　　　　　B. 0.3　　　　　　C. 0.4　　　　　　D. 0.5

　　4. 采暖系统中有热补偿作用的辅助设备是（　　）。

　　A. 伸缩器　　　　　　B. 疏水器　　　　　　C. 除污器　　　　　　D. 减压器

　　5. 如图 3-15 为某室内部分采暖管道平面图，图中 AB 管段的管道安装工程量是（　　）m。

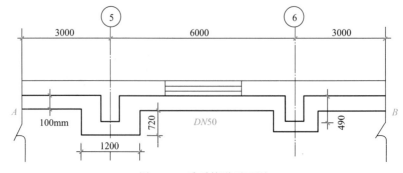

图 3-15　采暖管道平面图

A. 14. 42   B. 12   C. 13. 44   D. 13. 21

二、填空题

1. 钢制柱式散热器安装按（   ），以（   ）为计量单位；闭式散热器安装以（   ）为计量单位；其他成品散热器安装以（   ）为计量单位。

2. 地板辐射采暖管道区分（   ），按设计图示（   ）计算，以（   ）为计量单位。

3. 施工详图包括（   ）、（   ）和（   ）。

4. 采暖施工图的组成有目录、设计施工说明、主要设备及材料表、（   ）、（   ）、（   ）、（   ）。

5. 管道支架工程量按（   ）计算。

6. 连接散热器支管的工程量按（   ）计算。

三、计算及实训

1. 计算图 3-16 中 DN40 采暖供水干管的工程量，管材为焊接钢管，连接方式为焊接。

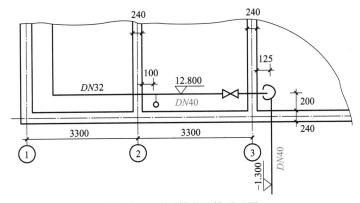

图 3-16 采暖供水干管平面图

2. 按《通用安装工程工程量计算规范》（GB 50856—2013），完成某学生公寓采暖工程分部分项工程量清单编制，CAD 图纸请扫描二维码 3.11 获取。

3. 10 习题答案

**3. 11 实训图
学生公寓暖通**

项目四

电气照明工程计量与计价

 学习目标

　　掌握建筑电气工程施工图的主要内容及其识读方法，能熟练识读建筑电气工程施工图；掌握定额与清单两种计价模式，掌握电气照明工程施工图计量与计价编制的步骤、方法、内容、计算规则及其格式，学会根据计量计价成果进行电气照明工程工料分析、总结、整理各项造价指标。

思维导图

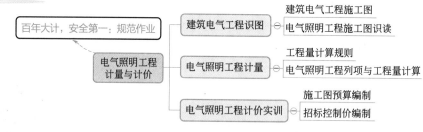

引入项目

项目任务书

　　完成某住宅楼施工图电气（照明）系统分部分项工程量计算，并采用定额计价编制电气（照明）工程施工图预算；计算分部分项清单项目综合单价，采用清单计价编制其招标控制价。

　　某住宅楼 A2 户型电气照明工程施工图详见图 4-1～图 4-3，设备材料表见表 4-1，工程设计与施工说明如下：

　　（1）照明配电箱 AL-A2 嵌入式安装。

（2）BV 2.5mm² 导线敷设，3 根及以下选用 PVC16 刚性阻燃管敷设，4～5 根选用 PVC20 刚性阻燃管敷设；BV 4mm² 导线敷设，3 根及以下选用 PVC20 刚性阻燃管沿墙、楼板或地面敷设。顶板内暗配管标高 3.0m，地面暗配管标高－0.05m。

（3）配管水平长度见括号内数字，单位为"m"。

（4）本工程配管均按照现浇墙板考虑，不计算墙面剔堵槽及槽内配管工程量。

表 4-1　设备材料表

序号	图例	名称	安装高度	备注
1	⊗	E27 螺口灯座	—	吸顶安装（顶板内预留接线盒）
2	⊗	防潮灯（顶板内仅预留接线盒）	—	吸顶安装（顶板内预留接线盒）
3	⌇⌇⌇	跷板开关	底距地 1.3m	
4	▽Y	抽油烟机插座	底距地 2.2m	10A/250V（安全型、单相二三极，带开关）
5	▽Q	燃气报警器插座	底距地 2.2m	10A/250V（安全型、单相二三极，带开关）
6	▽	洗衣机插座	底距地 1.5m	10A/250V（安全型、单相二三极，防溅型带开关）
7	▽	普通插座	底距地 0.3m	10A/250V（安全型、单相二三极）
8	▽K	壁挂式空调插座	底距地 2.2m	16A/250V（安全型、单相三极，带开关）
9	▽D	柜式空调插座	底距地 0.3m	16A/250V（安全型、单相三极，带开关）
10	▽B	冰箱插座	底距地 0.3m	10A/250V（安全型、单相二三极，带开关）
11	▬	照明配电箱	见系统图	
12	AHD	多媒体配线箱	底距地 0.5m	300×250×110（宽×高×厚）

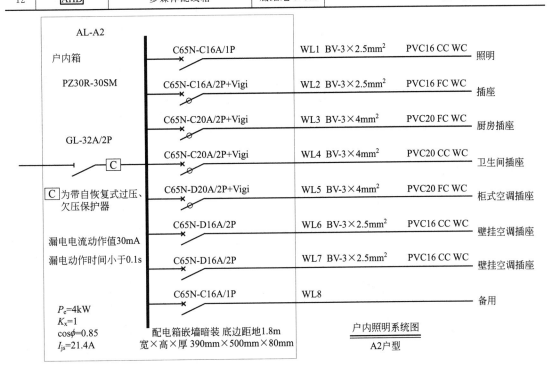

图 4-1　AL-A2 户内照明配电箱系统图

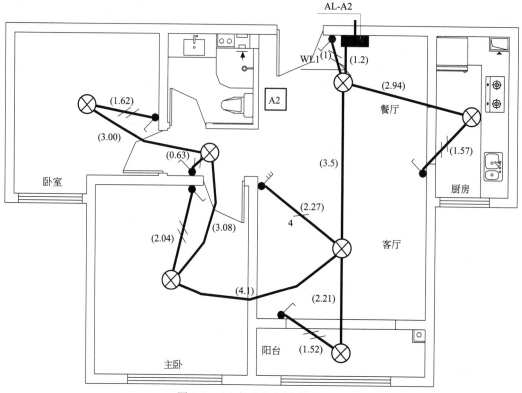

图 4-2　A2 户型户内照明平面图

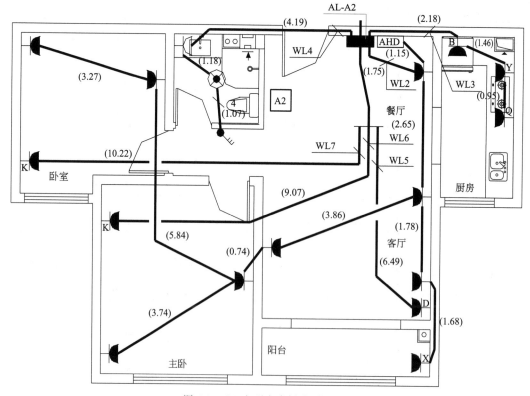

图 4-3　A2 户型户内插座平面图

熟悉施工图

学习单元一 建筑电气工程识图

建筑电气工程施工图，是用规定的图形符号和文字符号表示电气系统的组成、连接方式、线路的布置位置和走向的图纸，是建筑安装工程中的技术文件之一。建筑电气工程施工图按功能和表达内容可分为电气系统图、内外线工程图、动力工程图、照明工程图、弱电工程图、防雷平面图以及各种电气控制原理图。各种类型的图纸有各自的特点和表达方式，为了使电气工程技术人员能够顺利地进行技术交流，建筑电气工程施工图必须按照《建筑电气制图标准》(GB/T 50786—2012)的要求进行绘制。

一、建筑电气工程施工图

(一)电气线路的图示方法

建筑电气工程施工图是通过导线将设备、器具、元器件等连接起来的整体图样，为了简化作图和便于识读，图样内容大多是采用统一的图形符号并加注文字符号进行表达的。图中一般采用粗实线表示电气管线，并在电气管线标注必要的文字说明，为了理解其布置位置和突出重点，一般绘制在用细实线绘制的建筑平面图上。

1. 常用线路及设备端子的标注

(1)常用线路的文字标注 常用线路可根据所接负荷性质的不同进行区分。一般情况下，可将负荷分为照明负荷与动力负荷，如果该负荷在应急情况下(如火灾发生时)仍然要继续使用，那么又将其称为应急负荷，相应地，所接线路分别为照明线路、电力(动力)线路以及应急线路，标注方法可见表4-2。

表 4-2 常用线路的文字标注

名称	文字符号	名称	文字符号
电力(动力)线路	WP	应急电力(动力)线路	WPE
照明线路	WL	应急照明线路	WLE

(2)设备端子和导体的标志和标识 由于建筑电气系统多为三相系统，根据系统接地形式的不同，往往还会引接出中性线、PE线(保护线)或者PEN线等，在配电箱和设备的接线盒内都需要对这些线缆进行区分，以方便接线。三根相线分别标注为L1、L2、L3，如果这些相线连接于设备端子上，则分别标注为U、V、W；中性线用N表示；保护线则用PE表示，标注方法详见表4-3。

表 4-3 设备端子和导体的标志和标识

导体		文字符号	
		设备端子标志	导体和导体终端标识
交流导体	第1线	U	L1
	第2线	V	L2
	第3线	W	L3
	中性导体	N	N

续表

导体	文字符号	
	设备端子标志	导体和导体终端标识
保护导体	PE	PE
PEN 导体	PEN	PEN

2. 常用线路的图形符号与敷设标注

（1）常用线路的图形符号 除了以上的文字标注外，在电气施工图中，主要以图形表示电气线路的特征。用图形中的图线表示线缆的走向、根数，用图形符号表示电力电缆井、手孔的具体位置和线缆在不同位置的敷设方式等内容，常用线路的图形符号见表 4-4。

表 4-4 常用线路的图形符号

序号	常用图形符号		说明	序号	常用图形符号	说明
	形式1	形式2				
1		3	导线组（示出导线数，如示出三根导线）	10		保护线
2			T 形连接	11		保护和中性共用线
3			阴接触件（连接器的）、插座	12		带中性线和保护线的三相线路
4			阳接触件（连接器的）、插头	13		向上配线或布线
5			电力电缆井	14		向下配线或布线
6			手孔	15		垂直通过配线或布线
7			电缆梯架、托盘和槽盒线路	16		由下引来配线或布线
8			电缆沟线路	17		由上引来配线或布线
9			中性线			

（2）线缆敷设方式的文字标注 在电气平面图中的图线能够表示出线缆的走向，却不能表达出线缆的具体敷设方式，这就需对其敷设方式标注以文字说明。线缆的敷设方式主要有直埋敷设、电缆排管敷设、电缆沟敷设、桥架敷设及最常见的穿管敷设等。根据线缆所穿管材的不同，又可分为焊接钢管、可挠金属电线保护管、硬塑料管等，线缆敷设方式的文字标注符号见表 4-5。

4.1 线缆敷设方式

表 4-5　线缆敷设方式的文字标注符号

名称	文字符号	名称	文字符号
穿低压流体输送用焊接钢管(焊接钢管)敷设	SC	电缆梯架敷设	CL
穿普通碳素钢电线管敷设	MT	金属槽盒敷设	MR
穿可挠金属电线保护套管敷设	CP	塑料槽盒敷设	PR
穿硬塑料管导管敷设	PC	钢索敷设	M
穿阻燃半硬塑料导管敷设	FPC	直埋敷设	DB
穿塑料波纹电线管敷设	KPC	电缆沟敷设	TC
电缆托盘敷设	CT	电缆排管敷设	CE

（3）线缆敷设部位的文字符号　在确定了线缆的敷设方式之后，还需要知道线缆的敷设部位。一般地，线缆敷设可以分为明敷和暗敷。根据具体的位置不同，再分别标注。如较为常见的有暗敷设在墙内、暗敷设在顶板内和暗敷设在地板或地面下等，线缆敷设部位的文字符号可见表 4-6。

表 4-6　线缆敷设部位的文字符号

名称	文字符号	名称	文字符号
沿或跨梁(屋架)敷设	AB	暗敷设在顶板内	CC
沿或跨柱敷设	AC	暗敷设在梁内	BC
沿吊顶或顶板面敷设	CE	暗敷设在柱内	CLC
吊顶内敷设	SCE	暗敷设在墙内	WC
沿墙面敷设	WS	暗敷设在地板或地面下	FC
沿屋面敷设	RS		

看懂了吗

【例 4-1】　某一回路标注为：WL1—BV 3×2.5—SC15 CC，请说明其含义。

WL1 表示 1 号照明线路，BV 3×2.5 表示 3 根型号为铜芯聚氯乙烯绝缘线（BV），每一根线芯截面积为 2.5mm^2，穿直径为 15mm 的焊接钢管在顶板内暗敷设。

3. 电气线路的多线与单线表示

在建筑电气工程施工图中，有时管线会非常多，为了使表达的意义明确并且整齐美观，各类管线的绘制应尽可能水平和垂直布置，并尽可能减少交叉。明敷设的线路一般要求横平竖直，暗敷设的管线要求沿直线最短距离连接。当线路交叉不可避免时，应将连接关系表达清楚，可以将自身打断或将与其交叉的导线打断，打断的目的是表明在该处出现了导线的交叉，而不是真的将导线断开。导线的表示可以采用多线和单线的表示方法。每根导线均绘出为多线表示，如图 4-4（a）所示；用一条图线表示两根或两根以上的表示方法称为单线表示法，如图 4-4（b）所示。采用该种方法要求

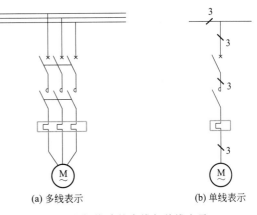

(a) 多线表示　　(b) 单线表示

图 4-4　电气线路的多线与单线表示一

将导线的根数用标注或文字说明的方法来表达。图中导线上短斜线的根数表示导线的根数，也可用短斜线加数字的方法来表示。

当用单线表示的多根导线有导线离开或汇入时，一般可加一段短斜线来表示，详见图 4-5。

图 4-5　电气线路的多线与单线表示二

（二）建筑电气施工图中的基本文字符号

建筑电气工程施工图的基本文字符号主要用来描述各种基本电气系统参数，如额定电压、功率因数、需要系数、计算电流等内容。常用的基本文字符号见表 4-7。

表 4-7　建筑电气工程施工图中常用的基本文字符号

文字符号	名称	单位	文字符号	名称	单位
U_n	系统标称电压，线电压(有效值)	V	S_c	计算视在功率	kV·A
U_r	设备的额定电压，线电压(有效值)	V	S_r	额定视在功率	kV·A
I_r	额定电流	A	I_c	计算电流	A
f	频率	Hz	I_{st}	启动电流	A
P_r	额定功率	kW	I_k	稳态短路电流	kA
P_n	设备安装功率	kW	i_p	短路电流峰值	kA
P_c	计算有功功率	kW	$\cos\phi$	功率因数	—
Q_c	计算无功功率	kVar	K_d	需要系数	—

（三）照明灯具的标注形式

在某一空间内安装的照明灯具，应说明在此空间内灯具的数量、安装方式、安装高度以及灯具规格等内容。

照明灯具的标注形式为：

$$a-b\frac{c\times d\times L}{e}f$$

其中　a——灯具的数量；

　　　b——灯具的型号或代号；

　　　c——灯具内的灯泡（光源）数；

　　　d——单个灯泡（光源）的容量，W；

　　　e——灯具的安装高度（m），指灯具底部距地面的距离，如果是吸顶式安装则用"—"表示；

　　　f——灯具安装方式，详见表 4-8；

　　　L——光源的种类，一般较少标注。

例如：$10—YG_{2\text{-}2}\dfrac{2\times40}{2.5}CS$，表示 10 盏型号为 $YG_{2\text{-}2}$ 的双管荧光灯，每个光源的功率为 40W，链吊式安装，安装高度为 2.5m。

表 4-8　灯具安装方式的文字符号

名称	文字符号	名称	文字符号
线吊式	SW	吊顶内安装	CR
链吊式	CS	墙壁内安装	WR
管吊式	DS	支架上安装	S
壁装式	W	柱上安装	CL
吸顶式	C	座装	HM
嵌入式	R		

（四）电气设备的图示方法

电气施工图中会有大量的电气元件和电气设备，这些电气元件和电气设备不是按比例画出其形状和尺寸的，而是采用专用的图形符号进行表达，常用的电气设备图形符号见表 4-9。要想准确熟练地识读和绘制电气施工图，须熟悉这些图形符号。

4.2　断路器、熔断器和防雷器

表 4-9　建筑电气工程设计常用图形符号

序号	常用图形符号	说明	序号	常用图形符号	说明
1		断路器,一般符号	10		带保护极的电源插座
2		熔断器,一般符号	11		单相二、三极电源插座
			12		带保护极和单极开关的电源插座
3		避雷器	13		开关,一般符号(单联单控开关)
			14		双联单控开关
			15		三联单控开关
4	Wh	电度表(瓦时计)	16	n	n 联单控开关
5		变电站、配电所,规划的(可在符号内加任何有关变电站详细类型说明)	17		带指示灯的开关
			18	t	单极限时开关
6		变电站、配电所,运行的	19		双控单极开关
7		架空线路	20		风机盘管三速开关
8		电源插座、插孔,一般符号(用于不带保护极的电源插座)	21		灯,一般符号
9	3	多个电源插座(符号表示 3 个电源插座)	22	E	应急疏散指示标志灯

序号	常用图形符号	说明	序号	常用图形符号	说明
23	→	应急疏散指示标志灯（向右）	31	⊢—n—⊣	多管荧光灯
24	←	应急疏散指示标志灯（向左）	32	⊢——⊣	单管格栅灯
25	⇄	应急疏散指示标志灯（向右、向左）	33		双管格栅灯
26	✕	专用电路上的应急照明灯	34		三管格栅灯
27	⊠	自带电源的应急照明灯	35	⊗	投光灯，一般符号
28	⊢—⊣	荧光灯，一般符号	36	◓	风扇，风机
29		二管荧光灯	37	▭	可作为电气箱（柜、屏）的图形符号，当需要区分其类型时，宜用相关文字进行标识
30		三管荧光灯			

二、电气照明工程施工图识读

1. 建筑电气工程施工图的组成

电气工程施工图主要由目录、设备材料表、设计说明、系统图以及平面图组成。

（1）目录　表示一套电气施工图纸的数量、编号和名称。当工程较简单，图纸数量较少时，常将电气施工图目录列入整套工程图纸的总目录中。

（2）设备材料表　设计者将本套电气施工图中所采用的设备、材料及图形符号，用表格的形式列出，便于读图人员了解、统计。

（3）设计说明　对图纸中不能用符号表明的与施工有关的或对工程有特殊技术要求和必要技术数据的内容，加以说明补充。

（4）系统图　表示供配电系统的组成及其连接方式，通常用粗实线表示。该图通常不表示电气设备的具体安装位置，但反映了整个工程的供配电全貌和连接关系，表明了供配电系统所用的设备、元件和连接管线的型号、规格及敷设方式和部位等。

（5）平面图（平剖面图）　表示电气线路的具体走向及电气设备和器具的位置（平面坐标），并通过图形符号和标注方法，将系统图中无法表达的设计意图表达出来。

2. 建筑电气工程施工图识读

识读建筑电气工程图要对电气图的表达形式、通用画法、图形符号、文字符号和建筑电气工程图的特点等都熟悉，再按照图纸的顺序阅读，就可以比较迅速全面地读懂图纸。

（1）熟悉图例符号和文字符号，搞清图例符号和文字符号所代表的内容。

（2）读设计说明，通过设计说明，应了解工程总体概况、设计依据、要求，使用的材料规格、施工安装要求及工程施工质量验收规范等；供电电源的来源、电压等级、线路敷设方法、设备安装高度及安装方式，补充使用的非国标图形符号、施工时应注意的事项等。

（3）读系统图，通过系统图的阅读了解配电方式，通常设计有放射式、树干式和混合式三种，如图 4-6 所示；理解回路及各回路装置间的关系，如图 4-7 所示。了解系统的基本组成，接线情况，主要电气设备、元件等连接关系及它们的规格、型号和参数等。一般从进线开始读至室内各配电箱以及各用电回路的接线关系，如图 4-8 所示，各配电箱中需要安装的电气设备及器具的规格型号。这是电气施工图的基础。读懂系统图，对整个电气工程就有了一个总体的认识，可初步了解工程全貌。

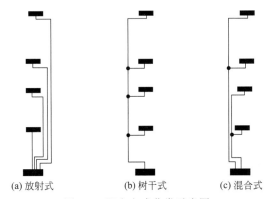

图 4-6 配电方式分类示意图

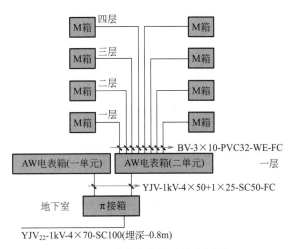

图 4-7 照明配电箱干线布置图

（4）读平面布置图，通过识读施工平面图，要求了解电器设备安装的水平位置、线路敷设部位、敷设方法及所用配管、导线的型号、规格、数量等，结合施工说明弄清其空间位置关系，必要时还应查对建筑施工图。

根据平面图标示的内容，识读平面图要沿着电源、引入线、配电箱、引出线、用电器具这样的沿"线"来读。一般可按进户线→总配电箱→干线→分配电箱→支线→用电设备顺序阅读。

在阅读过程中应弄清每条线路的根数、导线截面、敷设方式、各电气设备的安装位置，以及预埋件位置等。看图时，应依据功能关系顺序来看，一般从左至右逐个回路地阅读。从电气平面图，可以了解建筑电气工程的全貌和局部细节。

（5）读设备材料表。设备材料表上反映了该工程所使用的设备、材料的型号、规格和安装方式，是安装施工和编制施工图预算的依据之一。

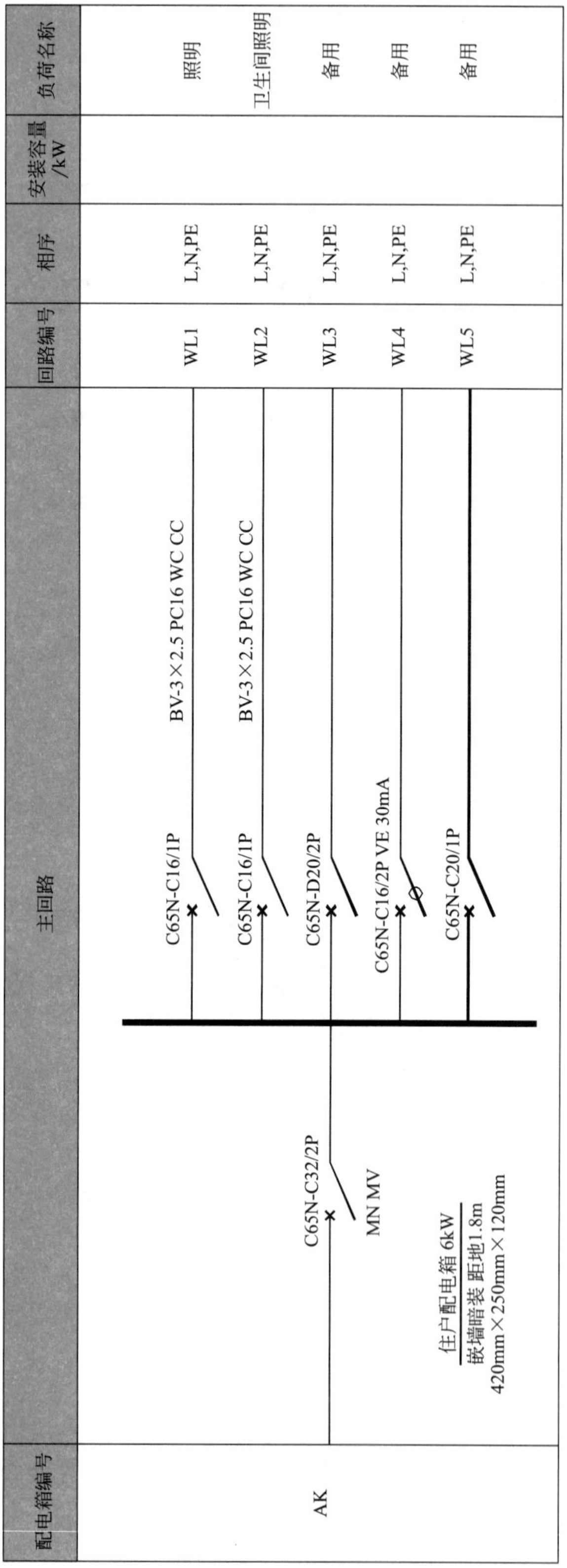

配电箱编号	主回路	回路编号	相序	安装容量/kW	负荷名称
AK	C65N-C32/2P MN MV 住户配电箱 6kW 嵌墙暗装 距地 1.8m 420mm×250mm×120mm				
	C65N-C16/1P BV-3×2.5 PC16 WC CC	WL1	L,N,PE		照明
	C65N-C16/1P BV-3×2.5 PC16 WC CC	WL2	L,N,PE		卫生间照明
	C65N-D20/2P	WL3	L,N,PE		备用
	C65N-C16/2P VE 30mA	WL4	L,N,PE		备用
	C65N-C20/1P	WL5	L,N,PE		备用

图 4-8　照明户内配电系统图

（6）了解标准图集。为了提高电气安装工程的标准化水平，国家编制了各种电气的安装做法标准图集。设计者若采用了标准图集中的做法，在图纸中会注明标准图集的名称和图号。

此外，还应对照其他专业施工图来查阅电气施工图，了解各种管线、设备等的空间位置，发现彼此之间的互相交叉、重叠等关系，检查图中是否有设计上没有说明的地方。

3. 电气工程施工图识读示例

看懂了吗

【例 4-2】　下面以某住宅楼 A2 户型为例，说明建筑电气工程施工图的识读过程。在此省去图纸目录和施工图设计说明的识读。

4.3　电气工程图识读

（1）电气系统图　图 4-1 为某住宅户内照明配电箱系统图，配电箱尺寸为 390mm×500mm×80mm（宽×高×厚），底边距地 1.8m 嵌墙安装，箱内总开关采用隔离开关，额定电流 32A，2 极，并安装过电压、欠电压保护装置。配电箱共设置了 8 个出线回路，其中 WL8 为备用。WL1 照明回路采用 1 极断路器保护，额定电流 16A，WL6、WL7 壁挂空调回路 2 极断路器保护，额定电流 16A，出线均采用 3 根 BV 2.5mm^2 穿直径 16mm 的 PVC 管沿墙、沿顶板暗敷设，WL2～WL5 插座回路均采用剩余电流保护器（漏电断路器）保护。

（2）照明平面图　图 4-2 的照明平面图给出了灯具、开关以及插座的安装位置，线路走向，标明了回路编号和导线的根数。图中各设备电源线均由照明配电箱 AL-A2 引出，开关、插座均为嵌墙暗装，图中未标注导线根数时，均表示 3 根。

（3）防雷接地平面图　根据建筑物的重要性、使用性质、发生雷电事故的可能性和后果，可将建筑物的防雷等级分为三类，针对不同分类的建筑物，相应地采用不同的措施。一般而言，首先应考虑直击雷的防护，直击雷的防护装置由接闪器、引下线和接地装置三部分组成。

接闪器包括避雷针、避雷带、避雷网以及用作接闪的金属屋面和金属构件等。一般建筑物多通过在屋面布设镀锌圆钢或者镀锌扁钢作为接闪器，图纸上会以粗实线或者点划线的形式表现。

引下线可以分为明敷引下线和暗敷引下线，目前多利用柱主筋作为暗敷引下线，并在防雷平面图中标记出引下位置。

接地装置分为自然接地极和人工接地极，自然接地极包括混凝土结构中的钢筋、金属构筑物、金属管道（可燃液体或气体、供暖管道除外）、深井金属管壁等。目前，多利用基础钢筋网作为主要接地装置。当采用自然接地体不能满足设计要求时，则应采用人工接地体。人工接地体通常采用水平敷设的圆钢、扁钢，垂直敷设的角钢、圆钢、钢管等。一般较少绘制专门的接地平面图，如果需要布置人工接地极，则应在图纸中，绘制出人工接地极的具体位置以及接地干线的走向。

组成防雷工程图纸的内容仍然是图形符号、文字符号、标注及文字说明。只要掌握了电气照明平面图的绘制识读要点和步骤，防雷平面图的识读与绘制就容易掌握了。

从图 4-9 防雷工程平面图中可以了解到以下主要内容：

① 本建筑防雷按三类防雷建筑物设计，用 φ10 镀锌圆钢在屋顶女儿墙周边设置避雷带（网），并每隔 1m 设置一处支持卡子。

② 利用柱主筋作为防雷引下线，分 4 处分别引下。要求作为引下线的主筋自上而下通长焊接，上端与避雷网连接，下端与基础主筋连接，施工中注意与土建密切配合。在建筑物四周的作为引下线的主筋引出测试板。接地电阻实测值应不大于 1Ω，若不满足应

另做人工接地体。

③ 利用基础钢筋网作为接地体，这是目前广泛采用的方法，应考虑接地电阻的测试。

④ 所有凸出屋面金属管道及构件均应与避雷网可靠焊接。

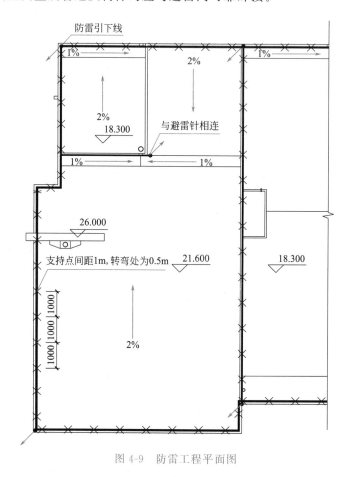

图 4-9　防雷工程平面图

（4）建筑智能化施工图　随着我国居民生活水平迅速提高，电视、电话、网络通信、安全防范、楼宇自控等建筑智能化系统已成为不可缺少的部分。建筑智能化施工图主要由设备材料表、设计说明、系统图以及平面图组成。系统图和平面图很多时候会按照不同类型弱电系统分别绘制。建筑智能化施工图的表示方法与供配电系统图、平面图表示方法类似，主要区别在于设备符号的差异。

列项算量

学习单元二　建筑电气工程计量

一、工程量计算规则

1. 配电装置安装

（1）断路器、电流互感器、电压互感器、油浸电抗器、电力电容器及电容器柜的安装以"台（个）"为计量单位。

4.4　山西 2018 电气工程定额说明

（2）隔离开关、负荷开关、熔断器、避雷器、干式电抗器的安装以"组"为计量单位，每组按三相计算。

（3）高压成套配电柜和箱式变电站的安装以"台"为计量单位，均未包括基础槽钢、母线及引下线的配置安装。

（4）配电设备的端子板外部接线，按"控制设备及低压电器"相应项目另行计算。

2．控制设备及低压电器

（1）控制设备及低压电器安装均以"台"为计量单位。设备安装未包括基础槽钢、角钢的制作安装，其工程量应按相应项目另行计算。

4.5　控制设备及低压电器

基础槽钢，落地式配电箱宜垫高 100mm，一般采用 10♯槽钢或∟50×5 角钢作为支架，配合预埋铁件固定。根据图 4-10 不难看出，基础槽钢仅需沿整排配电柜的外沿设置即可，中间无须增加横档，但是在实际施工中，增加横档的情况也是非常常见的，应根据实际需要进行计算。

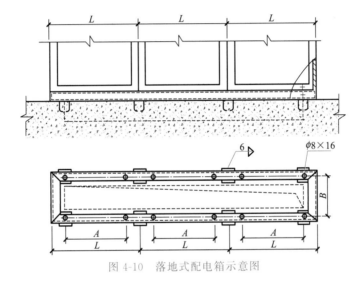

图 4-10　落地式配电箱示意图

（2）盘柜配线分不同规格，以"10m"为计量单位。盘、柜配线定额只适用于盘上小设备元件的少量现场配线，不适用于工厂的设备修、配、改工程。

（3）盘、箱、柜的外部进出线预留长度可参照表 4-10 计算。

表 4-10　盘、箱、柜的外部进出线预留长度　　　　　　　　　单位：m/根

序号	项　　　目	预留长度	说　　明
1	各种箱、柜、盘、板、盒	高+宽	盘面尺寸
2	铁壳开关、自动开关、刀开关、启动器、箱式电阻器、变阻器	0.5	从安装对象中心算起
3	继电器、控制开关、信号灯、按钮、熔断器等小电器	0.3	从安装对象中心算起
4	分支接头	0.2	分支线预留

（4）焊（压）接线端子定额适用于导线，电缆终端头制作安装定额中已包括压接线端子，不应重复计算。

压接型接线端子是采用压接方式使电缆（或导线）末端导体与用电装置接线端相连接的导电金具，通常它与导体连接的一端为管状，与用电装置连接的另一端为特定形状的平板，如

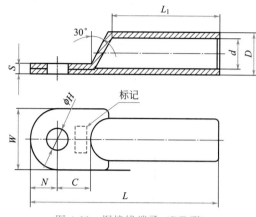

图 4-11 铜接线端子（DT 型）

图 4-11 所示铜接线端子（DT 型）；铜接线端子（DT 型）尺寸如表 4-11 所示，根据连接需要还有连接管和铜铝过渡端子等。

截面积在 $10mm^2$ 及以下的单股铜芯线和单股铝芯线直接与设备、器具的端子连接；多股铜芯线应拧紧搪锡或接续端子后再与设备、器具的端子连接（自带插接式端子除外）。所以，在套取定额时，截面积在 $10mm^2$ 及以下的单股铜芯线和单股铝芯线可套取无端子外部接线相关子目，而多股导线则应套取有端子外部接线或压铜接线端子子目；焊铜接线端子工艺目前已很少使用，一般不再套取焊铜接线端子子目。

表 4-11　铜接线端子（DT 型）尺寸

导体标称截面积/mm²	螺栓直径/mm	d（标称值）/mm	D（标称值）/mm
10	6	5	8
16	6	6	9
25	6	7	10
35	8	8.5	12
50	8	10	14
70	10	12	16
95	10	13	18
120	12	15	20
150	12	16	22
185	16	18	25
240	16	20	27

（5）端子板外部接线按设备盘、箱、柜、台的外部接线图计算，以"10 个"为计量单位。

（6）配电箱壳体安装，定额按箱体半周长设置项目，以"台"为计量单位，配电箱内需安装的电气元件另执行本章相关项目。

（7）开关、按钮安装的工程量，应区别开关、按钮安装形式，开关、按钮种类，开关极数以及单控与双控，以"10 套"为计量单位。

（8）插座安装的工程量，应区别电源相数、额定电流、插座安装形式、插座插孔个数，以"10 套"为计量单位。

（9）安全变压器安装的工程量，应区别安全变压器容量，以"台"为计量单位。

（10）电铃、电铃号码牌箱安装的工程量，以"套"为计量单位。

（11）门铃安装工程量计算，以"10 个"为计量单位。

（12）风扇安装的工程量，应区别风扇种类，以"台"为计量单位。

（13）盘管风机调控器、请勿打扰灯钥匙取电器安装工程量，以"10 套"为计量单位。

（14）卫生间吹风、自动干手装置不分型号，以"套"为计量单位。

3. 电机

（1）电气安装规范要求每台电机接线均需要配金属软管，设计有规定的按设计规格和数量计算，设计没有规定的，平均每台电机配相应规格的金属软管 1.25m 和与之配套的金属软管专用活接头。

（2）保护软管（金属软管），如图 4-12 所示，电机接线末端有一段保护软管，这段软管在电机检查接线定额中已经包含，不应重复计算，但是管中线缆应按实计算。

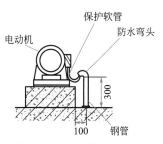

图 4-12　电机接线示意图

4. 电缆

（1）直埋电缆的挖、填土（石）方，除特殊要求外，可参照表 4-12 计算土方量。

表 4-12　直埋电缆土方量计算表

项目	电缆根数	
	1～2 根	每增 1 根
每米沟长挖土方量/m³	0.45	0.153

注：两根以内的电缆沟，按上口宽度 600mm、下口宽度 400mm、深度 900mm 计算常规土方量；每增加一根电缆，其宽度增加 170mm；以上土方量按埋深从自然地坪起算，如设计埋深超过 900mm 时，多挖的土方量应另行计算。

（2）电缆保护管长度，除按设计规定长度计算外，可参照以下规定增加保护管长度：横穿道路，按路基宽度两端各增加 2m；垂直敷设时，管口距地面增加 2m；穿过建筑物外墙时，按基础外缘以外增加 1m；穿过排水沟时，按沟壁外缘以外增加 1m。

4.6　电缆

（3）电缆保护管埋地敷设，其土方量凡有施工图注明的，按施工图计算；无施工图的，一般沟深按 0.9m、沟宽按最外边的保护管两侧边缘外各增加 0.3m 工作面计算。

电缆入户穿墙钢套管应执行预埋钢保护管项目，管长应按实计算。

（4）电缆敷设定额是以铜芯电缆敷设考虑的，按单根以"延长米"计算，铝芯电缆敷设按同截面铜芯电缆敷设定额乘以系数 0.83。

四芯电缆的敷设应执行三芯或三芯连地电缆对应定额项目。

（5）电缆敷设长度应根据敷设路径的水平和垂直敷设长度，并增加附加长度。电缆敷设附加长度见表 4-13。

表 4-13　电缆敷设附加长度

序号	项　目	预留长度（附加）	说　明
1	电缆敷设驰度、波形弯度、交叉	2.5%	按电缆全长计算
2	电缆进入建筑物	2.0m	规范规定最小值
3	电缆进入沟内或吊架时引上（下）预留	1.5m	规范规定最小值
4	变电所进线、出线	1.5m	规范规定最小值
5	电力电缆终端头	1.5m	检修余量最小值
6	电缆中间接头盒	两端各留 2.0m	检修余量最小值
7	电缆进控制、保护屏及模拟盘等	高＋宽	按盘面尺寸

续表

序号	项　目	预留长度（附加）	说　明
8	高压开关柜及低压配电盘、箱	2.0m	盘下进出线
9	电缆至电动机	0.5m	从电机接线盒起算
10	厂用变压器	3.0m	从地坪起算
11	电缆绕过梁柱等增加长度	按实计算	按被绕物的断面情况计算增加长度
12	电梯电缆与电缆架固定点	0.5m	规范最小值

（6）竖直通道电缆敷设适应于铁塔或高层建筑中设有专用全封闭电缆井的电缆敷设工程，按电缆截面划分项目，以"100m"为计量单位。

（7）电缆终端头及中间头均以"个"为计量单位。电力电缆和控制电缆均按一根电缆有两个终端头计算。中间电缆头设计有图示的，按设计确定；设计没有规定的，按实际情况计算（或按平均250m一个中间头考虑）。

（8）桥架安装，以"10m"为计量单位。

（9）穿刺线夹定额适用于电缆中间引出线，按电缆的规格设置项目，以"个"为计量单位，定额中包括了剥保护层的工作内容。

（10）电缆桥架支撑架。电缆桥架支撑架以"kg"为计量单位进行计算，若支撑架为成品购买应执行桥架支撑架安装子目；若支撑架为现场制作、安装则应分别执行一般铁构件制作、一般铁构件安装项目，并补充相应主材，同时计取相应主材的损耗率。

桥架支撑架的总重量＝单个支撑架的重量×支撑架的数量

桥架支撑架的数量可依据其安装间距计算得出，如图纸有要求的，应根据图纸要求计算得出，如图纸没有明确的，可按照以下标准计算得出：

① 电缆桥架水平安装的支架间距为1.5～3m；

② 电缆桥架垂直安装的支架间距不大于2m。

单个桥架支撑架重量的确定，情况较为复杂。施工现场采用的工艺不同，往往会导致单个桥架支撑架重量的差异非常大，计算时应严格按照工程实际情况进行计算。

会算了吗

【例4-3】　电缆桥架工程量计算。

2根 YJV-4×70＋1×35 电缆沿电缆桥架敷设，由位于首层配电室内的配电柜 AP1（600mm×2000mm×600mm）引出（上出线），并经电气竖井向上引线至3层照明配电箱 AL3（400mm×600mm×200mm），AL3 在竖

4.7　电缆工程量计算

井内挂墙明装，安装高度为底边距地1.4m，线缆在配电室内及水平段均在200mm×100mm 槽式桥架内敷设，桥架长度为50m，垂直段选用200mm×100mm 梯架在竖井内敷设，该建筑物层高为3m，如图4-13所示，计算对应定额项目的工程量。

解： ① 200mm×100mm 槽式桥架工程量：50m；

② 200mm×100mm 梯架工程量：3＋1.4＝4.4（m）；

③ 支撑架数量：50/1.5＋4.4/2＝35.5（个），取整后为36个，每个支撑架按照2kg考虑，则桥架支撑架的重量：36×2＝72（kg）；

④ YJV-4×70＋1×35 电缆工程量：

桥架内 50+4.4=54.4（m）；

电缆预留量=电力电缆头 1.5×2+

低压配电箱 2

=5(m)；

电缆桥架内敷设工程量=(54.4+5)×

2×(1+2.5%)

=121.77(m)。

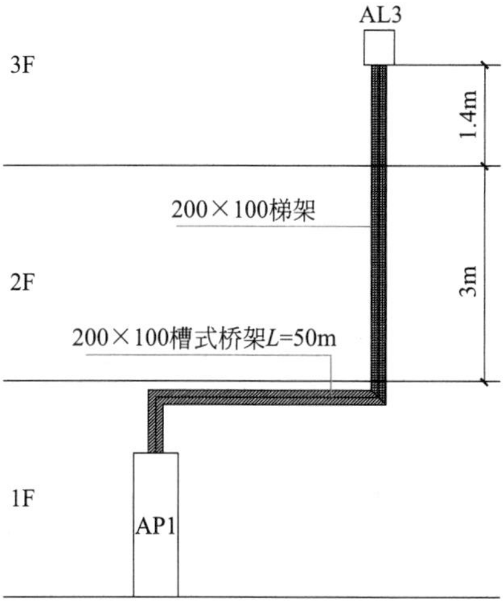

**4.8 防雷及
接地装置**

5. 防雷及接地装置

（1）接地极制作安装以"根"为计量单位，其长度按设计长度计算，设计无规定时，每根长度按 2.5m 计算。若设计有管帽，管帽另按加工件计算。

图 4-13 电缆桥架

（2）接地母线敷设，按设计长度以"m"为计量单位计算工程量。接地母线、避雷线敷设均按"延长米"计算，其长度按施工图设计水平和垂直规定长度另加 3.9% 的附加长度（包括转弯、上下波动、避绕障碍物、搭接头所占长度）计算。计算主材量时应另增加规定的损耗率。

（3）接地跨接线以"处"为计量单位，按规程规定凡需做接地跨接线的工程内容，每跨接一次按一处计算，户外配电装置构架均需接地，每副构架按"一处"计算。

桩头钢筋与承台钢筋连接时，可以套取接地跨接线子目。

（4）避雷针的加工制作、安装，以"根"为计量单位，独立避雷针安装以"基"为计量单位。长度、高度、数量均按设计规定。独立避雷针的加工制作应执行"一般铁构件"制作定额或按成品计算。

（5）利用建筑物内主筋做接地引下线安装以"10m"为计量单位，每一柱子内按焊接两根主筋考虑，如果焊接主筋数超过两根，可按比例调整。

利用柱内钢筋作为引下线时，需要在基础处与底梁或筏板钢筋进行专门的连接，可套取柱主筋与圈梁钢筋焊接子目。

（6）断接卡子制作安装以"套"为计量单位，按设计规定装设的断接卡子数量计算，接地检查井内的断接卡子安装按每井一套计算。

（7）高层建筑物屋顶的防雷接地装置应执行"避雷网安装"定额，电缆支架的接地线安装应执行"户内接地母线敷设"定额。

（8）均压环敷设以"m"为单位计算，主要考虑利用圈梁内主筋做均压环接地连线，焊接按两根主筋考虑，超过两根时，可按比例调整。长度按设计需要做均压接地的圈梁中心线长度，以"延长米"计算。

（9）钢、铝窗接地以"处"为计量单位（高层建筑 6 层以上的金属窗设计一般要求接地），按设计规定接地的金属窗数进行计算。

钢铝窗接地安装子目中，并未包含由柱或圈梁预埋件引至窗体的连接线，需要另行计算。

（10）柱子主筋与圈梁连接以"处"为计量单位，每处按两根主筋与两根圈梁钢筋分别焊接连接考虑。如果焊接主筋和圈梁钢筋超过两根，可按比例调整，需要连接的柱子主筋和圈梁钢筋"处"数按设计规定计算。

（11）室内等电位以扁钢或其他导线作为接地体，可执行室内接地母线敷设项目。

局部等电位端子箱 LEB 与柱内钢筋连接用的圆钢（或扁钢）在项目"局部等电位端子

连接箱安装"内并未包含，需要另行计算。

【例 4-4】 防雷接地工程量计算。

如图 4-14～图 4-17 所示，某新建设备用房室内外高差 0.60m，按第三类防雷建筑设计。屋面利用 ϕ10 热镀锌扁钢做接闪带，并与引下线作可靠电气连接，引下线在距室外地坪 1.4m 处设测试用断接卡子，采用 L 50×5 热镀锌角钢作为人工接地极，接地做法详见大样图图 4-16，请计算防雷接地系统工程量。

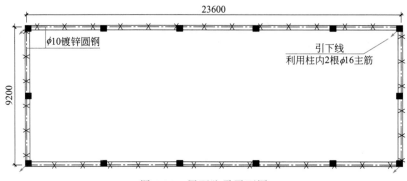

图 4-14　屋面防雷平面图

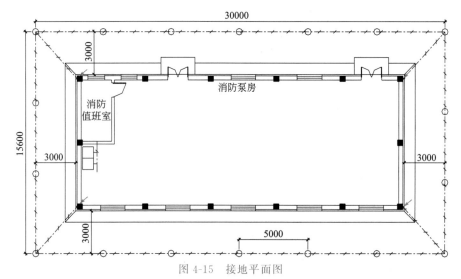

图 4-15　接地平面图

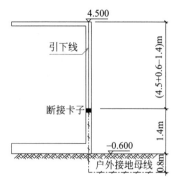

图 4-16　接地极做法　　　　图 4-17　引下线计算示意图

解： ① 避雷网（ϕ10 镀锌圆钢）工程量：

$$(23.6+9.2)\times2\times(1+3.9\%)=68.16(\text{m})$$

② 避雷引下线（利用 2 根 ϕ16 主筋）工程量：

$$(4.5+0.6-1.4)\times4=14.80(\text{m})$$

4.9 防雷接地
工程量计算

③ 接地母线（-40×4 热镀锌扁钢）工程量：

$$[\rightarrow\text{水平长度}(30\times2+15.6\times2+\sqrt[2]{3^2+3^2}\times4)+\uparrow\text{竖直长度}(1.4+0.8)\times4]\times$$

$$(1+3.9\%)=121.54(\text{m})$$

④ 热镀锌角钢接地极∟50×5 工程量：18 根

注： a. 3.9% 为附加长度。

b. 以断接卡子为界，上面是引下线，下面是户外接地母线。

c. "利用柱子钢筋作为引下线的不计算附加长度"；引下线需要附加长度指的是沿外墙敷设的扁钢或圆钢，有主材的考虑附加长度。

6. 配管、配线

（1）各种配管应区别不同敷设方式、敷设位置、管材材质、规格，以"延长米"为计量单位，不扣除管路中间的接线箱（盒）、灯头盒、开关盒所占长度。

4.10 配管、配线

塑料电线管敷设，一般应执行塑料阻燃管敷设项目，若该塑料管在后砌墙内敷设，宜执行墙、地面沟槽内配管子目，同时补充相应剔堵槽项目。

（2）定额中未包括钢索架设及拉紧装置、接线箱（盒）、支架的制作安装，其工程量应另行计算。

（3）管内穿线的工程量，应区别线路性质、导线材质、导线截面，以单线"延长米"为计量单位。线路分支接头线的长度已综合考虑在定额中，不再另行计算（照明线路中的导线截面大于或等于 6mm^2 时，应执行动力线路穿线相应项目）。

（4）铜包铝电线执行本定额同截面项目乘 0.90 系数。

（5）塑料护套线明敷工程量，应区别导线截面、导线芯数（二芯、三芯）、敷设位置（砖混凝土结构、沿钢索），以单根线路"延长米"为计量单位。

（6）线槽配线工程量，区别导线截面，以单根线路"延长米"为计量单位。

（7）混凝土地面刨沟、墙面剔堵槽工程量，应区别管子直径，以"延长米"为计量单位。

（8）接线箱安装工程量，应区别安装形式（明装、暗装）、接线箱半周长，以"10 个"为计量单位。

（9）接线盒安装工程量，应区别安装形式（明装、暗装、钢索上）以及接线盒类型，以"10 个"为计量单位。凡接线盒中需要填充木屑、泡沫并用胶带固定封闭者定额人工、材料乘以系数 1.1。

（10）灯具，明、暗开关，插座，按钮等的预留线，已分别综合在相应定额内，不另行计算。配线进入开关箱、柜、板的预留线，可参照表 4-14 长度，分别计入相应的工程量内。

表 4-14　配线进入开关箱、柜、板的预留线 （每一根线）

序号	项　目	预留长度	说　明
1	各种开关、柜、板	宽＋高	盘面尺寸
2	单独安装(无箱、盘)的铁壳开关、闸刀开关、启动器、线槽进出线盒等	0.3m	从安装对象中心算起
3	由地面管子出口引至动力接线箱	1.0m	从管口计算
4	电源与管内导线连接(管内穿线与软、硬母线接点)	1.5m	从管口计算
5	出户线	1.5m	从管口计算

7. 照明器具

（1）普通灯具安装的工程量，应区别灯具的种类、型号、规格以"10套"为计量单位。普通灯具安装定额适用范围见表 4-15。

4.11　照明器具

表 4-15　普通灯具安装定额适用范围

定额名称	灯具种类
圆球吸顶灯	材质为玻璃的螺口、卡口圆球独立吸顶灯
半圆球吸顶灯	材质为玻璃的独立的半圆球吸顶灯、扁圆罩吸顶灯、平圆形吸顶灯
方型吸顶灯	材质为玻璃的独立的矩形罩吸顶灯、方形罩吸顶灯、大口方罩顶灯
软线吊灯	用软线为垂吊材料、独立的,材质为玻璃、塑料、搪瓷,形状如碗伞、平盘灯罩组成的软线吊灯
吊链灯	利用吊链作辅助悬吊材料,独立的,材质为玻璃、塑料罩的各式吊链灯
防水吊灯	一般防水吊灯
一般弯脖灯	圆球弯脖灯,风雨壁灯
一般墙壁灯	各种材质的一般壁灯、镜前灯
软线吊灯头	一般吊灯头
声光控座灯头	一般声控、光控座灯头
座灯头	一般塑胶、瓷质座灯头

（2）装饰灯具安装的工程量，应区别不同安装形式及灯具的不同形式，以"10套"为计量单位。装饰灯具安装定额适用范围见表 4-16。

各类疏散指示灯，应执行标志、诱导装饰灯具安装相应项目；筒灯、灯杯及类似灯具，应执行点光源艺术装饰灯具安装相应项目。

表 4-16　装饰灯具安装定额适用范围

定额名称	灯具种类(形式)
吊式艺术装饰灯具	不同材质、不同灯体垂吊长度、不同灯体直径的蜡烛灯、挂片灯、串珠(穗)、串棒灯、吊杆式组合灯、玻璃罩(带装饰)灯
吸顶式艺术装饰灯具	不同材质、不同灯体垂吊长度、不同灯体几何形状的串珠(穗)、串棒灯、挂片、挂碗、挂吊蝶灯、玻璃罩(带装饰)灯
荧光艺术装饰灯具	不同安装形式、不同灯管数量的组合荧光灯光带,不同几何组合形式的内藏组合式灯,不同几何尺寸、不同灯具形式的发光棚,不同形式的立体广告灯箱、荧光灯光沿
几何形状组合艺术灯具	不同固定形式、不同灯具形式的繁星灯、钻石星灯、礼花灯、玻璃罩钢架组合灯、凸片灯、反射挂灯、筒形钢架灯、U形组合灯、弧形管组合灯

续表

定额名称	灯具种类（形式）
标志、诱导装饰灯具	不同安装形式的标志灯、诱导灯
水下艺术装饰灯具	简易形彩灯、密封形彩灯、喷水池灯、幻光型灯
点光源艺术装饰灯具	不同安装形式、不同灯体直径的筒灯、牛眼灯、射灯、轨道射灯
草坪灯具	各种立柱式、墙壁式的草坪灯
歌舞厅灯具	各种安装形式的变色转盘灯、雷达射灯、幻影转彩灯、维纳斯旋转彩灯、卫星旋转效果灯、飞蝶旋转效果灯、多头转灯、滚筒灯、频闪灯、太阳灯、雨灯、歌星灯、边界灯、射灯、泡泡发生器、迷你满天星彩灯、迷你单立（盘彩灯）、多头宇宙灯、镜面球灯、蛇头管

（3）荧光灯具安装的工程量，应区别灯具的安装形式、灯具种类、灯管数量，以"10套"为计量单位。荧光灯具安装定额适用范围见表 4-17。

表 4-17　荧光灯具安装定额适用范围

定额名称	灯具种类
荧光灯	单管、双管、三管、吊链式、吊管式、吸顶式荧光灯、嵌入式荧光灯

（4）工厂灯及防水防尘灯安装的工程量，应区别不同安装形式，以"10套"为计量单位。工厂灯及防水防尘灯安装定额适用范围见表 4-18。

表 4-18　工厂灯及防水防尘灯安装定额适用范围

定额名称	灯具种类
直杆工厂吊灯	配照（GC_1-A）、广照（GC_3-A）、深照（GC_5-A）、斜照（GC_7-A）、圆球（GC_{17}-A）、双罩（GC_{19}-A）
吊链式工厂灯	配照（GC_1-B）、深照（GC_3-B）、斜照（GC_5-C）、圆球（GC_7-B）、双罩（GC_{19}-A）、广照（GC_{19}-B）
吸顶式工厂灯	配照（GC_1-C）、广照（GC_3-C）、深照（GC_5-C）、斜照（GC_7-C）、双罩（GC_{19}-C）
弯杆式工厂灯	配照（GC_1-D/E）、广照（GC_3-D/E）、深照（GC_5-D/E）、斜照（GC_7-D/E）、双罩（GC_{19}-C）、局部深罩（GC_{26}-F/H）
悬挂式工厂灯	配照（G_{21}-2）、深照（GC_{23}-2）
防水防尘灯	广照（GC_9-A、B、C）、广照保护网（GC_{11}-A、B、C）、散照（GC_{15}-A、B、C、D、E、F、G）

8. 电气调整试验

（1）干式变压器、油浸电抗器调试，执行相应容量变压器调试定额乘以系数 0.8。

（2）备用电源自动投入装置，按连锁机构的个数确定备用电源自投装置系统数。装设自动投入装置的两条互为备用的线路或两台变压器，计算备用电源自动投入装置调试时，应为两个系统。备用电动机自动投入装置亦按此计算。

（3）事故照明切换装置调试，按设计能完成交直流切换的一套装置为一个调试系统计算。

（4）接地网接地电阻的测定。连为一体的母网，按一个系统计算；自成母网不与厂区母网相连的独立接地网，另按一个系统计算。大型建筑群各接地网（接地电阻值设计有要求），虽然在最后也将各接地网联在一起，但应按各自的接地网计算，不能作为一个网。

（5）电气调试系统的划分以电气系统图为依据。电气设备元件的本体试验均包括在相应定额的系统调试之内。

（6）送配电设备系统调试，按一侧有一台断路器考虑，若两侧均有断路器，则应按两个系统计算。适用于各种供电回路（包括有特殊要求的照明供电回路）的系统调试。凡供电回路中带有仪表、继电器、电磁开关等需要施工现场进行调试的元件，均按调试系统计算。

（7）一般的住宅、学校、办公楼、旅馆、商店等民用电气工程的供电调试应按下列规定执行：

① 配电室内带有调试元件的盘、箱、柜和带有调试元件的照明主配电箱，应按供电方式执行相应的"配电设备系统调试"定额。

② 每个用户房间的配电箱（板）上虽装有电磁开关等调试元件，但生产厂家已按固定的常规参数调整好，不需要安装单位进行调试就可直接投入使用的，不应计取调试费用。

③ 民用电度表的高速校验属于供电部门的专业管理，一般皆由用户向供电局订购调试完毕的电度表，不应另外计算调试费用。

（8）经常发生的电气调整试验项目有送配电装置系统调试、接地网调试、低压笼型电动机调试等。

9. 技术措施项目

（1）脚手架搭拆费按定额人工费（不包括"电气调整试验"中的人工费）的 4.6% 计算，其中人工工资占 35%（包括地下室部分）。10kV 以下架空输电线路工程、直埋敷设电缆工程不单独计算脚手架费用。

（2）操作高度增加费（已考虑了超高因素的定额项目除外）：安装高度距离楼面或地面 >5m 时，超过部分工程量按定额人工费乘以系数 1.1 计算。10kV 以下架空输电线路工程、电缆敷设工程不计算此项费用。

（3）高层建筑增加费：指在建筑物层数 >6 层或建筑高度 >20m 的工业与民用建筑物上进行安装时增加的费用，按表 4-19 计算（计算基数不包括地下室部分），其费用中人工费占 35%。

表 4-19 高层建筑增加费费率表

建筑物高度/m	≤40	≤60	≤80	≤100	≤120	≤140	≤160	≤180	≤200
建筑层数/层	≤12	≤18	≤24	≤30	≤36	≤42	≤48	≤54	≤60
按人工费的百分数/%	1.9	4.8	8.6	13.3	19	24.7	30.4	36.1	41.8

二、电气照明工程列项与工程量计算

这是重点

某住宅楼 A2 户型电气照明工程施工图见图 4-1～图 4-3，列项与工程量计算见表 4-20。

表 4-20 工程量计算表

分部分项工程名称	计算式
一、配管、配线	
WL1	
PVC16	二线：→(1+1.57+1.52+2.04+0.63+1.62)+↓顶至开关(3-1.3)×6=18.58(m) 三线：↑至顶(3-1.8-0.5)+→(1.2+2.94+3.5+2.21+4.1+3.08+3)=20.73(m)
PVC20	四线：→2.27+↓顶至开关(3-1.3)=3.97(m)
BV 2.5mm²	(0.39+0.5)配电箱半周长×3+18.58×2+20.73×3+3.97×4=117.9(m)
WL2	
PVC16	三线：→(1.75+2.65+1.78+1.68+3.86+0.74+3.74+5.84+3.27)+↓(1.8+0.05)+↑(0.5+0.05)+↓↑(0.3+0.05)×17+↓(1.5+0.05)=35.21(m)

续表

分部分项工程名称	计算式
BV 2.5mm²	(0.39+0.5)×3+(0.43+0.34)多配体箱半周长×3+35.21×3=110.61(m)
WL3	
PVC20	三线：→(2.18+1.46+0.95)+↓(1.8+0.05)+↑↓(0.3+0.05)+↑(2.2+0.05)=9.04(m)
BV 4mm²	(0.39+0.5)×3+9.04×3=29.79(m)
WL4	
PVC20	三线：→(4.19+1.18)+↑至顶(3−1.8−0.5)+↓(3−1.5)×2=9.07(m) 四线：→1.07+↓(3−1.3)=2.77(m)
BV 4mm²	(0.39+0.5)×3+9.07×3+2.77×4=40.96(m)
WL5	
PVC20	三线：→6.49+↓(1.8+0.05)+↓(0.3+0.05)=8.69(m)
BV 4mm²	(0.39+0.5)×3+8.69×3=28.74(m)
WL6	
PVC16	三线：→9.07+↑至顶(3−1.8−0.5)+↓(3−2.2)=10.57(m)
BV 2.5mm²	(0.39+0.5)×3+10.57×3=34.38(m)
WL7	
PVC16	三线：→10.22+↑至顶(3−1.8−0.5)+↓(3−2.2)=11.72(m)
BV 2.5mm²	(0.39+0.5)×3+11.72×3=37.83(m)
PVC16 合计	18.58+20.73+35.21+10.57+11.72=96.81(m)
PVC20 合计	3.97+9.04+9.07+2.77+8.69=33.54(m)
BV 2.5mm² 合计	117.9+110.61+34.38+37.83=300.72(m)
BV 4mm² 合计	29.79+40.96+28.74=99.49(m)
二、控制设备及低压电器、照明器具	
照明配电箱 AL-A2	1台
多媒体接线箱	1台
E27 螺口灯座	7个
单联单控跷板开关	6个
三联单控跷板开关	2个
抽油烟机插座	1个
燃气报警器插座	1个
洗衣机插座	1个
普通插座	8个

续表

分部分项工程名称	计算式
壁挂式空调插座	2个
柜式空调插座	1个
冰箱插座	1个
接线盒	31个

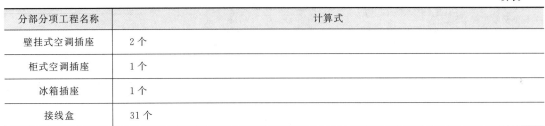

一、电气照明工程施工图预算编制

1. 封面（略）

2. 编制说明

（1）本预算编制依据为某住宅楼电气照明工程施工图。

（2）主材价格：采用 2018 年太原市建设工程材料预算价格及 2019 年太原市建设工程造价信息某期材料指导价格，指导价上没有价格的材料采用参考资料的相似价格及市场调研价格。

（3）采用 2018 山西省建设工程计价依据《安装工程预算定额》，取费选择总承包工程一般纳税人计税，绿色文明工地标准：一级。

3. 单位工程费用表（表 4-21）

4. 单位工程预（结）算表（表 4-22）

5. 措施项目计价表（表 4-23）

6. 单位工程主材汇总表（表 4-24）

表 4-21　单位工程费用表

序号	费用名称	取费基础	费率/%	费用金额/元
1	定额工料机（包括施工技术措施费）	直接费＋技术措施项目合计		2436.46
2	其中:人工费	人工费＋技术措施项目人工费		2157.24
3	施工组织措施费	其中:人工费	10.06	217.02
4	企业管理费	其中:人工费	19.8	427.13
5	利润	其中:人工费	18.5	399.09
6	动态调整	人材机价差＋组织措施人工价差＋安装费用人工价差		0
7	主材费	主材费		2350.57
8	税金	定额工料机（包括施工技术措施费）＋施工组织措施费＋企业管理费＋利润＋动态调整＋主材费	9	524.72
9	工程造价	定额工料机（包括施工技术措施费）＋施工组织措施费＋企业管理费＋利润＋动态调整＋主材费＋税金		6354.99

表4-22　单位工程预（结）算表

序号	编码	名称	工程量		价格/元				其中/元		
			单位	数量	单价	合价	市场单价	市场合价	人工市场价	材料市场价	机械市场价
1	C4-339	成套配电箱安装 悬挂嵌入式 半周长1m	台	1	232.88	232.88	232.88	232.88	185	47.88	
	主材	配电箱	台	1			500	500			
2	C4-455	无端子外部接线 2.5mm²	10个	1.2	28.21	33.85	28.21	33.85	27	6.85	
3	C4-456	无端子外部接线 6mm²	10个	0.9	36.96	33.26	36.96	33.26	28.12	5.14	
4	C4-1405	其他普通灯具 普通座灯头	10套	0.7	111.29	77.9	111.29	77.9	67.37	10.53	
	主材	螺口灯座	套	7.07			5	35.35			
5	C4-403	扳式暗开关（单控）单双联	10套	0.6	95.5	57.3	95.5	57.3	53.25	4.05	
	主材	单联单控开关 10A 250V	套	6.12			15	91.8			
6	C4-404	扳式暗开关（单控）三联	10套	0.2	104.67	20.93	104.67	20.93	19	1.93	
	主材	三联单控开关 10A 250V	套	2.04			25	51			
7	C4-416	单相暗插座 15A 5孔	10套	0.1	124.11	12.41	124.11	12.41	11.25	1.16	
	主材	抽油烟机插座	套	1.02			30	30.6			
8	C4-416	单相暗插座 15A 5孔	10套	0.1	124.11	12.41	124.11	12.41	11.25	1.16	
	主材	燃气报警器插座	套	1.02			30	30.6			
9	C4-416	单相暗插座 15A 5孔	10套	0.1	124.11	12.41	124.11	12.41	11.25	1.16	
	主材	洗衣机插座	套	1.02			35	35.7			
10	C4-416	单相暗插座 15A 5孔	10套	0.8	124.11	99.29	124.11	99.29	90	9.29	
	主材	普通插座	套	8.16			15	122.4			
11	C4-414	单相暗插座 15A 3孔	10套	0.2	101.47	20.29	101.47	20.29	18.75	1.54	
	主材	壁挂式空调插座	套	2.04			40	81.6			
12	C4-414	单相暗插座 15A 3孔	10套	0.1	101.47	10.15	101.47	10.15	9.38	0.77	
	主材	柜式空调插座	套	1.02			40	40.8			

续表

序号	编码	名称	工程量 单位	工程量 数量	价格元 单价	价格元 合价	价格元 市场单价	价格元 市场合价	人工市场价	其中/元 材料市场价	其中/元 机械市场价
13	C4-416	单相暗桶座15A5孔	10套	0.1	124.11	12.41	124.11	12.41	11.25	1.16	
	主材	冰箱插座	套	1.02			30	30.6			
14	C4-1388换	暗装塑料盒 凡接线盒中需要填充木屑、泡沫井用胶带固定着 人工×1.1,材料×1.1	10个	3.1	33.04	102.42	33.04	102.42	102.3	0.12	
	主材	塑料盒	个	31.62			1.74	55.02			
15	C4-1198	塑料阻燃管敷设 砖、混凝土结构内配管 外径16mm以内	100m	0.9681	799.02	773.53	799.02	773.53	766.01	7.52	
	主材	阻燃管PVC16	m	106.491			1.27	135.24			
16	C4-1199	塑料阻燃管敷设 砖、混凝土结构内配管 外径20mm以内	100m	0.3354	868.82	291.4	868.82	291.4	288.44	2.96	
	主材	阻燃管PVC20	m	36.894			2	73.79			
17	C4-1251	管内穿铜芯导线 照明线路 导线截面 2.5mm²以内	100m/单线	3.0072	123.48	371.33	123.48	371.33	308.24	63.09	
	主材	BV 2.5mm²	m	348.8352			1.67	582.55			
18	C4-1252	管内穿铜芯导线 照明线路 导线截面 4mm²以内	100m/单线	0.9949	92.31	91.84	92.31	91.84	70.89	20.95	
	主材	BV 4mm²	m	115.4084			2.63	303.52			
19	C5-151	安装接线箱(半周长)≤700mm	个	1	74.82	74.82	74.82	74.82	45	29.82	
	主材	多媒体接线箱	个	1			150	150			

表 4-23　措施项目计价表

序号	项目名称	费率/%	费用金额/元
1.1	安全文明施工费	3.05	65.8
1.2	临时设施费	3.35	72.27
1.3	夜间施工增加费	0.36	7.77
1.4	冬雨季施工增加费	0.43	9.28
1.5	材料二次搬运费	0.77	16.6
1.6	工程定位复测、工程点交、场地清理费	0.18	3.88
1.7	室内环境污染物检测费	0	0
1.8	检测试验费	0.31	6.69
1.9	环境保护费	1.61	34.73
1.10	脚手架		95.63
合　计			312.65

表 4-24　单位工程主材汇总表

材料名	单位	材料量	市场价/元	市场价合计/元
配电箱	台	1	500	500
螺口灯座	套	7.07	5	35.35
洗衣机插座	套	1.02	35	35.7
抽油烟机插座	套	1.02	30	30.6
燃气报警器插座	套	1.02	30	30.6
普通插座	套	8.16	15	122.4
冰箱插座	套	1.02	30	30.6
壁挂式空调插座	套	2.04	40	81.6
柜式空调插座	套	1.02	40	40.8
多媒体接线箱	个	1	150	150
单联单控开关 10A 250V	套	6.12	15	91.8
三联单控开关 10A 250V	套	2.04	25	51
塑料盒	个	31.62	1.74	55.02
BV 4mm^2	m	115.4084	2.63	303.52
BV 2.5mm^2	m	348.8352	1.67	582.55
阻燃管 PVC16	m	106.491	1.27	135.24
阻燃管 PVC20	m	36.894	2	73.79
合计				2350.57

二、电气照明工程招标控制价编制

按照《通用安装工程工程量计算规范》（GB 50856—2013），电气照明工程常用项目有：D.4 控制设备及低压电器安装（030404）、D.8 电缆安装（030408）、D.9 防雷及接地装置（030409）、D.11 配管、配线（030411）、D.12 照明器具安装（030412）、D.13 附属工程（030413）、D.14 电气调整试验（030414），其他相关问题及说明。常用清单项目详见本书附录。

1. 招标控制价封面（略）

2. 编制说明

（1）本招标控制价编制依据某住宅楼 A2 户型电气照明工程施工图。

（2）主材价格：采用 2018 年太原市建设工程材料预算价格及 2019 年太原市建设工程造价信息某期材料指导价格，指导价上没有价格的材料采用参考资料的相似价格及市场调研价格。

（3）编制依据：《通用安装工程工程量计算规范》（GB 50856—2013）。

（4）采用 2018 山西省建设工程计价依据《安装工程预算定额》，取费选择总承包工程一般纳税人计税，绿色文明工地标准：一级。

3. 单位工程招标控制价汇总表（表 4-25）

4. 分部分项工程和单价措施项目清单与计价表（表 4-26）

5. 总价措施项目清单与计价表（表 4-27）

6. 工程量清单综合单价分析表（列举）（表 4-28）

7. 其他项目清单与计价汇总表（略）

8. 材料（工程设备）暂估单价及调整表（表 4-29）

4.12 电气照明工程清单计价完整表

表 4-25　单位工程招标控制价汇总表

序号	汇总内容	金额/元	其中:暂估价/元
1	分部分项工程费	5503.92	650
1.1	电气照明	5503.92	650
2	施工技术措施项目费	108.45	
3	施工组织措施项目费	217.02	
4	其他项目费		—
4.1	暂列金额		
4.2	专业工程暂估价		
4.3	计日工		
4.4	总承包服务费		
5	税金(扣除不列入计税范围的工程设备费)	524.65	—
	招标控制价合计=1+2+3+4+5	6354.04	650

表 4-26　分部分项工程和单价措施项目清单与计价表

序号	项目编码	项目名称	项目特征描述	计量单位	工程量	金额/元		
						综合单价	合价	其中:暂估价
一		分部分项工程					5503.92	650
1	030404017001	配电箱	1. 名称:照明配电箱 AL-A2 2. 型号:非标 3. 规格:390mm×500mm×80mm(宽×高×厚) 4. 端子板外部接线材质、规格:BV 2.5mm²、BV 4mm² 5. 安装方式:嵌墙暗装,底边距地 1.8m	台	1	891.98	891.98	500
2	030502003001	分线接线箱(盒)	1. 名称:多媒体接线箱 2. 材质:钢制 3. 规格:430mm×340mm×110mm(宽×高×厚) 4. 安装方式:嵌墙暗装	个	1	242.06	242.06	150

序号	项目编码	项目名称	项目特征描述	计量单位	工程量	金额/元		
						综合单价	合价	其中:暂估价
3	030412001001	普通灯具	1. 名称:螺口灯座 2. 型号:E27 3. 安装方式:吸顶安装	套	7	19.87	139.09	
4	030404034001	照明开关	1. 名称:单联单控跷板开关 2. 规格:250V 10A 3. 安装方式:暗装	个	6	28.25	169.5	
5	030404034002	照明开关	1. 名称:三联单控跷板开关 2. 规格:250V 10A 3. 安装方式:暗装	个	2	39.61	79.22	
6	030404035001	插座	1. 名称:抽油烟机插座 2. 规格:安全型、单相二三极,带开关 250V 10A 3. 安装方式:暗装	个	1	47.32	47.32	
7	030404035002	插座	1. 名称:燃气报警器插座 2. 规格:安全型、单相二三极,带开关 250V 10A 3. 安装方式:暗装	个	1	47.32	47.32	
8	030404035003	插座	1. 名称:洗衣机插座 2. 规格:安全型、单相二三极,防溅型带开关 250V 10A 3. 安装方式:暗装	个	1	52.42	52.42	
9	030404035004	插座	1. 名称:普通插座 2. 规格:安全型、单相二三极,250V 10A 3. 安装方式:暗装	个	8	32.02	256.16	
10	030404035005	插座	1. 名称:壁挂式空调插座 2. 规格:安全型、单相三极,带开关 250V 16A 3. 安装方式:暗装	个	2	54.54	109.08	
11	030404035006	插座	1. 名称:柜式空调插座 2. 规格:安全型、单相三极,带开关 250V 16A 3. 安装方式:暗装	个	1	54.54	54.54	
12	030404035007	插座	1. 名称:冰箱插座 2. 规格:安全型、单相二三极,带开关 250V 10A 3. 安装方式:暗装	个	1	47.32	47.32	

续表

序号	项目编码	项目名称	项目特征描述	计量单位	工程量	综合单价	合价	其中:暂估价
13	030411006001	接线盒	1. 名称:接线盒 2. 材质:塑料 3. 规格:86HS 4. 安装形式:暗装	个	31	6.34	196.54	
14	030411001001	配管	1. 名称:塑料穿线管 2. 材质:PVC 3. 规格:ϕ16 4. 配置形式:砖、混凝土结构暗配	m	96.81	12.42	1202.38	
15	030411001002	配管	1. 名称:塑料穿线管 2. 材质:PVC 3. 规格:ϕ20 4. 配置形式:砖、混凝土结构暗配	m	33.54	14.18	475.6	
16	030411004001	配线	1. 名称:管内穿线 2. 配线形式:照明线路 3. 型号:BV 4. 规格:2.5mm^2 5. 材质:铜芯	m	300.72	3.56	1070.56	
17	030411004002	配线	1. 名称:管内穿线 2. 配线形式:照明线路 3. 型号:BV 4. 规格:4mm^2 5. 材质:铜芯	m	99.49	4.25	422.83	
二		措施项目					108.45	
18	031301017001	脚手架搭拆			1	108.45	108.45	
合　计							5612.37	650

表 4-27　总价措施项目清单与计价表

序号	项目编码	项目名称	计算基础	费率/%	金额/元	调整费率/%	调整后金额/元	备注
1	031302001001	安全文明施工费	分部分项人工费+技术措施项目人工费	3.05	65.8			
2	031302001002	临时设施费	分部分项人工费+技术措施项目人工费	3.35	72.27			
3	031302001003	环境保护费	分部分项人工费+技术措施项目人工费	1.61	34.73			

续表

序号	项目编码	项目名称	计算基础	费率/%	金额/元	调整费率/%	调整后金额/元	备注
4	031302002001	夜间施工增加费	分部分项人工费＋技术措施项目人工费	0.36	7.77			
5	031302004001	材料二次搬运费	分部分项人工费＋技术措施项目人工费	0.77	16.6			
6	031302005001	冬雨季施工增加费	分部分项人工费＋技术措施项目人工费	0.43	9.28			
7	03B001	工程定位复测、工程点交、场地清理费	分部分项人工费＋技术措施项目人工费	0.18	3.88			
8	03B002	室内环境污染物检测费	分部分项人工费＋技术措施项目人工费	0	0			
9	03B003	检测试验费	分部分项人工费＋技术措施项目人工费	0.31	6.69			
合　计					217.02			

会算了吗

1. 配电箱（030404017001）

（1）C4-339 成套配电箱安装：$185＋47.88＋185×(19.8\%＋18.5\%)＋500＝803.74$（元/台）

（2）C4-455 无端子外部接线 $2.5mm^2$：$[22.5＋5.71＋22.5×(19.8\%＋18.5\%)]×(12÷1÷10)＝44.2$（元/个）

（3）C4-456 无端子外部接线 $6mm^2$：$[31.25＋5.71＋31.25×(19.8\%＋18.5\%)]×(9÷1÷10)＝44.04$（元/个）

合计：$803.74＋44.2＋44.04＝891.98$（元/台）

注：综合单价分析中的数量＝实际算的工程量÷其所属清单工程量÷其定额单位（1 或 10 或 100），例如：无端子外部接线 $2.5mm^2$：$12÷1÷10＝1.2$。

2. 分线接线箱（盒）(030502003001)

C5-151 安装接线箱（半周长）≤700mm：$45＋29.82＋45×(19.8\%＋18.5\%)＋150＝242.06$（元/台）

3. 普通灯具（030412001001）

C4-1405 普通座灯头：$[96.25＋15.04＋96.25×(19.8\%＋18.5\%)]×0.1＋5×1.01＝19.87$（元/套）

4. 照明开关（030404034001）

C4-403 扳式暗开关（单控）单双联：$[88.75＋6.75＋88.75×(19.8\%＋18.5\%)]×$

$0.1+15\times1.02=28.25(元/套)$

5. 照明开关 （030404034002）

C4-404 扳式暗开关（单控）三联：$[95+9.67+95\times(19.8\%+18.5\%)]\times0.1+25\times1.02=39.61(元/套)$

6. 插座 （030404035001）

C4-416 抽油烟机插座：$[112.5+11.61+112.5\times(19.8\%+18.5\%)]\times0.1+30\times1.02=47.32(元/套)$

7. 插座 （030404035002）

C4-416 燃气报警器插座：$[112.5+11.61+112.5\times(19.8\%+18.5\%)]\times0.1+30\times1.02=47.32(元/套)$

8. 插座 （030404035003）

C4-416 洗衣机插座：$[112.5+11.61+112.5\times(19.8\%+18.5\%)]\times0.1+35\times1.02=52.42(元/套)$

9. 插座 （030404035004）

C4-416 普通插座：$[112.5+11.61+112.5\times(19.8\%+18.5\%)]\times0.1+15\times1.02=32.02(元/套)$

10. 插座 （030404035005）

C4-414 壁挂式空调插座：$[93.75+7.72+93.75\times(19.8\%+18.5\%)]\times0.1+40\times1.02=54.54(元/套)$

11. 插座 （030404035006）

C4-414 柜式空调插座：$[93.75+7.72+93.75\times(19.8\%+18.5\%)]\times0.1+40\times1.02=54.54(元/套)$

12. 插座 （030404035007）

C4-416 冰箱插座：$[112.5+11.61+112.5\times(19.8\%+18.5\%)]\times0.1+30\times1.02=47.32(元/套)$

13. 接线盒 （030411006001）

C4-1388 暗装塑料盒：$[30\times1.1+0.04\times1.1+30\times1.1\times(19.8\%+18.5\%)]\times0.1+1.74\times1.02=6.34(元/个)$

14. 配管 （030411001001）

C4-1198 塑料阻燃管 砖、混凝土结构内配管 外径 16mm 以内：$[791.25+7.77+791.25\times(19.8\%+18.5\%)]\times0.01+1.27\times1.1=12.42(元/m)$

15. 配管 （030411001002）

C4-1199 塑料阻燃管 砖、混凝土结构内配管 外径 20mm 以内：$[860+8.82+860\times(19.8\%+18.5\%)]\times0.01+2\times1.1=14.18(元/m)$

16. 配线 （030411004001）

C4-1251 管内穿铜芯导线 照明线路 2.5mm^2 以内：$[102.5+20.98+102.5\times(19.8\%+18.5\%)]\times0.01+1.67\times1.16=3.56(元/m)$

17. 配线 （030411004002）

C4-1252 管内穿铜芯导线 照明线路 4mm^2 以内：$[71.25+21.06+71.25\times(19.8\%+18.5\%)]\times0.01+2.63\times1.16=4.25(元/m)$

表 4-28 工程量清单综合单价分析表（列举）

项目编码	030404017001	项目名称	配电箱			计量单位	台	工程量	1

清单综合单价组成明细

定额编号	定额项目名称	定额单位	数量	单价/元				合价/元			
				人工费	材料费	机械费	管理费和利润	人工费	材料费	机械费	管理费和利润
C4-339	成套配电箱安装 悬挂嵌入式 半周长1m	台	1	185	547.88	0	70.86	185	547.88	0	70.86
C4-455	无端子外部接线 2.5mm²	10个	1.2	22.5	5.71	0	8.62	27	6.85	0	10.34
C4-456	无端子外部接线 6mm²	10个	0.9	31.25	5.71	0	11.98	28.13	5.14	0	10.78
人工单价		小计						240.13	559.87	0	91.98
综合工日 125元/工日		未计价材料费						500			
		清单项目综合单价						891.98			

	主要材料名称、规格、型号	单位	数量	单价/元	合价/元	暂估单价/元	暂估合价/元
材料费明细	电力复合脂	kg	0.41	67.27	27.58		
	配电箱	台	1			500	500
	其他材料费			—	32.29	—	0
	材料费小计			—	59.87	—	500

表 4-29　材料（工程设备）暂估单价及调整表

序号	材料（工程设备）名称、规格、型号	计量单位	数量		暂估价/元		确认价/元		差额±/元		备注
			暂估	确认	单价	合价	单价	合价	单价	合价	
1	配电箱	台	1		500	500					
2	多媒体接线箱	个	1		150	150					
	合　计					650					

 项目小结

本项目学习了建筑电气工程识图，电气照明工程列项、算量与计价全过程，了解了电气照明工程施工图预算和招标控制价编制依据、编制方法、编制程序和格式。

在本项目学习中，要熟悉建筑电气照明工程识图规则，掌握相关的图例、平面图、系统图识读方法，掌握电气照明工程工程量计算规则并能准确列项与算量，熟悉清单规范、定额，并能准确报价。

练一练、做一做

一、单选题

1. 电缆敷设长度应根据敷设路径的水平和垂直敷设长度，增加附加长度。考虑电缆敷设驰度、波形弯度、交叉等因素，应按电缆全长计算增加（　　）。

A. 1%　　　　　　　B. 1.5%　　　　　　　C. 2%　　　　　　　D. 2.5%

2. 四芯（铜芯）电缆的敷设应执行（　　）项目。

A. 单芯（铜芯）电缆敷设相应项目

B. 三芯（铜芯）电缆敷设相应项目

C. 五芯（铜芯）电缆敷设相应项目

D. 六芯（铜芯）电缆敷设相应项目

4.13　习题答案

3. 电缆桥架支吊架若在现场进行加工，应执行定额（　　）项目。

A. 钢制桥架支座安装　　　　　　　B. 基础角钢制作

C. 一般铁构件制作　　　　　　　　D. 桥架支撑架

4. 电缆进入低压配电盘、箱由盘下进出线预留长度（　　）。

A. 1m　　　　　　　B. 2m　　　　　　　C. 1.5m　　　　　　　D. 半周长

5. 施工图中，MEB 箱应套取（　　）定额。

A. 端子箱安装　　　　　　　　　　B. 接线箱安装

C. 总等电位箱安装　　　　　　　　D. 局部等电位端子联接箱安装

二、问答题

1. 简述 YJV_{22}-3×185 SC100 FC 的含义。

2. 简述导线端头需要安装接线端子的几种情况。

3. 直埋电缆的挖、填土（石）方，除特殊要求外，一般应如何计算？

4. 预埋接线盒，除了应考虑接线盒本体安装外，一般还需要填充木屑，并用胶带固定封闭，这部分工程量应如何考虑？

5. 定额中有户内接地母线和户外接地母线之分，请说明它们之间的异同。

三、实训

　　按《通用安装工程工程量计算规范》（GB 50856—2013），完成某村委办公楼电气照明工程分部分项工程量清单编制，CAD 图纸请扫描二维码 4.14 获取。

4.14　实训图
村委办公楼电施

项目五

消防工程计量与计价

学习目标

掌握消防水灭火系统、火灾自动报警系统工程施工图的主要内容及其识读方法；能熟练识读消防自喷水灭火系统和火灾自动报警系统工程施工图；掌握定额与清单两种计价模式消防工程施工图计量与计价编制的步骤、方法、内容、计算规则及其格式。

思维导图

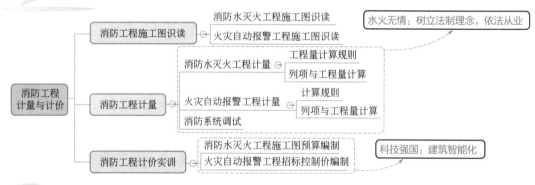

引入项目

项目任务书 1

完成某客服辅楼施工图消火栓系统与自喷水系统分部分项工程量计算，并采用定额计价编制消防水灭火工程施工图预算。

某客服辅楼消防水灭火工程施工图如图 5-1～图 5-7 所示（CAD 图可扫描二维码 5.1 查看）。

5.1 客服辅楼
消防水施工图

屋顶试验消火栓

辅楼屋面 18.00

HL-a

库房

风井

风井

2%

五层消火栓平面图

设计与施工说明

一、工程概况
1.本工程为某客服辅楼的消防设计，地上四层，一层为厨房、二层为餐厅、三、四层为宿舍。
2.本工程一~四层采用消火栓及自动喷水灭火系统。

二、施工说明
1.图中所注管道标高均以管中为准。
2.消防水管全部采用热浸镀锌钢管，DN100及以下螺纹连接，DN100以上法兰连接。
3.管道支、吊架的最大跨距按《建筑给水排水及采暖工程施工质量验收规范》(GB 50242—2002)的有关规定确定。
4.管道支吊架及托吊架的具体形式和安装位置，由安装单位根据现场情况确定，做法参见国标95R417-1。
5.管道安装完毕后应进行水压试验，试验压力0.8MPa。在10min内压降不大于0.05MPa，不渗不漏为合格。经试压正式合格后，应对系统反复冲洗，直至排出水中不含泥沙、铁屑等杂质，日水色不浑浊时方为合格。
6.消防系统安装完毕后，应对所安装的消火栓灭火系统和自动喷水灭火系统进行调试、标定。
7.油漆要求与可进行使用。（1）镀锌钢管、在表面清除污垢、灰尘等杂质后刷色漆两遍。（2）支吊架等等，在表面除锈后刷防锈漆、色漆各两遍。
8.所有穿越剪力墙、砖墙和楼板处的水管，均应事先预埋钢套管，套管直径应比穿管直径大2号，套管应根据"设施"图配合土建一起施工预留。此部分套管及大于300mm的洞，安装完毕后，应采用混凝土封堵，表面抹光。以防漏留，套管安装前与水、电等有相碰时，可根据现场情况做局部调整。
9.安装单位应在设备和管道安装完毕后，安装中管道如有相碰切配合。
10.本工程安装施工应严格遵守《建筑给水排水及采暖工程施工质量验收规范》(GB 50242—2002)。

图例

图例	名称	图例	名称	图例	名称
—H—	室内消火栓管道	╪	柔性防水套管	⅄	消防水泵接合器
—Zn—	自动喷水管道	⫻	刚性套管	◑	消火栓
⊠	蝶阀	─Ⓛ─	水流指示器	—○—Ꙩ	闭式玻璃球喷头
⋈	信号控制阀	⬓	自动排污过滤器	⋈	固定支架
↿	止回阀	φ δ	末端测试阀	🗍 🗌	自动排气阀
⋈	闸阀				

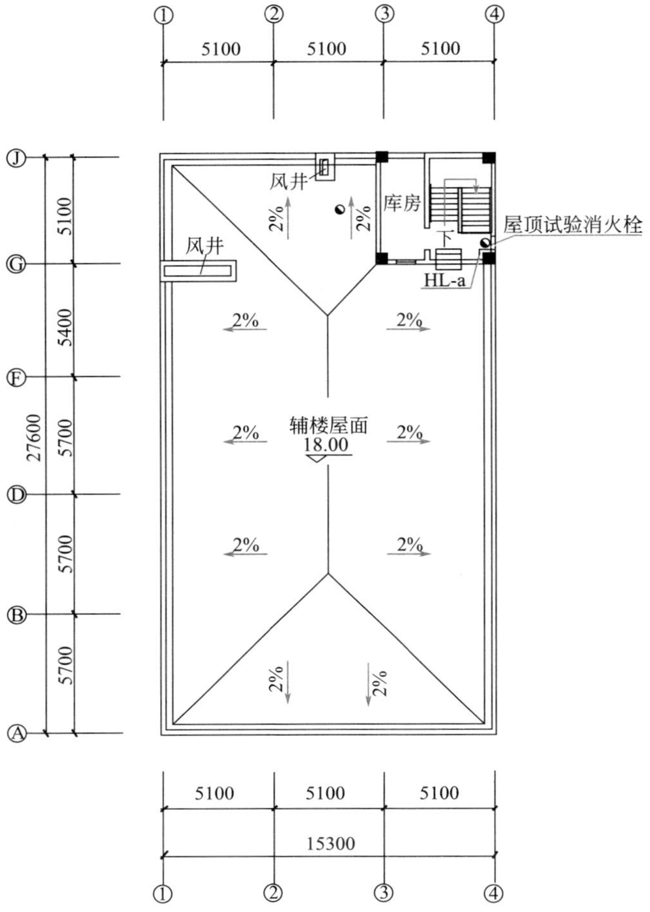

图 5-1　设计与施工说明及五层消火栓平面图

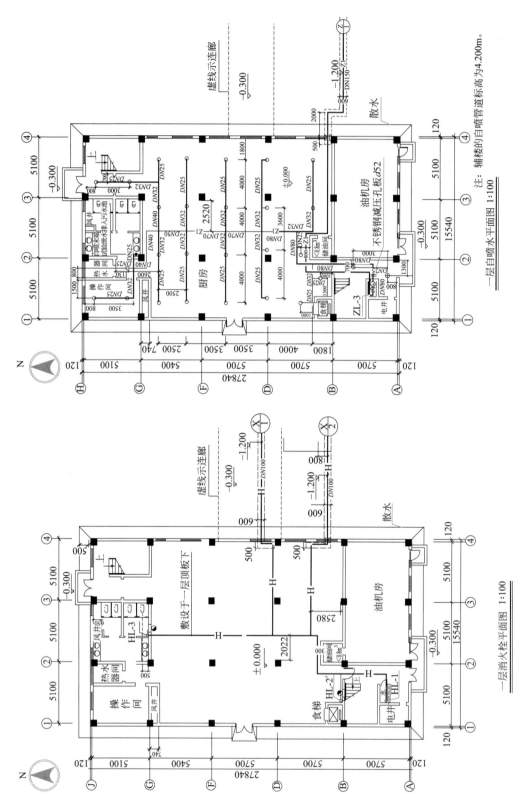

图 5-2 一层消火栓及自喷水平面图

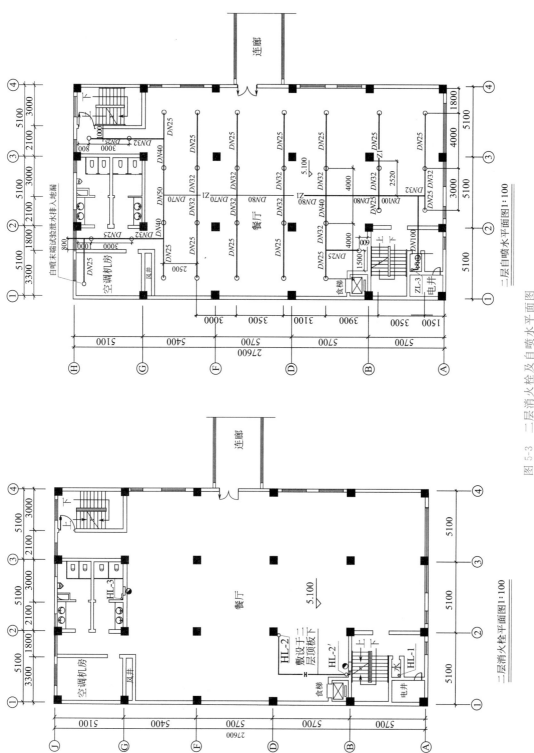

图 5-3 二层消火栓及自喷水平面图

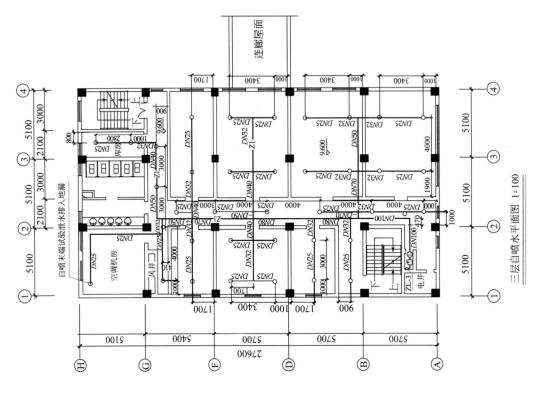

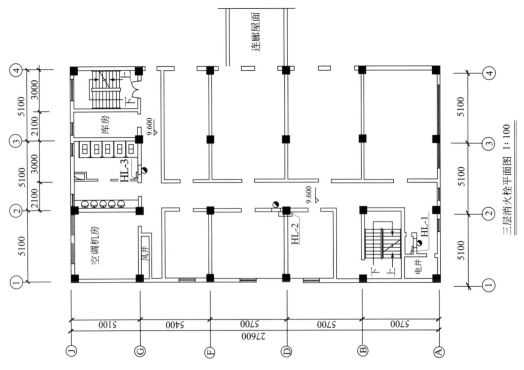

图 5-4　三层消火栓及自喷水平面图

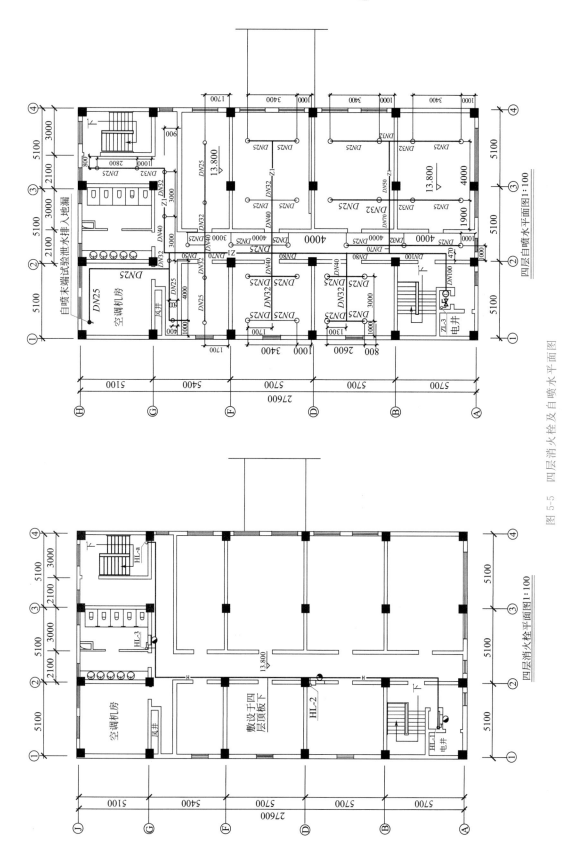

图 5-5 四层消火栓及自喷水平面图

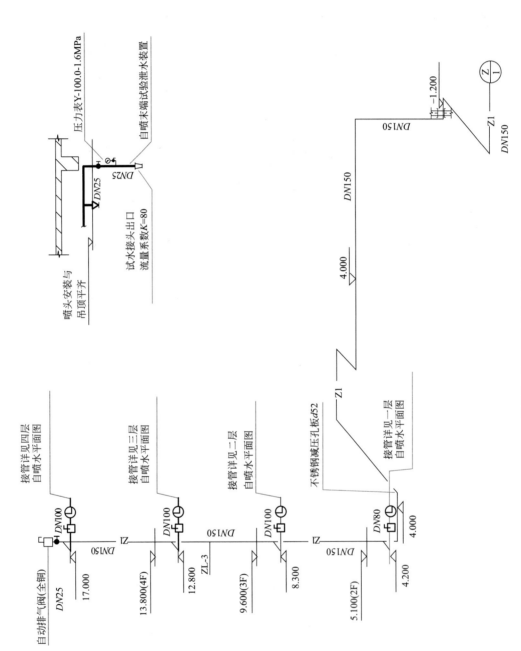

图 5-6 消防自喷水灭火系统图

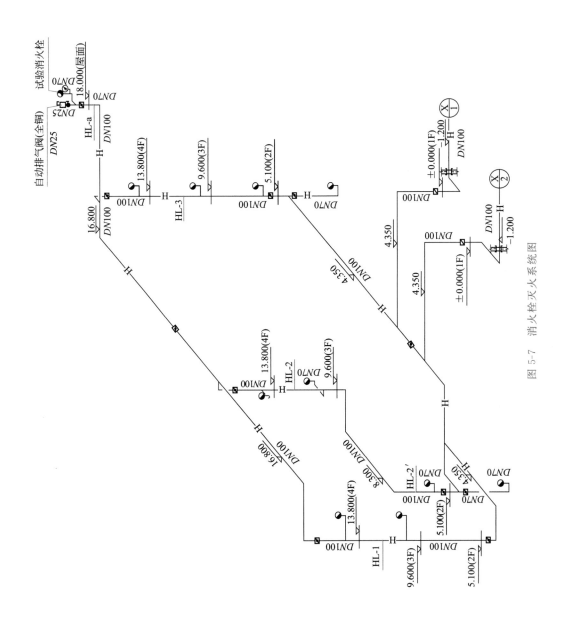

图 5-7 消火栓灭火系统图

项目任务书 2

完成某客服辅楼施工图火灾自动报警及联动控制系统分部分项工程量，并计算分部分项清单项目综合单价，采用清单计价编制其招标控制价。

某客服辅楼火灾自动报警工程施工图如图 5-8～图 5-13 所示（CAD 图可扫描二维码 5.2 查看）。图例如表 5-1 所示。

5.2 客服辅楼消防弱电施工图

火灾自动报警及联动控制系统施工设计说明

火灾自动报警及联动控制系统

1. 本工程根据类别、使用性质、火灾危险性、疏散及扑救难度，其火灾自动报警系统的保护对象等级为二级。

2. 系统设计

采用集中报警联动控制系统。系统通过装设于本建筑内的点型火灾探测器和手动报警按钮相结合的方式进行火灾自动报警，并对建筑内消火栓、防排烟、自喷等系统进行监控。消防控制室设在一层。

3. 联动控制要求

（1）室内消火栓系统：火灾情况下，通过消火栓按钮动作信号，直接启动消防水泵，并显示其工作故障状态，在消防控制室设有手动直接控制消防泵的装置。

（2）自动喷淋系统：火灾情况下，通过湿式报警阀动作信号，直接启动喷淋水泵，并显示其工作、故障状态。

（3）防烟系统：火灾情况下，关闭正常排风使用的常开阀，联动关闭其系统风机。

4. 线路选择及敷设

（1）控制、联动电源总线：竖井内干线 ZR-BV-2×4mm²；平面支线：ZR-BV-2×2.5mm²。

（2）消火栓信号线：ZR-BV-4×1.5mm²。

（3）电话线：RVVP-(2×1.5mm²)。

（4）报警回路总线：ZR-RVS-(2×1.5mm²)。

（5）竖井内集中线路沿槽式桥架敷设，在其上涂防火涂料保护（采用 SF 超薄型防火涂料，耐火时限不小于 2 小时）。其他火灾报警线路采用穿钢管埋墙、板敷设；控制、通讯、警报、广播线路采用穿钢管埋地、墙、板等非燃烧体结构内敷设，由接线盒、线槽等引至探测器、控制设备等明敷线路并采用金属软管保护，其中控制、通讯、警报线路做防火保护处理。

（6）线路穿管规格

ZR-BV/ZR-RVS-1.5mm²：2～4 根 SC15；RVVP-2×15-SC20

ZR-BV-2.5mm²：2～3 根 SC15；4～6 根 SC20

5. 设备安装

（1）火灾报警接线箱挂墙距地 1.4m 明装；探测器吸顶安装；手动报警按钮、电话塞孔、声光报警器墙上暗装；控制、监视模块配合所控对象设置安装，距地 1.4m 暗装。

（2）点式探测器至墙壁、梁边水平距离不应小于 0.5m；周围 0.5m 内，不应有遮挡物。

6. 所有消防联动控制电源，均采用直流 24V

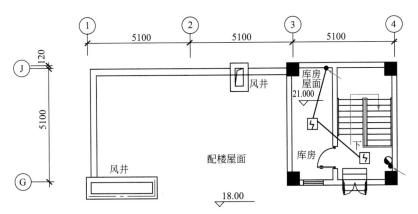

图 5-8 五层火灾自动报警及联动平面图

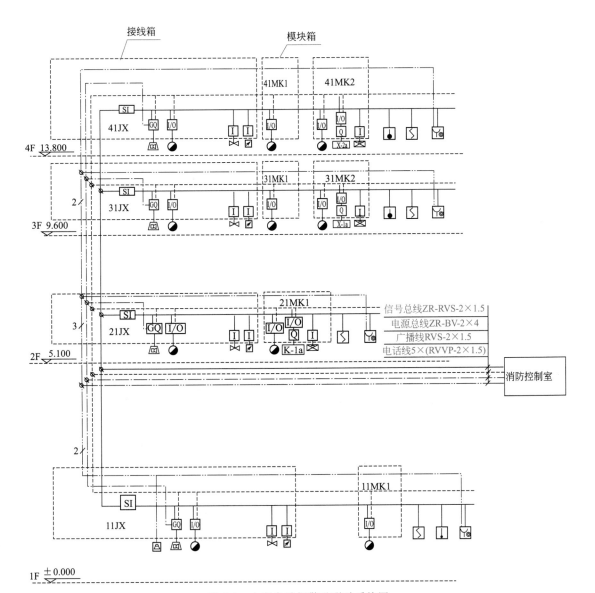

图 5-9 火灾自动报警及联动系统图

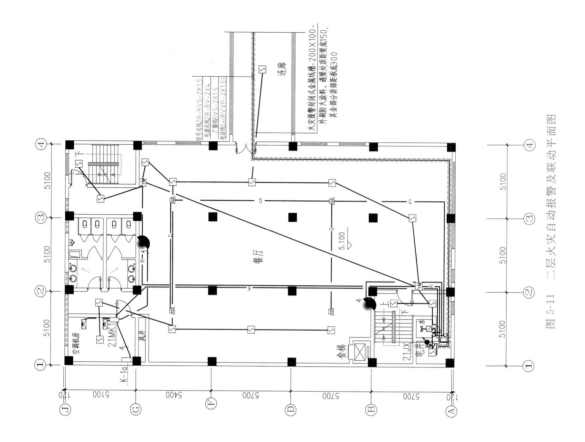

图 5-11 二层火灾自动报警及联动平面图

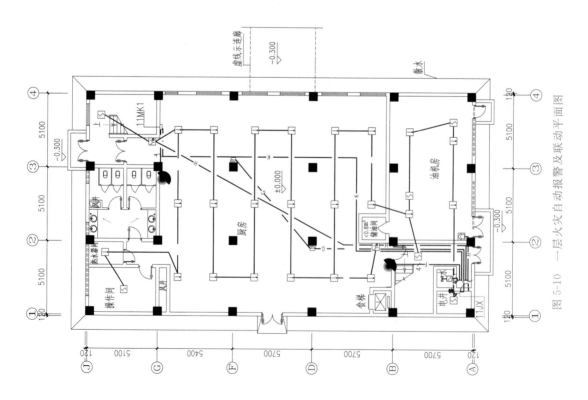

图 5-10 一层火灾自动报警及联动平面图

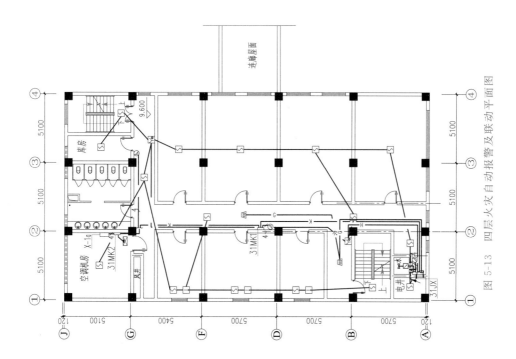

图 5-13　四层火灾自动报警及联动平面图

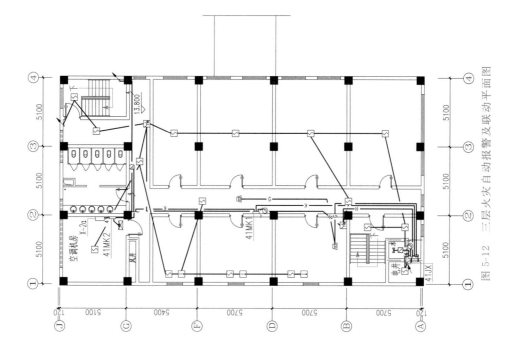

图 5-12　三层火灾自动报警及联动平面图

表 5-1　图例

序号	图例	名称	规格	安装方式
1	—G—	声光讯响线缆	ZR-RVS-2×1.5-SC20	埋墙,埋地暗设
2	—H—	消防电话线	RVVP-2×1.5-SC20	埋墙,埋地暗设
3	—F—	消火栓线缆	ZR-BV-2×2.5+ZR-RVS-2×1.5-SC20	埋墙,埋地暗设
4	—K—	控制模块线缆	ZR-BV-2×2.5+ZR-RVS-2×1.5-SC20	埋墙,埋地暗设
5	I/O	输入/输出模块	GST-LD-8301	模块箱内安装
6	Q	动作切换模块	GST-LD-8302A	模块箱内安装
7	SI	短路保护器	GST-LD-8313	模块箱内安装
8		消防电话分机	TS-200A	距地 1.4m
9	GQ	消防广播切换模块	GST-LD-8305	模块箱内安装
10		水流指示器	见水施	
11		信号水阀	见水施	
12		防火阀	见暖施	70℃熔断
13		感温探测器	JTW-ZCD-G3N	吸顶安装
14		报警电话(扬声器)		距地 2.2m
15		感烟探测器	JTY-GD-G3	吸顶安装
16		手动报警按钮带电话插座	J-SAP-8402	距地 1.5m
17		单输入模块	GST-LD-8300	模块箱内安装

熟悉施工图

学习单元一　消防工程识图

一、消防水灭火工程施工图识读

1. 施工图构成

消防水灭火工程施工图主要由设计与施工说明、平面图、系统图、详图与大样图组成。

(1) 设计与施工说明　一般用文字表明工程概况，说明设计中用图形无法表示的一些设计要求，主要内容有：设计依据、设计内容、设计材料要求、施工技术要求、施工质量要求等，包括管道的布置形式、管道材质及连接方式；管道防腐、保温及厚度要求；管道及设备的敷设、试压、清洗消毒要求；图例、主要设备材料表及施工安装注意事项。

(2) 平面图　消防水灭火工程平面图同建筑给水平面图，是确定消防给水管道及设备的平面位置，为管道、设备安装定位的依据。

(3) 系统图　表示消防给水管道之间的连接关系、空间走向及管道上附设的阀门、消火栓；水流指示器、喷头等的类型及标高位置的图样，消火栓系统和自动喷水系统分别绘制，一般用轴测图表达。

(4) 详图与大样图　详图是小比例绘制的平面图及系统图中无法清楚表达的关键部位或连接复杂部位，采用大比例绘制而成的图样；大样图是对设计采用的某些非标准管件、设备等采用较大比例绘制，以清楚表达设计意图，指导施工。

2. 图例符号

消防水灭火工程施工常用图例见表 5-2。

表 5-2　消防水灭火工程施工常用图例

序号	名称	图例	序号	名称	图例
1	消火栓给水管	—— XH ——	9	水力警铃	
2	自动喷水灭火给水管	—— ZP ——	10	管道泵	
3	室外消火栓		11	管道固定支架	——*——*——
4	室内消火栓(单口)	平面　系统	12	刚性防水套管	
5	自动喷洒头(开式)	平面　系统	13	闸阀	
6	自动喷洒头(闭式下喷)	平面　系统	14	三通阀	
7	自动喷洒头(闭式上喷)	平面　系统	15	止回阀	
			16	雨淋灭火给水管	——YL——
8	水流指示器	Ⓛ	17	水幕灭火给水管	——SM——

序号	名称	图例	序号	名称	图例
18	消防水泵结合器		24	末端试水阀	平面 系统
19	室内消火栓（双口）	平面 系统	25	减压孔板	
20	干式报警阀	平面 系统	26	管道滑动支架	
21	湿式报警阀	平面 系统	27	柔性防水套管	
22	预作用报警阀	平面 系统	28	电动阀	
			29	信号阀	
23	雨淋阀	平面 系统	30	压力调节阀	

3. 施工图识读方法

（1）看设计及施工说明　了解建筑概况如建筑层数、建筑功能、建筑布局、水灭火用水位置、用水设备及其位置、泵房和水箱间的位置等；了解消防给水系统类型、图例及主要材料、设备。

（2）读平面图　平面图要与系统图对照读，在相应的平面图上找对应管线，按系统编号找对立管，再在对应层的平面图上找与立管相连的管线，一般情况下，给水入口、干管对应于地下室和底层平面图，支管对应于分层平面图，主要识读内容有：立管、横管位置；加压储水设备位置；消火栓、喷头位置、类型；系统附件平面位置；系统编号、管径等。

（3）读系统图　消防水灭火系统通常包括消火栓系统和自动喷水灭火系统，各系统要分别识读。识读系统图要结合平面图，沿水流方向，由底层引入管、干管、立管、支管到喷头（或消火栓），主要识读内容有：管道的标高、管径，消防给水管道的走向，系统附件空间位置、类型，立管编号、系统编号等。

看懂了吗

【例 5-1】　以图 5-2、图 5-7 为例，说明消火栓平面图、系统图的识读。

图 5-2 中的一层消火栓平面图和图 5-7 消火栓灭火系统图，反映的内容如下：

5.3 消火栓系统识图

① 消火栓系统 $DN100$ 引入管由 $\frac{X}{1}$、$\frac{X}{2}$ 于 -1.200m 穿过外墙进入室内，土建施工配合外墙留洞，预埋 $DN125$ 柔性防水套管。

② $DN100$ 立管沿④轴墙垂直安装至一层顶板下，$DN100$ 水平干管沿标高 4.350m 分别敷设至 ⓖ 轴 HL-3、ⓑ 轴 HL-2′ 和管井内 HL-1，ⓖ 轴 HL-3 $DN100$ 向上延伸至四层 16.800m，$DN70$ 向下至一层消火栓箱，ⓑ 轴 HL-2′ $DN100$ 向上延伸至二层 8.300m，$DN70$ 向下至一层消火栓箱，管井内 HL-1 $DN100$ 向上延伸至四层 16.800m，一层设 2 个消火栓，墙上消火栓箱安装土建施工配合。

③ 消火栓立管安装手动蝶阀，屋面安装自动排气阀和试验消火栓，土建施工配合考虑检修位置。

④ 干管、立管安装，土建施工配合安装支吊架。

⑤ 立管 HL-1～HL-3 穿越楼面，水平干管穿越墙面需预埋大于管道 2 个规格的钢套管。

【**例 5-2**】　以图 5-2、图 5-6 为例，说明消防自喷水平面图、系统图的识读。

图 5-2 中的一层自喷水平面图，图 5-6 消防自喷水灭火系统图，反映的内容如下：

① 自动喷水系统 $DN150$ 引入管由 $\frac{Z}{1}$ 于 −1.200m 穿过外墙进入室内，土建施工配合外墙留洞，预埋 $DN200$ 柔性防水套管。

② $DN150$ 立管沿④轴墙垂直安装至一层顶板下，$DN150$ 水平干管 Z1 沿标高 4.000m 敷设至管井内 ZL-3，管井内 ZL-3 $DN150$ 向上延伸至屋面，每层管井内 $DN100$ 干管设 1 个信号蝶阀、1 个水流指示器，一层同时敷设有减压孔板。

③ 自喷立管 $DN150$ 连接 $DN100$ 水平干管，屋面最高点安装自动排气阀。

④ 水平干管上连接多根支管和多个喷头。

⑤ 末端喷头后连接试水阀排至污水池。

⑥ 干管、立管安装，土建施工配合安装支吊架。

⑦ 立管 ZL-3 穿越楼面，需预埋 $DN200$ 钢套管，水平干管、支管穿越墙面，需预埋大于管道 2 个规格的钢套管。

5.4　自喷水系统识图

二、火灾自动报警工程施工图识读

火灾自动报警系统由火灾探测系统、报警及消防联动系统、自动灭火系统、电源、导线等部分组成，实现建筑物的火灾自动报警及消防联动。

火灾探测系统将现场火灾信息（烟、温度、光）转换成电气信号，传送至自动报警控制系统。火灾报警控制器将接收到的火灾信号，经过逻辑运算处理后认定火灾，输出指令信号，一方面启动火灾报警装置，如声光报警等，另一方面启动灭火联动装置，用以驱动各种灭火设备，同时也启动连锁减灾系统，用以驱动各种减灾设备。自动灭火系统是在火灾报警控制器的联动下，执行灭火的自动系统，如自动喷水、自动洒水等，通常有两种方式，一种是湿式消防系统（即水灭火系统），另一种是干式消防系统。高层建筑常用的为湿式消防系统，主要包括消火栓、消防自喷水系统。消防工程中的电源，一般称为不间断电源，是向火灾探测器、火灾自动报警装置、联动装置等提供电能的设备。火灾自动报警及联动系统组成示意如图 5-14 所示。

1. 施工图构成

火灾自动报警施工图是现代建筑电气施工图的重要组成部分，包括设计及施工说明、图例、设备材料表、火灾自动报警系统图和火灾自动报警平面图，这里主要介绍火灾自动报警系统图。

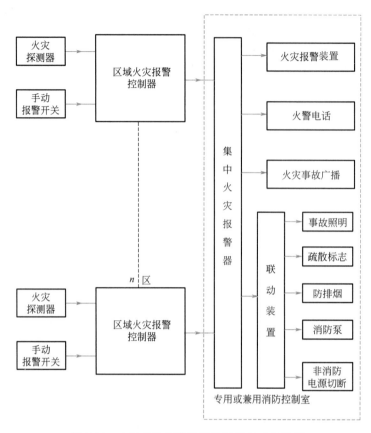

图 5-14　火灾自动报警及联动系统组成示意图

　　火灾自动报警系统的布线方式，一般分为总线制和多线制。总线制是系统间信号采用四总线或二总线进行传输的布线方式。多线制是系统间信号按照各自的回路进行传输的布线方式，由于连线较多，仅适用于小型火灾报警系统，因此，设计均采用总线制，而不采用多线制。总线制有下面两种系统：

　　(1) 四总线制。分为信号总线，接探测器、手动报警按钮等；电源总线，接控制模块等；电话线，接消防电话和电话插孔；广播线，接消防广播。如图 5-11 所示。

　　(2) 二总线制。是一种简单的接线方式，一根为公共地线，另一根则完成供电、选址、自检、获取信息等功能。通常在一个回路的总线上可设定数多个地址编码，带地址编码的输入、输出控制模块使报警系统与联动控制系统合为一体，使系统配置更灵活，同时减少了工程中大量的布线。如图 5-15 所示。

　　火灾自动报警系统图反映系统的基本组成、设备和元件之间的相互关系。由图 5-15 可知在各层均装有感烟、感温探测器及手动报警按钮、报警电铃、控制模块、输入模块、水流指示器、信号阀等。一层设有报警控制器为 2N905 型，控制方式为联动控制，地下室设有防火卷闸门控制器，每层信号线进线均采用总线隔离器，当火灾发生时报警控制器 2N905 接收到感烟、感温探测器或手动报警按钮的报警信号后，联动部分动作，通过电铃报警并启动消防设备灭火。

　　2. 图例符号

　　火灾自动报警工程施工常用图例见表 5-3。

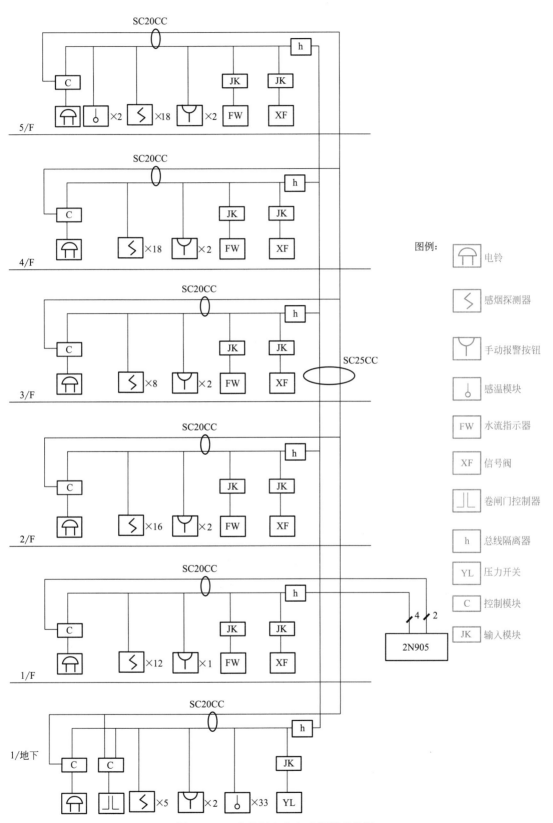

图 5-15 二总线制火灾自动报警系统图

表 5-3　火灾自动报警工程施工常用图例

序号	名称	图例	序号	名称	图例
1	声光讯响线缆	—G—	14	手动报警按钮 （带电话插座）	
2	消防电话线	—H—	15	报警电话（扬声器）	
3	消火栓线缆	—F—	16	消火栓启泵按钮	
4	控制模块线缆	—K—	17	感烟探测器	
5	消防报警控制柜		18	感温探测器	
6	消防报警控制盘	B	19	水流指示器	
7	消防报警控制器		20	信号水阀	
8	消防接转箱	XFZ	21	70°防火阀	
9	消防模块箱	C	22	280°防火阀	
10	输入/输出模块	I/O	23	排烟口	SE
11	动作切换模块	Q	24	短路保护器	SI
12	消防广播切换模块	GQ	25	检测模块	S
13	单输入模块	I	26	压力开关	P

3. 施工图识读方法

看懂了吗

【例 5-3】　以图 5-9、图 5-11 为例，说明火灾自动报警与联动系统图、平面图的识读。

（1）读取消防电气火灾报警及联动控制系统，区域火灾报警器、消防模块箱、接线箱敷设安装方式、位置。

阅读火灾自动报警系统图，由图 5-9 可知，入户线缆采用四总线制，即信号总线、电源总线、广播线、电话线从一层消防控制室引入各层，每层设有接线箱、模块箱，在每层信号总线连接有短路保护器、输入输出模块、动作切换模块、消防广播切换模块和单输入模块、探测器和手动报警按钮。火灾报警控制器将接收到的火灾信号，经过逻辑运算处理后认定火灾，单输入模块输出指令信号联动水流指示器、信号阀及防火阀；消防切换模块联动消防广播，输入输出模块联动火灾报警装置；电源总线为接线箱、模块箱内设备提供直流 24V 电源；广播线连接消防广播切换模块及扬声器；电话线连接手动报警按钮。

（2）读取消防器具（感烟探测器、报警电话、手动报警按钮、扬声器、声光报警器、模块等）、箱柜（区域报警控制器、接线箱、模块箱）数量及安装位置。

由施工设计说明可知，火灾报警接线箱挂墙距地 1.4m 明装；探测器吸顶安装；手动报警按钮、电话塞孔、声光报警器墙上暗装；控制、监视模块配合所控制对象设置安装，模块箱距地 1.4m 暗装，从平面图中可知，一层模块箱安装于厨房Ⓒ轴墙上，二至四层模块箱安装于各层空调机房。

（3）读取入户管、水平及竖向桥架位置、截面及高度、其他水平管线位置及其与消防器具连接的管线。

入户四总线，信号总线采用 ZR-RVS-2×1.5mm²，电源总线 ZR-BV-2×4mm²、广播线 RVS-2×1.5mm²、电话线 5×（RWP-2×1.5mm²）集中敷设于连廊 200mm×100mm 金属线槽内，金属线槽顶距板底 300mm，距梁底 150mm，沿④轴、Ⓐ轴进入电井内接线箱，电井内线缆沿槽式桥架集中敷设，分线后各回路各支管线沿墙、沿顶或沿地连接探测器、扬声器、报警按钮、模块等消防设备。

列项算量

学习单元二　消防工程计量

一、消防水灭火工程计量

1. 工程量计算规则

（1）室内外界线：以建筑物外墙皮 1.5m 为界，入口处设阀门者以阀门为界。

（2）设在高层建筑内的消防泵间管道，以泵间外墙皮为界。

（3）管道安装按设计管道中心长度，以"10m"为计量单位，不扣除阀门、管件及各种组件所占长度。

（4）管件连接分规格以"10 个"为计量单位。沟槽管件主材包括卡箍及密封圈，以"套"为计量单位。

（5）报警装置安装按成套产品以"组"为计量单位。其他报警装置适用于雨淋、干湿两用及预作用报警装置，其安装执行湿式报警装置安装定额，人工乘以系数 1.2，其余不变。成套产品包括的内容详见表 5-4。

5.5　山西 2018 消防工程定额说明

5.6　自喷水管道、管道附件

5.7　报警装置

表 5-4　成套产品包括内容

序号	项目名称	包括内容
1	湿式报警装置	湿式阀、蝶阀、装配管、供水压力表、装置压力表、试验阀、泄放试验阀、泄放试验管、试验管流量计、过滤器、延时器、水力警铃、报警截止阀、漏斗、压力开关等
2	干湿两用报警装置	两用阀、蝶阀、装配管、加速器、加速器压力表、供水压力表、试验阀、泄放试验阀（湿式）、泄放试验阀（干式）、挠性接头、泄放试验管、试验管流量计、排气阀、截止阀、漏斗、过滤器、延时器、水力警铃、压力开关等
3	电动雨淋报警装置	雨淋阀、蝶阀、装配管、压力表、泄放试验阀、流量表、截止阀、注水阀、止回阀、电磁阀、排水阀、应急手动球阀、报警试验阀、漏斗、压力开关、过滤器、水力警铃等
4	预作用报警装置	报警阀、控制蝶阀、压力表（2 块）、流量表、截止阀、排放阀、注水阀、止回阀、泄放阀、报警试验阀、液压切断阀、装配管、供水检验管、气压开关（2 个）、试压电磁阀、空压机、应急手动试压器、漏斗、过滤器、水力警铃等
5	室内消火栓	消火栓箱、消火栓、水枪、水龙带、水龙带接扣、挂架、自救卷盘、消防按钮，落地消火栓箱包括箱内手提灭火器
6	室外消火栓	地上式消火栓、法兰接管、弯管底座 地下式消火栓、法兰接管、弯管底座或消火栓三通

序号	项目名称	包括内容
7	温度式水幕装置	给水三通至喷头、阀门间的管道、管件、阀门、喷头等
8	消防水泵接合器	法兰接管及弯头安装、消防接口本体、止回阀、安全阀、闸(蝶)阀、弯管底座、标牌
9	末端试水装置	压力表、控制阀等附件安装,不含连接管及排水管安装,其工程量并入消防管道
10	消防水炮	普通手动水炮、智能控制水炮

（6）温感式水幕装置安装，按不同型号和规格以"组"为计量单位。

（7）水流指示器、减压孔板安装，按不同规格均以"个"为计量单位。末端试水装置按照不同规格以"组"为计量单位。

（8）集热板安装均以"个"为计量单位。

（9）室外消火栓安装，区分不同规格、工作压力和覆土深度以"套"为计量单位。

5.8 消火栓

（10）消防水泵接合器安装，区分不同安装方式和规格以"套"为计量单位。

（11）隔膜式气压水罐安装，区分不同规格以"台"为计量单位。出入口法兰和螺栓按设计规定另行计算。

（12）消防水炮安装，不分规格、射程，以"台"为计量单位。

5.9 消防水泵结合器

（13）管道支吊架已综合支架、吊架及防晃支架的制作、安装，均以"100kg"为计量单位，管道支吊架用量参考给排水工程表2-5。

（14）自动喷水灭火系统管网水冲洗，区分不同规格以"100m"为计量单位。

（15）阀门安装，各种套管的制作、安装，泵房间管道安装及管道系统强度试验、严密性试验执行2018山西省建设工程计价依据《安装工程预算定额》《工业管道工程》相应项目。

（16）室外给水管道安装及水箱制作、安装，执行2018山西省建设工程计价依据《安装工程预算定额》《给排水、采暖、燃气工程》相应项目。

（17）各种消防泵、稳压泵的安装及二次灌浆，执行2018山西省建设工程计价依据《安装工程预算定额》《机械设备安装工程》相应项目。

（18）各种仪表的安装，带电讯信号的阀门、水流指示器、压力开关的接线、校线，执行2018山西省建设工程计价依据《安装工程预算定额》《自动化控制仪表安装工程》相应项目。

（19）各种设备支架的制作安装等，执行2018山西省建设工程计价依据《安装工程预算定额》《静置设备与工艺金属结构制作安装工程》相应项目。

（20）管道、设备、支架、法兰焊口除锈刷油，执行2018山西省建设工程计价依据《安装工程预算定额》《刷油、防腐蚀、绝热工程》相应项目。

（21）系统调试执行"消防系统调试"相应项目。

2. 消防水灭火工程列项与工程量计算

💡 **这是重点** 👉

消防水灭火工程施工图如图5-1～图5-7，由消火栓灭火系统和自喷水灭火系统组成，列项与工程量计算见表5-5。

5.10 消防水灭火管道工程量计算

表 5-5　消防水灭火工程量计算表

序号	设计图号和部位	工程名称及计算公式	单位	数量
		一、消火栓系统		
1	一层平面,引入管 $DN100$	室外 5+墙厚 0.2+1.06+竖向(4.35+1.2)+水平(7.56+12.14+3.17+5.8+2.3×2+7.56)+1.06+竖向(4.35+1.2)+0.2+室外 5	m	64.45
2	二层平面,HL-2'～HL-2,$DN100$	5.28+3	m	8.28
3	四层平面 HL-1～HL-2～HL-3～HL-a,$DN100$	9.3+20.22+3.5+0.7×2+0.5	m	34.92
4	立管,HL-1 $DN100$	16.8-4.35	m	12.45
5	立管,HL-2'加 HL-2,HL-3同 HL-1,$DN100$	12.45×2	m	24.9
6	立管到消火栓部分	HL-1,三,四层 $DN70$	0.5×2	m	1
7		HL-2',一层 $DN70$	垂直(4.35-1.1)+0.5	m	3.75
8		HL-2',二层 $DN70$	0.5	m	0.5
9		HL-2,三层 $DN70$	1	m	1
10		HL-2,四层 $DN70$	0.5	m	0.5
11		HL-3,一层 $DN70$	垂直(4.35-1.1)+0.5	m	3.75
12		HL-3,二～四层 $DN70$	0.5×3	m	1.5
13		HL-a,出屋面 $DN70$	(18-16.8)+1.1(栓口的高度)+0.8(层顶水平)	m	3.1
		消火栓系统汇总		
1	镀锌钢管 $DN100$	64.45+8.28+34.92+12.45+24.9	m	145
2	镀锌钢管 $DN70$	1+3.75+0.5+1+0.5+3.75+1.5+3.1	m	15.1
3	SN70 试验消火栓	1	套	1
4	SN70 室内消火栓	10	套	10
5	$DN25$ 气阀	1	个	1
6	蝶阀 $DN100$	9	个	9
	蝶阀 $DN70$	3	个	3
7	柔性防水套管 $DN125$(介质 $DN100$)	2	个	2

续表

序号	设计图号和部位	工程名称及计算公式	单位	数量
8	钢套管DN125(介质DN100)	3+5+9	个	17
	钢套管DN100(介质DN70)	1+1	个	2
9	钢管支架(防锈漆两遍,色漆两遍)	145×0.54+15.1×0.42	kg	84.64
10	镀锌钢管(刷色漆两遍)	0.358×145+0.237×15.1	m²	55.49
二、自喷水系统				
1	引入管(镀锌钢管法兰连接)DN150	室外5+外墙0.2+垂直(4+1.2)+水平(7.8+1.8+3.5+5.5+2)	m	31
	立管ZL-3,DN150(管井人工乘1.2)	17-4	m	13
2	自喷水干管(镀锌钢管螺纹连接) DN100	二层5.5+(3.5-0.5)+三层3.9+4.8+四层8.7	m	25.9
	DN80	一层(2.7+6.7+2.7+3)+二层(3.9+3.1+3.5)+三层8.3+四层8.3	m	42.2
	DN70	一层5.3+二层3+2.5+三层4.8+0.5+3+四层8.3	m	27.4
	DN50	一层2.5+二层4+三层2.8+2.5+0.5+4+四层9.8	m	26.1
	DN40	一层2.6+3.2+2+二层1.1+2.1+2+三层3+0.5+1.5+3+四层8+1.5	m	30.5
	DN32	一层2.5+0.3+2.6+2+2+4+4+3.6+1.3+二层2.3+2.5+4×3+2+2+2+0.5+2+三层2+0.5+1.5+3+4+1.5×2+1+(1×2+0.2)+四层20.2-1.5×2+3	m	88
3	自喷水支管(镀锌钢管螺纹连接) DN25	一层3.2+(4-1.1)+(4-2.1)+3×2+(0.5+3.2)+4×2+4×2×3+2+4+4+(3-2)×2+4	m	48.6
		三层(4-2.1)+(1.3-0.7)+3+2+1+(1.8-1)+0.35×4	m	54.5
		二层2.8+5.6+3.7+4+(3-1.7)+3+4+3.4×4+4+3×2+(4-1)+4+3.4×4	m	68.6
		四层68.6-3×2+2.6×2	m	67.8
	假设吊顶喷头水平管距离0.5m DN25	一层0.5×28+二层0.5×31+三层0.5×36+四层0.5×36	m	65.5
	假设末端试水装置安装距离0.8m DN25	一层4.2-0.8+二层8.3-5.9+三层12.8-10.4+四层17-14.6	m	10.6
	自喷水支管(镀锌钢管螺纹连接)DN25汇总	48.6+54.5+68.6+67.8+65.5+10.6	m	315.6

续表

序号	设计图号和部位		工程名称及计算公式	单位	数量
4	自喷水系统管网水冲洗	DN50内	26.1+30.5+88+315.6	m	460.2
		DN70	27.4	m	27.4
		DN80	42.2	m	42.2
		DN100	25.9	m	25.9
		DN150	44	m	44
5	信号控制阀	DN80	1	个	1
		DN100	3	个	3
6	水流指示器	DN80	1	个	1
		DN100	3	个	3
7	喷头		28+31+36×2	个	131
8	末端试水装置		4	套	4
9	柔性防水套管 DN150		1	个	1
10	自动排气阀 DN25		1	个	1
11	钢套管	DN200(DN150)	4	个	4
		DN125(DN100)	3	个	3
		DN125(DN80)	1	个	1
		DN100(DN70)	2	个	2
		DN70(DN40)	5	个	5
		DN50(DN32)	5	个	5
		DN40(DN25)	4	个	4
12	不锈钢减压孔板 $d25$		1	个	1
13	DN150法兰		立管每个三通二副法兰8+水平管每一个弯头每一处二副法兰12	副	20
14	镀锌钢管刷色漆二遍		$5.18\times4.404+3.58\times2.59+2.78\times4.22+2.37\times2.74+1.89\times2.61+1.51\times3.05+1.33\times8.8+1.05\times31.56$	m^2	104.69
15	支架(防锈底漆各漆各两遍)		$DN150(0.64\times44)+DN100(0.54\times25.9)+DN80(0.45\times42.2)+DN70(0.42\times27.4)+DN50(0.41\times26.1)+DN40(0.22\times26.1)+DN32(0.24\times88)+DN25(0.27\times315.6)$	kg	196.39

二、火灾自动报警工程计量

包括探测器、空气采样探测器、按钮、消防专用模块、重复显示器、警报装置、区域报警控制箱、联动控制箱、远程控制箱（柜）、火灾报警系统控制主机、联动控制主机、火灾报警控制微机、报警联动控制一体机、火灾事故广播、消防通讯、报警备用电源安装等项目。

1. 工程量计算规则

（1）自动报警系统和联动控制装置按照安装方式不同分为壁挂式和落地式两种。在不同安装方式中按照点数的不同划分定额项目，以"台"为计量单位。

（2）点型探测器不分线制、规格、型号、安装方式与位置，以"10 套"为计量单位。探测器安装包括了探头和底座的安装及本体调试。

（3）红外线探测器以"10 套"为计量单位。定额中包括了探头支架安装和探测器的调试、对中。空气采样感烟探测器按采样路数划分定额项目，以"台"为计量单位。

（4）线形探测器的安装方式按环绕、正弦及直线综合考虑，不分线制及保护形式，以"m"为计量单位，定额包括探测器的编址模块和终端。

（5）按钮包括消火栓按钮、手动报警按钮、带电话插孔手动报警按钮、气体灭火起/停按钮，以"个"为计量单位，按照在轻质墙体和硬质墙体上安装两种方式综合考虑，执行时不得因安装方式不同而调整。

（6）控制模块（接口）不分安装方式，按照输出数量以"只"为计量单位。

（7）非编址模块以"只"为计量单位。

（8）报警模块（接口）不分安装方式，以"只"为计量单位。

（9）总线隔离器不分安装方式，以"只"为计量单位。

（10）重复显示器（楼层显示器）不分规格、型号、安装方式，以"台"为计量单位。

（11）警报装置分为声光报警和警铃报警两种形式，均以"个"为计量单位。

（12）火灾事故广播中的功放机、录音机的安装按柜内及台上两种方式综合考虑，分别以"台"为计量单位。

（13）消防广播通信柜安装按照成品机柜考虑，不分规格、型号以"台"为计量单位。

（14）火灾事故广播中扬声器不分规格、型号，按照吸顶式与壁挂式以"只"为计量单位。

（15）广播分配器是指单独安装的消防广播用分配器（操作盘），以"台"为计量单位。

（16）消防通信主机按路数划分项目，以"台"为计量单位；通讯分机、插孔是指消防专用电话分机与电话插孔，不分安装方式，分别以"部""个"为计量单位。

（17）电缆敷设，桥架安装，配管配线，接线盒、动力、应急照明控制设备、应急照明器具、电动机检查接线，防雷接地装置等安装，均执行 2018 山西省建设工程计价依据《安装工程预算定额》《电气设备安装工程》相应项目。

2. 消防自动报警工程列项与工程量计算

这是重点

火灾自动报警工程施工图如图 5-8～图 5-13 所示，列项与工程量计算见表 5-6。

表5-6　火灾自动报警工程量计算表

序号	设计图号和部位	工程名称及计算公式	单位	数量
1	二层进户至电井接线箱：金属线槽 200mm×100mm	水平:8(连廊)+14.2+13+2.3=37.5 电井内:(13.8+1.4)-1.4=13.8	m	51.3
2	信号总线 ZR-RVS-2×1.5	51.3+0.5(每层线槽至接线箱长估0.5m)×4层	m	53.3
	电源总线 ZR-BV-4	(51.3+0.5×4)×2	m	106.6
	广播线 RVS-2×1.5	51.3+0.5×4	m	53.3
	电话线 RVVP-2×1.5	37.5×5+一层(4.8-1.4)×2+二层(0.3+1.4)+三层(0.3+1.4+4.5)+四层(0.3+1.4+4.5+4.2)+0.5×5	m	215.1
3	无端子外部接线2.5mm²以下	ZR-RVS-2×1.5:6个; RVS-2×1.5:6个; RVVP-2×1.5:5个	个	17
	无端子外部接线6mm²以下	ZR-BV-4:6个	个	6
	一层:11JX —▷◁— (距地4.2m) SC20	1.4+1+4.2	m	6.6
	ZR-RVS-2×1.5	6.6+0.5(估接线箱预留长度)	m	7.1
	11JX-水流指示器 SC20	1.4+1+4.2+0.5	m	7.1
	ZR-RVS-2×1.5	7.1+0.5(估接线箱预留长度)	m	7.6
	11JX-消防电话分机 SC20	1.4+4.8+1.4	m	7.6
	—H— RVVP-2×1.5	7.6+0.5(估接线箱预留长度)	m	8.1
	11JX-探测器 SC20-CC	垂直(5.1-1.4)+水平(6.6+5.8+4.5+1.3+3.3+4.3+1.3+2.9+2.8+4.9+3.5×3+5.1×10+2.6+2.3+3.1+2+4.6+3+1.8+4.1)	m	126.4
4	ZR-RVS-2×1.5	126.4+0.5(估接线箱预留长度)	m	126.9
	11JX-手动报警按钮 SC20	垂直1.4+水平4.1+8.6+15.2+垂直1.5×3	m	33.8
	—H— RVVP-2×1.5	33.8+0.5(估接线箱预留长度)	m	34.3
	11JX-扬声器 SC20	1.4+4.1+10.6+8.3+2.2×3	m	31
	—G— RVS-2×1.5	31+0.5(估接线箱预留长度)	m	31.5
	11JX-11MK1 SC20(4根)	垂直1.4+水平2.3+7.4+6.6+13.9+1.8+垂直1.4	m	34.8
	11JX-消火栓 SC20(4根)	垂直1.4+水平1.8+5+垂直1.1	m	9.3
	11MK1-消火栓 SC20(4根)	1.4+3.3+1.1	m	5.8

续表

序号	设计图号和部位	工程名称及计算公式	单位	数量
4	—F—、—K— ZR-BV-2.5	(34.8+9.3+5.8)×2+0.5×2×2(接线箱预留长度)+0.3×2×2(模块箱预留长度)	m	103
	ZR-RVS-2×1.5	34.8+9.3+5.8+0.5×2×2(接线箱预留长度)+0.3×2(模块箱预留长度)	m	51.5
	无端子外部接线 2.5mm² 以下	ZR-RVS-2×1.5:7个；RVS-2×1.5:1个；RVVP-2×1.5:2个；ZR-BV-2.5:8个	个	18
	四层:41JX—▷◁—(标高17.0) SC20	垂直1.4+水平1+垂直17-13.8	m	5.6
	ZR-RVS-2×1.5	5.6+0.5(接线箱预留长度)	m	6.1
	41JX-水流指示器 SC20	1.4+1+3.2+0.5	m	6.1
	ZR-RVS-2×1.5	6.1+0.5(接线箱预留长度)	m	6.6
	41JX探测器 SC20-CC	垂直18-13.8-1.4+水平(3.3+7.4+5.8+5.9+1.98+5.8+4.5+2.3+3.96+3+2.8+3+7.6+9.1+1.2+5.8+3.6×2+1.2×2)+3(库房)+2.5+3.3	m	94.64
	ZR-RVS-2×1.5	94.64+0.5(接线箱预留长度)	m	95.14
	41JX-手动报警按钮 SC20	垂直1.4+水平4.1+5.4+1.3+2+13.5+6.6+垂直1.5×3	m	38.8
	—H— RVVP-2×1.5	38.8+0.5(接线箱预留长度)	m	39.3
	41JX-扬声器 SC20	1.4+4.6+6.1+3.3+3.6+6.9+2.2×3	m	32.5
	—G— RVS-2×1.5	32.5+0.5(接线箱预留长度)	m	33
	41JX-41MK1 SC20(4根)	垂直1.4+水平4.1+12.4+垂直1.4	m	19.3
	41MK1-41MK2 SC20(4根)	1.4+9.1+0.8+1.6+1.4	m	14.3
	41JX-消火栓 SC20(4根)	垂直1.4+水平1.3+垂直1.1	m	3.8
	41MK1-消火栓 SC20(4根)	1.4-1.1+0.8	m	1.1
	41MK2-消火栓 SC20(4根)	1.4+1.6+3.8+1.1	m	7.9
	41MK2-五层消火栓 SC20(4根)	1.4+13.1+18+1.1-13.8	m	19.8
	41MK2-X-2a(H=1.4) SC20(4根)	0.9	m	0.9
5	41MK2—防火阀(H=3.2) SC20(2根)	垂直18-13.8-1.4+水平0.9+垂直1	m	4.7
	—F—、—K— ZR-BV-2.5	(19.3+14.3+3.8+1.1+7.9+19.8+0.9)×2+0.5×2×2(接线箱预留长度)+0.3×7×2(模块箱预留长度)	m	140.4

续表

序号	设计图号和部位	工程名称及计算公式	单位	数量
5	ZR-RVS-2×1.5	19.3+14.3+3.8+1.1+7.9+19.8+0.9+4.7+0.5×2(接线箱预留长度)+0.3×8(模块箱预留长度)	m	75.2
	无端子外部接线 2.5mm² 以下	ZR-RVS-2×1.5:13个;RVS-2×1.5:1个;RVVP-2×1.5:1个;ZR-BV-2.5:18个	个	33
6	二、三层管线计算同一、四层(略)			
	汇总			
	(1)金属线槽 200mm×100mm	51.3	m	53.3
	(2)ZR-RVS-2×1.5	716.59	m	716.59
	(3)ZR-BV-4	106.6	m	106.6
	(4)ZR-BV-2.5	417.28	m	417.28
	(5)RVS-2×1.5	198.33	m	198.33
	(6)RVVP-2×1.5	403.9	m	403.9
	(7)SC20	953.22	m	953.22
	(8)无端子外部接线 2.5mm² 以下	116	个	116
7	(9)无端子外部接线 6mm² 以下	6	个	6
	(10)设备列表	消防电话:1个;短路保护器:4个;扬声器:10个;带电话插孔的手动报警按钮:8个 感烟探测器:6+15+15+17=53个;感温探测器:23+3+3=29个;消火栓按钮:10个 消防广播切换模块:10个;输入输出模块:13个;输入模块:11个;单输入模块:3个;动作切换模块:3个 JX接线箱:4个;MK模块箱:6个		
	(11)接线盒	消防电话 1+扬声器 10+报警按钮 8+探测器 53+29+消火栓按钮 10+二层分线 4	个	115
	(12)金属软管(估 0.5m/个)	(防火阀 4+水流指示器 4+信号水阀 4+空调机 3)×0.5	m	7.5
	(13)金属线槽外刷防火涂料	(估:1m²/kg)0.4×51.3×1	kg	20.52
	(14)金属线槽 200mm×100mm 固定支架或吊架	(估角钢/角钢门架式:1个/1.5m,0.85kg/个)51.3÷1.5×0.85	kg	29.07

三、消防系统调试

消防系统调试包括自动报警系统调试、广播及通信系统调试、水灭火控制装置调试、防火控制装置联动调试等项目。自动报警系统装置由各种探测器、手动报警按钮和报警控制器等组成。灭火系统控制装置由消火栓、消防水炮、自动喷淋等灭火系统的控制装置组成。

（1）自动报警系统调试区分不同点数根据集中报警器台数按系统计算。自动报警系统包括各种探测器、报警器、报警按钮、报警控制器，其点数按具有地址编码的器件数量计算。

（2）火灾事故广播系统、消防通信系统中的广播喇叭、音箱、电话插孔和消防通讯的电话分机的数量，分别以"10只"或"部"为计量单位。

（3）自动喷水灭火系统调试按水流指示器数量以"点（支路）"为计量单位；消火栓灭火系统按消火栓启泵按钮数量以"点"为计量单位；消防水炮控制装置系统调试按水炮数量以"点"为计量单位。

（4）防火控制装置调试按设计图示数量计算。

工程计价

学习单元三　消防工程计价实训

一、消防水灭火工程施工图预算编制

1. 封面（表5-7）

2. 编制说明

（1）本预算编制依据某客服辅楼消防水灭火施工图，见图5-1～图5-7。

（2）主材价格：采用2018年太原市建设工程材料预算价格及2019年太原市建设工程造价信息第5期材料指导价格，指导价上没有价格的材料采用参考资料的相似价格及市场调研价格，除主材外其他材料未考虑动态调整。

5.11　消防水施工图预算

（3）采用2018年山西省计价依据安装工程预算定额，取费选择总承包工程，采用一般纳税人计税，绿色文明工地标准：一级。

（4）本预算未考虑管道穿楼板、穿墙预留孔洞或钻孔、堵洞内容。

3. 安装工程预算表（表5-8）

4. 总价措施项目计价表（表5-9），单价措施项目计价表（表5-10）

5. 单位工程费用表（表5-11）

6. 主材市场价汇总表（表5-12）

表5-7　消防水灭火工程预算书封面

工　程　预　算　书	
工程名称：某客服辅楼消防水灭火工程	设计单位：×××建筑设计院
建设单位：×××公司	施工单位：×××建筑工程有限公司
建筑面积：	工程造价：124,779.48元
建设单位(盖章)	施工单位(盖章)
日　　　期：	日　　　期：
负　责　人：	负　责　人：

表 5-8 安装工程预算表

序号	编码	名称	工程量 单位	工程量 数量	价格/元 单价	价格/元 合价	价格/元 市场单价	价格/元 市场合价	人工市场价	其中/元 材料市场价	其中/元 机械市场价	主材市场价
一		消防栓系统				12881.22		29918.27	10629.36	1211.96	1162.75	16914.2
1	C9-101	消火栓钢管 镀锌钢管（螺纹连接）公称直径100mm以内	10m	14.5	288.2	4178.9	288.43	4182.24	3951.25	164	66.99	
	主材	镀锌钢管DN100	m	145.725			50.12	7303.74				7303.74
	主材	镀锌钢管接头零件DN100	个	56.115			25.84	1450.01				1450.01
2	C9-100	消火栓钢管 镀锌钢管（螺纹连接）公称直径80mm以内	10m	1.51	277.77	419.43	278.01	419.8	396.38	16.07	7.35	
	主材	镀锌钢管接头零件DN70	个	6.4024			10.66	68.25				68.25
	主材	镀锌钢管DN70	m	15.1755			30.88	468.62				468.62
3	C9-146	室内消火栓安装 公称直径65mm以内 普通单栓	套	1	108.12	108.12	108.54	108.54	103.75	4.55	0.24	
	主材	试验消水栓	套	1			738.25	738.25				738.25
4	C9-146	室内消火栓安装 公称直径65mm以内 普通单栓	套	10	108.12	1081.2	108.54	1085.4	1037.5	45.5	2.4	
	主材	室内消火栓	个	10			284.49	2844.9				2844.9
	主材	消火栓箱	台	10			181.55	1815.5				1815.5
5	C10-870	自动排气阀安装 公称直径25mm以内	个	1	23.18	23.18	23.19	23.19	18.75	4.17	0.27	
	主材	自动排气阀DN25	个	1			55.75	55.75				55.75
6	C8-1369	低压阀门 调节阀门 公称直径100mm以内	个	9	203.07	1827.63	205.48	1849.32	1136.25	18.27	694.8	
	主材	蝶阀DN100	个	9			138.24	1244.16				1244.16
7	C8-1367	低压阀门 调节阀门 公称直径65mm以内	个	3	123.81	371.43	125.16	375.48	251.25	4.32	119.91	
	主材	蝶阀DN70	个	3			73.63	220.89				220.89

续表

序号	编码	名称	工程量		价格/元				其中/元		
			单位	数量	单价	合价	市场单价	市场合价	人工市场价	材料市场价	机械市场价	主材市场价
8	C8-3177	柔性防水套管制作 公称直径 100mm 以内	个	2	429.93	859.86	453.32	906.64	485	283.44	138.2	
	主材	焊接钢管 DN125	kg	15.04			3.17	47.68				47.68
9	C8-3193	柔性防水套管安装 公称直径 150mm 以内	个	2	56.37	112.74	56.37	112.74	110	2.74		
10	C8-3229	一般穿墙套管制作安装 公称直径 150mm 以内	个	17	100.83	1714.11	102.41	1740.97	1530	198.39	12.58	
	主材	低压碳钢管 DN125	m	5.1			45.11	230.06				230.06
11	C8-3228	一般穿墙套管制作安装 公称直径 100mm 以内	个	2	53.45	106.9	54.53	109.06	92.5	15.08	1.48	
	主材	低压碳钢管 DN100	m	0.6			33.26	19.96				19.96
12	C9-180	管道支吊架	100kg	0.8464	1064.08	900.64	1073.5	908.61	746.95	78.07	83.59	
	主材	角钢综合	t	0.0931			3039.52	282.98				282.98
13	C12-98	金属结构刷油 一般钢结构 防锈漆 第一遍	100kg	0.8464	34.44	29.15	35.35	29.92	20.1	2.12	7.7	
	主材	酚醛防锈漆	kg	0.7787			6.42	5				5
14	C12-99	金属结构刷油 一般钢结构 防锈漆 每增一遍	100kg	0.8464	32.98	27.91	33.83	28.63	19.04	1.9	7.69	
	主材	酚醛防锈漆	kg	0.6602			6.42	4.24				4.24
15	C12-103	金属结构刷油 一般钢结构 调和漆 第一遍	100kg	0.8464	31.88	26.98	32.38	27.41	19.04	0.67	7.7	
	主材	酚醛调和漆	kg	0.6771			8.86	6				6

续表

序号	编码	名称	工程量 单位	工程量 数量	价格/元 单价	价格/元 合价	价格/元 市场单价	价格/元 市场合价	其中/元 人工市场价	其中/元 材料市场价	其中/元 机械市场价	其中/元 主材市场价
16	C12-104	金属结构刷油 一般钢结构 调和漆 每增一遍	100kg	0.8464	31.83	26.94	32.32	27.36	19.04	0.62	7.7	
	主材	酚醛调和漆	kg	0.5925	8.86			5.25				5.25
17	C12-61	管道刷油 调和漆 第一遍	10m²	5.549	29.5	163.7	29.74	165.03	159.53	5.5		
	主材	酚醛调和漆	kg	5.8265	8.86			51.62				51.62
18	C12-62	管道刷油 调和漆 每增一遍	10m²	5.549	28.25	156.76	28.49	158.09	152.6	5.49		
	主材	酚醛调和漆	kg	5.1606	8.86			45.72				45.72
19	C9-259	水灭火栓制装置调试 消火栓灭火系统	点	1	194.42	194.42	194.42	194.42	187.5	2.77	4.15	
20	BM93	系统调整费（站内工艺系统安装工程）（工业管道工程）	元	1	497.49	497.49	497.49	497.49	174.12	323.37		
21	BM94	系统调整费（站内工艺系统安装工程）（刷油、防腐蚀、绝热工程）	元	1	53.73	53.73	53.73	53.73	18.81	34.92		
二		自喷水系统				36322.84		62548.17	30457.11	4325.29	1880.58	25885.19
22	C9-73	水喷淋钢管安装 镀锌钢管（螺纹连接）公称直径25mm以内	10m	31.56	245.16	7737.25	245.23	7739.46	7534.95	104.78	99.73	
	主材	镀锌钢管接头零件DN25	个	186.204	2.38			443.17				443.17
	主材	镀锌钢管DN25	m	321.912	11.87			3821.1				3821.1
23	C9-74	水喷淋钢管安装 镀锌钢管（螺纹连接）公称直径32mm以内	10m	8.8	257.03	2261.86	257.15	2262.92	2178	36.34	48.58	
	主材	镀锌钢管接头零件DN32	个	60.456	3.26			197.09				197.09
	主材	镀锌钢管DN32	m	89.76	15.42			1384.1				1384.1

续表

序号	编码	名称	工程量		价格/元				其中/元			
			单位	数量	单价	合价	市场单价	市场合价	人工市场价	材料市场价	机械市场价	主材市场价
24	C9-75	水喷淋钢管安装 镀锌钢管（螺纹连接）公称直径40mm以内	10m	3.05	296.17	903.32	296.32	903.78	861.63	19.58	22.57	
	主材	镀锌钢管接头零件DN40	个	26.2605			4.17	109.51				109.51
	主材	镀锌钢管DN40	m	31.11			18.96	589.85				589.85
25	C9-76	水喷淋钢管安装 镀锌钢管（螺纹连接）公称直径50mm以内	10m	2.61	307.18	801.74	307.34	802.16	766.69	16.73	18.74	
	主材	镀锌钢管接头零件DN50	个	21.0888			5.71	120.42				120.42
	主材	镀锌钢管DN50	m	26.622			23.51	625.88				625.88
26	C9-77	水喷淋钢管安装 镀锌钢管（螺纹连接）公称直径70mm以内	10m	2.74	342.11	937.38	342.27	937.82	897.35	22.11	18.36	
	主材	镀锌钢管接头零件DN70	个	20.7144			10.37	214.81				214.81
	主材	镀锌钢管DN70	m	27.948			30.88	863.03				863.03
27	C9-78	水喷淋钢管安装 镀锌钢管（螺纹连接）公称直径80mm以内	10m	4.22	400.24	1689.01	400.4	1689.69	1619.43	37.05	33.21	
	主材	镀锌钢管接头零件DN80	个	31.2702			14.97	468.11				468.11
	主材	镀锌钢管DN80	m	43.044			39.27	1690.34				1690.34
28	C9-79	水喷淋钢管安装 镀锌钢管（螺纹连接）公称直径100mm以内	10m	2.59	447.35	1158.64	447.53	1159.1	1120.18	20.33	18.59	
	主材	镀锌钢管DN100	m	26.418			50.12	1324.07				1324.07
	主材	镀锌钢管接头零件DN100	个	13.468			16.73	225.32				225.32
29	C9-80	水喷淋钢管安装 镀锌钢管（法兰连接）公称直径150mm以内	10m	3.1	811.61	2515.99	819.2	2539.52	1964.63	261.11	313.78	
	主材	镀锌钢管DN150	m	31			89.05	2760.55				2760.55
	主材	镀锌钢管接头零件DN150	个	8			28	224				224

续表

序号	编码	名称	单位	数量	单价	合价	市场单价	市场合价	人工市场价	材料市场价	机械市场价	主材市场价
30	C9-80 R×1.2	水喷淋钢管安装 镀锌钢管（法兰连接）公称直径150mm以内 设置于封闭的管道间、管廊内的管道 人工×1.2	10m	1.3	938.36	1219.87	945.95	1229.74	988.65	109.5	131.59	
	主材	镀锌钢管 DN150	m	13	89.05		89.05	1157.65				1157.65
	主材	镀锌钢管接头零件 DN150	个	5	28		28	140				140
31	C9-112	系统组件安装 喷头安装 公称直径 25mm以内 有吊顶	个	131	23.84	3123.04	23.85	3124.35	2128.75	934.03	61.57	
	主材	玻璃球喷头	个	132.31			24.27	3211.16				3211.16
32	C9-126	系统组件安装 水流指示器安装 公称直径 80mm以内 螺纹连接	个	1	226.69	226.69	226.72	226.72	181.25	43.82	1.65	
	主材	法兰式水流指示器 DN80	个	1	137.93		137.93	137.93				137.93
33	C9-127	系统组件安装 水流指示器安装 公称直径 100mm以内 螺纹连接	个	3	410.47	1231.41	410.51	1231.53	952.5	271.95	7.08	
	主材	法兰式水流指示器 DN100	个	3	155.17		155.17	465.51				465.51
34	C9-140	减压孔板安装 公称直径 80mm以内	个	1	74.32	74.32	74.83	74.83	42.5	22.8	9.53	
	主材	平焊法兰	片	2	22.26		22.26	44.52				44.52
	主材	减压孔板 DN80	个	1	92.24		92.24	92.24				92.24
35	C9-144	末端试水装置安装 公称直径 25mm以内	组	4	185.9	743.6	215.4	861.6	500	355.92	5.68	
36	C9-180	管道支吊架	100kg	1.9639	1064.08	2089.75	1073.5	2108.25	1733.14	181.15	193.96	
	主材	角钢综合	t	0.216			3039.52	656.54				656.54
37	C9-181	自动喷水灭火系统管网冲洗 公称直径 50mm以内	100m	4.602	370.41	1704.63	375.13	1726.35	1386.35	296.6	43.4	

续表

序号	编码	名称	工程量		价格/元				其中/元			
			单位	数量	单价	合价	市场单价	市场合价	人工市场价	材料市场价	机械市场价	主材市场价
38	C9-182	自动喷水灭火系统管网水冲洗 公称直径70mm以内	100m	0.274	448.98	123.02	455.38	124.77	91.11	30.88	2.78	
39	C9-183	自动喷水灭火系统管网水冲洗 公称直径80mm以内	100m	0.422	495.69	209.18	503.76	212.59	140.32	67.81	4.46	
40	C9-184	自动喷水灭火系统管网水冲洗 公称直径100mm以内	100m	0.259	588.83	152.51	600.22	155.46	86.12	66.2	3.14	
41	C9-185	自动喷水灭火系统管网水冲洗 公称直径150mm以内	100m	0.44	969.88	426.75	992.12	436.53	180.4	249.46	6.67	
42	C8-1368	低压阀门 调节阀门 公称直径80mm以内	个	1	126.61	126.61	127.96	127.96	86.25	1.74	39.97	
	主材	信号控制蝶阀DN80	个	1			407.4	407.4				407.4
43	C8-1369	低压阀门 调节阀门 公称直径100mm以内	个	3	203.07	609.21	205.48	616.44	378.75	6.09	231.6	
	主材	信号控制蝶阀DN100	个	3			442.83	1328.49				1328.49
44	C8-3179	柔性防水套管制作 公称直径150mm以内	个	2	549.62	1099.24	578.87	1157.74	647.5	354.78	155.46	
	主材	焊接钢管DN200	kg	23.6			4.3	101.48				101.48
45	C8-3193	柔性防水套管安装 公称直径150mm以内	个	2	56.37	112.74	56.37	112.74	110	2.74		
46	C8-3227	一般穿墙套管制作安装 公称直径50mm以内	个	4	19.77	79.08	20.28	81.12	65	13.16	2.96	
	主材	低压碳钢管DN40	m	1.2			15.17	18.2				18.2
47	C8-3227	一般穿墙套管制作安装 公称直径50mm以内	个	5	19.77	98.85	20.28	101.4	81.25	16.45	3.7	
	主材	低压碳钢管DN50	m	1.5			19.85	29.78				29.78

续表

序号	编码	名称	单位	数量	单价	合价	市场单价	市场合价	人工市场价	材料市场价	机械市场价	主材市场价
48	C8-3228	一般穿墙套管制作安装 公称直径100mm以内	个	5	53.45	267.25	54.53	272.65	231.25	37.7	3.7	
	主材	低压碳钢管 DN70	m	1.5			26.54	39.81				39.81
49	C8-3228	一般穿墙套管制作安装 公称直径100mm以内	个	2	53.45	106.9	54.53	109.06	92.5	15.08	1.48	
	主材	低压碳钢管 DN100	m	0.6			33.26	19.96				19.96
50	C8-3229	一般穿墙套管制作安装 公称直径150mm以内	个	1	100.83	100.83	102.41	102.41	90	11.67	0.74	
	主材	低压碳钢管 DN125(穿管DN80)	m	0.3	45.11		45.11	13.53				13.53
51	C8-3229	一般穿墙套管制作安装 公称直径150mm以内	个	3	100.83	302.49	102.41	307.23	270	35.01	2.22	
	主材	低压碳钢管 DN125(穿管DN100)	m	0.9	45.11		45.11	40.6				40.6
52	C8-3230	一般穿墙套管制作安装 公称直径200mm以内	个	4	168.72	674.88	170.86	683.44	615	65.48	2.96	
	主材	低压碳钢管 DN200	m	1.2			120.81	144.97				144.97
53	C8-1647	低压法兰 碳钢平焊法兰(电弧焊) 公称直径150mm以内	副	20	81.07	1621.4	81.99	1639.8	1175	160	304.8	
	主材	低中压碳钢平焊法兰	片	40			62.32	2492.8				2492.8
54	C10-870	自动排气阀安装 公称直径25mm以内	个	1	23.18	23.18	23.19	23.19	18.75	4.17	0.27	
	主材	自动排气阀 DN25	个	1			55.75	55.75				55.75
55	C12-61	管道刷油 调和漆 第一遍	10m²	10.467	29.5	308.78	29.74	311.29	300.93	10.36		
	主材	酚醛调和漆	kg	10.9904			8.86	97.37				97.37

续表

序号	编码	名称	工程量		价格/元				其中/元			
			单位	数量	单价	合价	市场单价	市场合价	人工市场价	材料市场价	机械市场价	主材市场价
56	C12-62	管道刷油 调和漆 每增一遍	10m²	10.467	28.25	295.69	28.49	298.2	287.84	10.36		
	主材	酚醛调和漆	kg	9.7343	8.86		8.86	86.25				86.25
57	C12-98	金属结构刷油 一般钢结构 防锈漆第一遍	100kg	1.9639	34.44	67.64	35.35	69.42	46.64	4.93	17.85	
	主材	酚醛防锈漆	kg	1.8068			6.42	11.6				11.6
58	C12-99	金属结构刷油 一般钢结构 防锈漆每增一遍	100kg	1.9639	32.98	64.77	33.83	66.44	44.19	4.4	17.85	
	主材	酚醛防锈漆	kg	1.5318			6.42	9.83				9.83
59	C12-103	金属结构刷油 一般钢结构 调和漆第一遍	100kg	1.9639	31.88	62.61	32.38	63.59	44.19	1.55	17.85	
	主材	酚醛调和漆	kg	1.5711			8.86	13.92				13.92
60	C12-104	金属结构刷油 一般钢结构 调和漆每增一遍	100kg	1.9639	31.83	62.51	32.32	63.47	44.19	1.43	17.85	
	主材	酚醛调和漆	kg	1.3747			8.86	12.18				12.18
61	C9-260	水灭火控制装置调试 自动喷水灭火系统	点	1	271.98	271.98	271.98	271.98	251.25	6.48	14.25	
62	BM93	系统调整费（站内工艺管道工程）（工业管道工程）	元	1	530.26	530.26	530.26	530.26	185.59	344.67		
63	BM94	系统调整费（站内工艺系统安装工程）（刷油,防腐蚀,绝热工程）	元	1	105.98	105.98	105.98	105.98	37.09	68.89		
		合计				49204.06		92466.44	41086.47	5537.25	3043.33	42799.39

表 5-9 总价措施项目计价表

序号	项目名称	费率/%	费用金额
1.1	安全文明施工费	3.05	1276.91
1.2	临时设施费	3.35	1402.51
1.3	夜间施工增加费	0.36	150.72
1.4	冬雨季施工增加费	0.43	180.02
1.5	材料二次搬运费	0.77	322.37
1.6	工程定位复测、工程点交、场地清理费	0.18	75.36
1.7	室内环境污染物检测费	0	0
1.8	检测试验费	0.31	129.78
1.9	环境保护费	1.61	674.04
合 计			4211.71

表 5-10 单价措施项目计价表

序号	编号	名称	工程量		价格/元		其中/元		
			单位	数量	单价	合价	人工费	材料费	机械费
		脚手架	项	1	2226.81	2226.81	779.38	1447.43	
1	BM48	脚手架搭拆费（消防工程）	元	1	1473.31	1473.31	515.66	957.65	
2	BM60	脚手架搭拆费（给排水、采暖、燃气工程）	元	1	1.72	1.72	0.6	1.12	
3	BM45	脚手架搭拆费（工业管道工程）	元	1	677.72	677.72	237.2	440.52	
4	BM74	脚手架搭拆费（管道刷油、防腐蚀、绝热工程）	元	1	74.06	74.06	25.92	48.14	

表 5-11 单位工程费用表

工程名称：某客服辅楼消防水灭火工程

序号	费用名称	取费基础	费率/%	费用金额/元
1	定额工料机（包括施工技术措施费）	直接费＋技术措施项目合计		51430.87
2	其中：人工费	人工费＋技术措施项目人工费		41865.85
3	施工组织措施费	其中：人工费	10.06	4211.71
4	企业管理费	其中：人工费	19.8	8289.44
5	利润	其中：人工费	18.5	7745.18
6	动态调整	人材机价差＋组织措施人工价差＋安装费用人工价差		0
7	主材费	主材费		42799.39
8	税金	定额工料机（包括施工技术措施费）＋施工组织措施费＋企业管理费＋利润＋动态调整＋主材费	9	10302.89
9	工程造价	定额工料机（包括施工技术措施费）＋施工组织措施费＋企业管理费＋利润＋动态调整＋主材费＋税金		124779.48

表 5-12 主材市场价汇总表

材料名	单位	材料量	市场价/元	市场价合计/元
酚醛调和漆(支架刷漆一遍)	kg	3.6229	8.86	32.1
酚醛调和漆(支架刷漆二遍)	kg	0.5925	8.86	5.25
酚醛防锈漆红丹(一遍)	kg	4.1173	6.42	26.43
酚醛防锈漆红丹(二遍)	kg	0.6602	6.42	4.24
镀锌钢管接头零件(DN70)	个	6.4024	10.66	68.25
镀锌钢管接头零件(DN100)	个	56.115	25.84	1450.01
镀锌钢管接头零件 DN25	个	186.204	2.38	443.17
镀锌钢管接头零件 DN32	个	60.456	3.26	197.09
镀锌钢管接头零件 DN40	个	26.2605	4.17	109.51
镀锌钢管接头零件 DN50	个	21.0888	5.71	120.42
镀锌钢管接头零件 DN65	个	20.7144	10.37	214.81
镀锌钢管接头零件 DN80	个	31.2702	14.97	468.11
镀锌钢管接头零件 DN100	个	13.468	16.73	225.32
镀锌钢管接头零件 DN150	个	13	28	364
角钢综合∟40~∟50	t	0.3091	3039.52	939.52
酚醛调和漆(管道刷漆一遍)	kg	26.5512	8.86	235.24
酚醛调和漆(管道刷漆二遍)	kg	5.1606	8.86	45.72
焊接钢管 DN125	kg	15.04	3.17	47.68
焊接钢管 DN200	kg	23.6	4.3	101.48
镀锌钢管 DN150	m	44	89.05	3918.2
镀锌钢管 DN25	m	321.912	11.87	3821.1
镀锌钢管 DN70	m	15.1755	30.88	468.62
镀锌钢管 DN100	m	172.143	50.12	8627.81
镀锌钢管 DN32	m	89.76	15.42	1384.1
镀锌钢管 DN40	m	31.11	18.96	589.85
镀锌钢管 DN50	m	26.622	23.51	625.88
镀锌钢管 DN65	m	27.948	30.88	863.03
镀锌钢管 DN80	m	43.044	39.27	1690.34
低压碳钢管 DN50	m	1.5	19.85	29.78
低压碳钢管 DN100	m	1.2	33.26	39.91
低压碳钢管 DN125	m	6.3	45.11	284.19
低压碳钢管 DN70	m	1.5	26.54	39.81
低压碳钢管 DN200	m	1.2	120.81	144.97
低压碳钢管 DN40	m	1.2	15.17	18.2

材料名	单位	材料量	市场价/元	市场价合计/元
平焊法兰	片	2	22.26	44.52
蝶阀 DN100	个	9	138.24	1244.16
蝶阀 DN70	个	3	73.63	220.89
信号控制蝶阀 DN80	个	1	407.4	407.4
信号控制蝶阀 DN100	个	3	442.83	1328.49
玻璃球喷头 ZST20	个	132.31	24.27	3211.16
法兰式水流指示器 DN80	个	1	137.93	137.93
法兰式水流指示器 DN100	个	3	155.17	465.51
减压孔板	个	1	92.24	92.24
低中压碳钢平焊法兰	片	40	62.32	2492.8
室内消火栓 SN65	个	10	284.49	2844.9
试验消水栓 SN65	个	1	738.25	738.25
消火栓箱	台	10	181.55	1815.5
自动排气阀	个	2	55.75	111.5
合计				42799.39

二、火灾自动报警工程招标控制价编制

根据《通用安装工程工程量计算规范》（GB 50856—2013），消防工程常用项目有：J.1 水灭火系统（编码：030901）；J.4 火灾自动报警系统（编码：030904）；J.5 消防系统调试（编码：030905）。常用清单项目详见本书附录。

1．招标控制价封面（表 5-13）

2．编制说明

（1）本预算编制依据某客服辅楼火灾自动报警及联动控制系统图。

（2）主材价格：采用 2018 年太原市建设工程材料预算价格及 2019 年太原市建设工程造价信息第 5 期材料指导价格，指导价上没有价格的材料采用参考资料的相似价格及市场调研价格。

（3）编制依据：《通用安装工程工程量计算规范》（GB 50856—2013）。

（4）采用 2018 山西省建设工程计价依据《安装工程预算定额》，取费选择总承包工程，一般纳税人计税，绿色文明工地标准：一级。

（5）消防控制室设备未计入；消防箱、模块箱因图中未标注规格，所有进出箱的线缆均未计半周长的预留线。

（6）未考虑其他项目费用。

3．单位工程（安装工程）招标控制价汇总表（表 5-14）

4．分部分项与单价措施项目工程量清单与计价表（表 5-15）

5．总价措施项目清单与计价表（表 5-16）

6．税金项目清单与计价表（表 5-17）

5.12　消防弱电清单计价完整表

7. 工程量清单综合单价分析表（列举）（表5-18）

表5-13　火灾自动报警工程招标控制价封面

招标控制价(小写)：　　　　　　　　　　84,875.12元

　　　　　　(大写)：　　　　　捌万肆仟捌佰柒拾伍元壹角贰分元

招　标　人：＿＿＿＿＿＿＿＿＿　　　　　造价咨询人：＿＿＿＿＿＿＿＿＿
　　　　　　(单位盖章)　　　　　　　　　　　　(单位资质专用章)

法定代表人　　　　　　　　　　　　　　　法定代表人
或其授权人：＿＿＿＿＿＿＿＿＿　　　　　或其授权人：＿＿＿＿＿＿＿＿＿
　　　　　　(签字或盖章)　　　　　　　　　　　(签字或盖章)

编　制　人：＿＿＿＿＿＿＿＿＿　　　　　复　核　人：＿＿＿＿＿＿＿＿＿
　　　　　　(造价人员签字盖专用章)　　　　　　(造价工程师签字盖专用章)

编制时间：　年　月　日　　　　　　复核时间：　年　月　日

表5-14　单位工程（安装工程）招标控制价汇总表

序号	汇总内容	金额/元	其中：暂估价/元
1	分部分项工程费	73636.73	
2	施工技术措施项目费	1429.41	
3	施工组织措施项目费	2800.94	
4	其他项目费		—
4.1	暂列金额		
4.2	专业工程暂估价		
4.3	计日工		
4.4	总承包服务费		
5	税金(扣除不列入计税范围的工程设备费)	7008.04	—
	招标控制价合计＝1＋2＋3＋4＋5	84,875.12	

表5-15　分部分项工程与单价措施项目清单与计价表

序号	项目编码	项目名称	项目特征描述	计量单位	工程量	金额/元 综合单价	金额/元 合价	其中：暂估价
一		分部分项					73636.73	
1	030411003001	桥架	名称：金属线槽 200mm × 100mm	m	51.3	93.83	4813.48	
2	030411001001	配管	1. 名称：钢管 2. 规格：DN20 3. 配置形式：暗配	m	953.22	25.14	23963.95	
3	030411001002	配管	1. 名称：波纹管 2. 材质：金属 3. 规格：DN20 4. 配置形式：明配	m	7.5	46.13	345.98	
4	030411004001	配线	1. 名称：管内穿线 2. 配线形式：信号总线 3. 型号：ZR-RVS-2×1.5	m	716.59	3.92	2809.03	
5	030411004002	配线	1. 名称：管内穿线 2. 配线形式：广播线 3. 型号：RVS-2×1.5	m	198.33	3.87	767.54	

续表

序号	项目编码	项目名称	项目特征描述	计量单位	工程量	金额/元		
						综合单价	合价	其中：暂估价
6	030411004003	配线	1. 名称:管内穿线 2. 配线形式:消防电话线 3. 型号:RVVP-2×1.5	m	403.9	6.45	2605.16	
7	030411004004	配线	1. 名称:管内穿线 2. 配线形式:电源总线 3. 型号:ZR-BV-4	m	106.6	5.07	540.46	
8	030411004005	配线	1. 名称:管内穿线 2. 配线形式:消火栓及控制模块线缆 3. 型号:ZR-BV-2.5	m	417.28	4.09	1706.68	
9	030904006001	消防报警电话插孔（电话）	1. 名称:消防报警电话 2. 规格:TS-200A 3. 安装方式:挂装	部	1	154.86	154.86	
10	030904005001	声光报警器	1. 名称:声光报警器 2. 规格:JLSG 编码型	个	10	214.46	2144.6	
11	030904003001	按钮	1. 名称:手动报警按钮（带电话插孔） 2. 规格:J-SAP-8402	个	8	136.8	1094.4	
12	030904003002	按钮	1. 名称:消火栓按钮 2. 规格:TX3150 型	个	10	239.76	2397.6	
13	030904001001	点型探测器	1. 名称:点型探测器 2. 规格:JTY-GD-G3 3. 线制:总线制 4. 类型:感烟探测器	个	53	120.16	6368.48	
14	030904001002	点型探测器	1. 名称:点型探测器 2. 规格:JTW-ZCD-G3N 3. 线制:总线制 4. 类型:感温探测器	个	29	120.02	3480.58	
15	030904008001	模块（模块箱）	1. 名称:模块（模块箱） 2. 规格:GST-LD-8313 3. 类型:总线隔离模块	个	4	159.52	638.08	
16	030904008002	模块（模块箱）	1. 名称:模块（模块箱） 2. 规格:GST-LD-8305 3. 类型:切换模块	个	10	210	2100	
17	030904008003	模块（模块箱）	1. 名称:模块（模块箱） 2. 规格:GST-LD-8300 3. 类型:输入模块	个	11	136.21	1498.31	
18	030904008004	模块（模块箱）	1. 名称:模块（模块箱） 2. 规格:GST-LD-8301 3. 类型:输入输出模块	个	13	172.68	2244.84	
19	030904008005	模块（模块箱）	1. 名称:模块（模块箱） 2. 规格:GST-LD-8302A 3. 类型:切换模块	个	3	163.45	490.35	
20	030411005001	接线箱	1. 名称:接线箱 2. 规格:JX 3. 安装形式:暗装	个	4	472.89	1891.56	
21	030411005002	接线箱	1. 名称:接线箱 2. 规格:MK 3. 安装形式:暗装	个	6	502.14	3012.84	

续表

序号	项目编码	项目名称	项目特征描述	计量单位	工程量	综合单价	合价	其中:暂估价
						金额/元		
22	030411006001	接线盒	1. 名称:接线盒 2. 材质:钢制 3. 安装形式:暗装	个	115	9.74	1120.1	
23	030413001001	铁构件	1. 名称:桥架支撑架 2. 材质:铁构件	kg	29.07	11.5	334.31	
24	030408010001	防火涂料	1. 名称:防火涂料 2. 部位:金属线槽	kg	20.52	54.87	1125.93	
25	030905001001	自动报警系统调试	1. 点数:128点以下 2. 线制:总线制	系统	1	5775.31	5775.31	
26	030905001002	自动报警系统调试	1. 火灾事故广播、消防通信系统调试 2. 线制:总线制	系统	10	21.23	212.3	
二		措施项目					1429.41	
27	031301017001	脚手架搭拆			1	1429.41	1429.41	
合　计							75066.14	

表 5-16　总价措施项目清单与计价表

序号	项目编码	项目名称	计算基础	费率/%	金额/元
1	031302001001	安全文明施工费	分部分项人工费＋技术措施项目人工费	3.05	849.19
2	031302001002	临时设施费	分部分项人工费＋技术措施项目人工费	3.35	932.71
3	031302001003	环境保护费	分部分项人工费＋技术措施项目人工费	1.61	448.27
4	031302002001	夜间施工增加费	分部分项人工费＋技术措施项目人工费	0.36	100.23
5	031302004001	材料二次搬运费	分部分项人工费＋技术措施项目人工费	0.77	214.39
6	031302005001	冬雨季施工增加费	分部分项人工费＋技术措施项目人工费	0.43	119.72
7	03B001	工程定位复测、工程点交、场地清理费	分部分项人工费＋技术措施项目人工费	0.18	50.12
8	03B002	室内环境污染物检测费	分部分项人工费＋技术措施项目人工费	0	0
9	03B003	检测试验费	分部分项人工费＋技术措施项目人工费	0.31	86.31
合　计					2800.94

表 5-17　税金项目清单与计价表

序号	项目名称	计算基础	计算基数/元	计算费率/%	金额/元
1	税金(扣除不列入计税范围的工程设备费)	分部分项工程费＋施工技术措施项目费＋施工组织措施项目费＋其他项目费	77867.08	9	7008.04

表5-18 工程量清单综合单价分析表（列举）

项目编码	030411003001	项目名称	桥架			计量单位	m	工程量	51.3

清单综合单价组成明细

定额编号	定额项目名称	定额单位	数量	单价/元				合价/元			
				人工费	材料费	机械费	管理费和利润	人工费	材料费	机械费	管理费和利润
C4-638	钢制槽式桥架 宽+高400mm以下	10m	0.1	326.24	477.61	9.48	124.96	32.62	47.76	0.95	12.5
人工单价				小计				32.62	47.76	0.95	12.5
综合工日125元/工日				未计价材料费				44.37			
		清单项目综合单价						93.83			

材料费明细	主要材料名称、规格、型号	单位	数量	单价/元	合价/元	暂估单价/元	暂估合价/元
	镀锌钢制桥架 200×100	m	1.005	44.15	44.37	—	0
	其他材料费			—	3.39	—	0
	材料费小计			—	47.76	—	0

项目编码	030904005001	项目名称	声光报警器			计量单位	个	工程量	10

清单综合单价组成明细

定额编号	定额项目名称	定额单位	数量	单价/元				合价/元			
				人工费	材料费	机械费	管理费和利润	人工费	材料费	机械费	管理费和利润
C9-22	声光报警器	个	1	52.5	141.85	0	20.11	52.5	141.85	0	20.11
人工单价				小计				52.5	141.85	0	20.11
综合工日125元/工日				未计价材料费				139.22			
		清单项目综合单价						214.46			

材料费明细	主要材料名称、规格、型号	单位	数量	单价/元	合价/元	暂估单价/元	暂估合价/元
	声光报警器	个	1	139.224	139.22	—	0
	其他材料费			—	2.63	—	0
	材料费小计			—	141.85	—	0

续表

项目编码	030904001001			项目名称	点型探测器			计量单位	个	工程量	53
				清单综合单价组成明细							
定额编号	定额项目名称	定额单位	数量	单价/元				合价/元			
				人工费	材料费	机械费	管理费和利润	人工费	材料费	机械费	管理费和利润
C9-1	点型探测器安装 感烟	10套	0.1	285	805.84	1.6	109.16	28.5	80.58	0.16	10.92
人工单价				小计				28.5	80.58	0.16	10.92
综合工日 125元/工日				未计价材料费				79.53			
清单项目综合单价								120.16			

材料费明细	主要材料名称、规格、型号	单位	数量	单价/元	合价/元	暂估单价/元	暂估合价/元
	点型探测器安装器安装 感烟	套	1	79.534	79.53		
	其他材料费			—	1.05	—	0
	材料费小计			—	80.58	—	0

项目编码	030904008002			项目名称	模块（模块箱）			计量单位	个	工程量	210
				清单综合单价组成明细							
定额编号	定额项目名称	定额单位	数量	单价/元				合价/元			
				人工费	材料费	机械费	管理费和利润	人工费	材料费	机械费	管理费和利润
C9-18	非编址模块（转换模块）	只	1	25	174.97	0.45	9.58	25	174.97	0.45	9.58
人工单价				小计				25	174.97	0.45	9.58
综合工日 125元/工日				未计价材料费				170.69			
清单项目综合单价								210			

材料费明细	主要材料名称、规格、型号	单位	数量	单价/元	合价/元	暂估单价/元	暂估合价/元
	消防广播切换模块	只	1	170.69	170.69		
	其他材料费			—	4.28	—	0
	材料费小计			—	174.97	—	0

续表

清单综合单价组成明细

项目编码	030413001001	项目名称	铁构件	计量单位	kg	工程量	29.07

定额编号	定额项目名称	定额单位	数量	单价/元				合价/元			
				人工费	材料费	机械费	管理费和利润	人工费	材料费	机械费	管理费和利润
C4-708	桥架支撑架	100kg	0.01	583.75	318.94	23.99	223.47	5.84	3.19	0.24	2.23
人工单价		小计						5.84	3.19	0.24	2.23
综合工日 125元/工日		未计价材料费									
							清单项目综合单价		11.5		

材料费明细	主要材料名称、规格、型号	单位	数量	单价/元	合价/元	暂估单价/元	暂估合价/元
	支撑架	kg	1.005	2.81	2.82		
	其他材料费				0.37		0
	材料费小计				3.19		0

清单综合单价组成明细

项目编码	030905001001	项目名称	自动报警系统调试	计量单位	系统	工程量	1

定额编号	定额项目名称	定额单位	数量	单价/元				合价/元			
				人工费	材料费	机械费	管理费和利润	人工费	材料费	机械费	管理费和利润
C9-250	自动报警系统调试 128点以下	系统	1	3806.25	165.57	345.69	1457.8	3806.25	165.57	345.69	1457.8
人工单价		小计						3806.25	165.57	345.69	1457.8
综合工日 125元/工日		未计价材料费									
							清单项目综合单价		5775.31		

材料费明细	主要材料名称、规格、型号	单位	数量	单价/元	合价/元	暂估单价/元	暂估合价/元
	其他材料费			—	165.57	—	0
	材料费小计			—	165.57	—	0

项目小结

　　本项目学习了消防水灭火和火灾自动报警工程识图、列项、算量与计价全过程，掌握了消防工程施工图识读方法，工程量计算规则，了解了消防工程施工图预算和招标控制价编制依据、编制方法、编制程序和格式。

　　在本项目学习中，要熟悉消防工程识图规则，掌握相关的图例、平面图、系统图识读方法，掌握消防工程工程量计算规则并能准确列项与算量，编制施工图预算或招标控制价。

 练一练、做一做

5.13　习题答案

一、单选题

1. 室内消火栓的布置位置错误的是（　　　）。

A. 消防电梯前室　　　　　　　　　B. 卧室

C. 平屋面　　　　　　　　　　　　D. 走廊

2. 消防系统室内外管道以建筑物外墙皮（　　　）为界，入口处设阀门者以阀门为界。

A. 2.5m　　　　　　B. 3m　　　　　　C. 2m　　　　　　D. 1.5m

3. 在消防自喷水系统中，每层设置泄水管，在最不利位置设置（　　　）。

A. 排气阀　　　　B. 泄水阀　　　　C. 末端试水装置　　　　D. 水流指示器

4. 电缆桥架沿墙沿顶明敷设时，土建配合安装（　　　）预埋件。

A. 支承架　　　　B. 防水套管　　　　C. 配电箱　　　　D. 电缆头

5.《通用安装工程工程量计算规范》（GB 50856—2013）附录中前四位编码为 0309 的项目指（　　　）。

A. 电气照明工程　　B. 通风空调工程　　C. 给排水、采暖工程　　D. 消防工程

二、填空题

1. 室内消火栓安装设计通常距地（　　　　）m。

2. 水流报警装置包括（　　　　　），压力开关和水流指示器。

3. 湿式自动喷水灭火系统由消防供水水源、消防供水设备、消防管道、水流指示器、（　　　　）、压力开关、喷头等组件和末端试水装置、火灾控制器及（　　　　）组成。

4. 高层建筑室内消火栓给水系统是指（　　　　）的住宅建筑和建筑高度为（　　　　）以上的其他民用和工业建筑的消火栓给水系统。

5.（　　　　）是为建筑物配套的自备消防设施，一端由室内消火栓给水管网最低层引至室外，室外另一端可供消火栓或移动水泵站加压向室内消防灭火管网输水。

6. 水流指示器是用于自动喷水灭火系统中将（　　　　）转换成电信号的一种报警装置，通常安装于各楼层的配水（　　　　）上。

三、实训

　　按《通用安装工程工程量计算规范》（GB 50856—2013），完成某村委办公楼消火栓灭火工程分部分项工程量清单编制，CAD 图纸可扫描二维码 5.14 获得。

5.14　实训图 村委会办公楼水

项目六

通风空调工程计量与计价

学习目标

掌握通风空调工程施工图的主要内容及其识读方法，能熟练识读通风空调工程施工图；掌握定额与清单两种计价模式，掌握通风空调工程施工图计量与计价编制的步骤、方法、内容、计算规则及其格式，学会根据计量计价成果进行通风空调工程工料分析、总结、整理各项造价指标。

思维导图

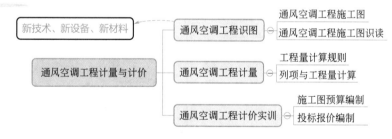

引入项目

项目任务书

完成某客服辅楼四层空调新风系统分部分项工程量计算，并采用定额计价编制通风工程施工图预算；计算分部分项清单项目综合单价，采用清单计价编制其投标报价。

由于空调水系统的施工图预算和前面项目介绍的采暖系统基本一样，在此只介绍空调新风系统工程计量与计价。某客服辅楼空调工程，以第四层新风系统为例，如图 6-1～图 6-7 所示（CAD 图可扫描二维码 6.1 查看）。

6.1 客服辅楼
空调工程施工图

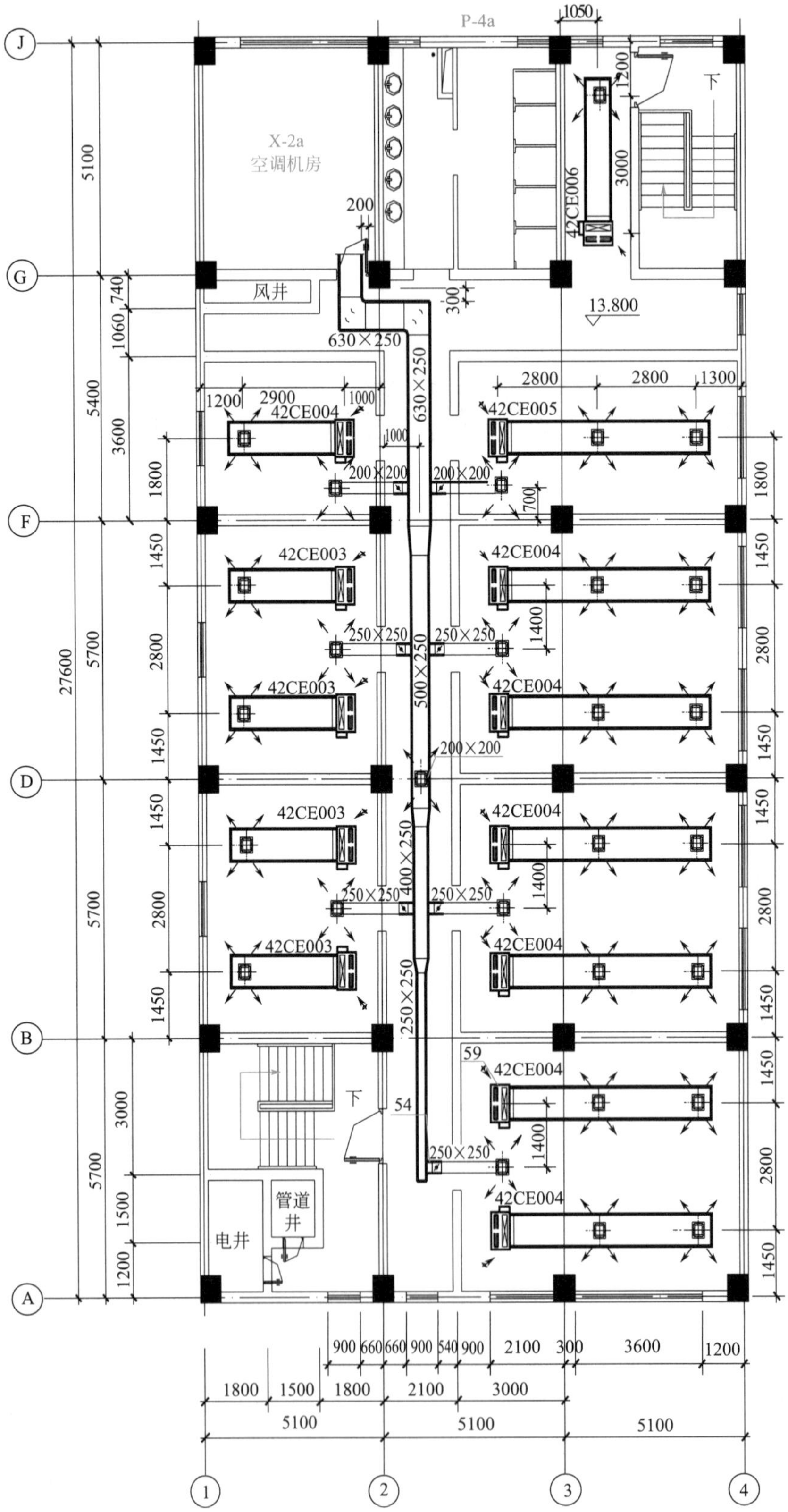

图 6-1 空调风管平面图

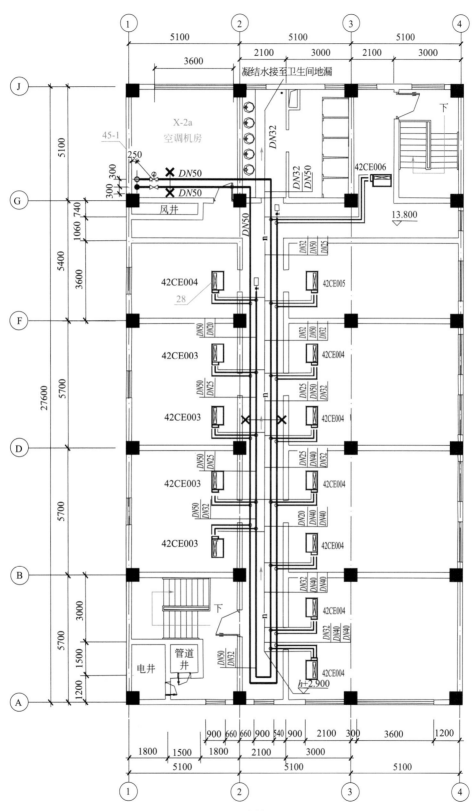

图 6-2　空调水管平面图

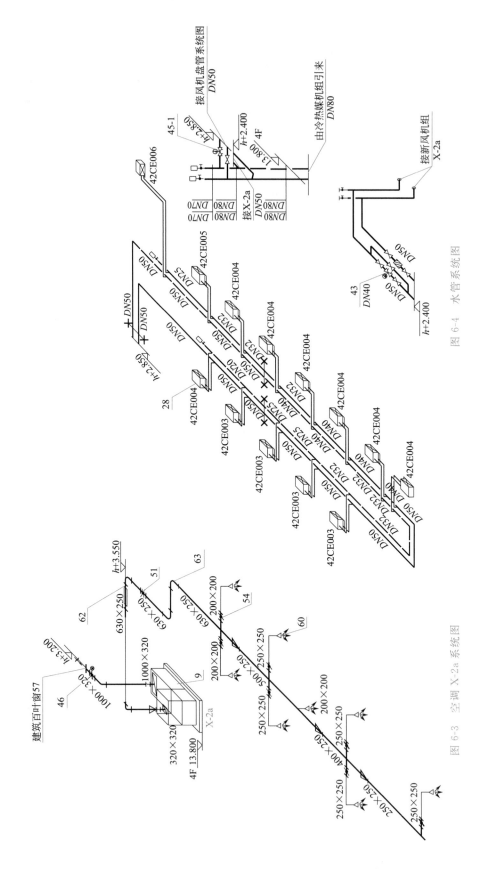

图 6-3 空调 X-2a 系统图

图 6-4 水管系统图

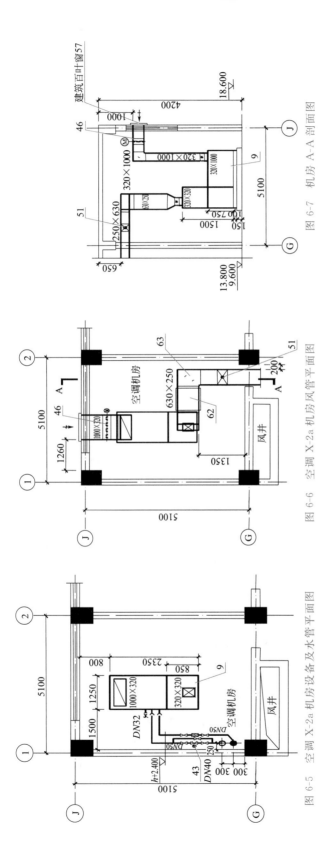

图 6-7 机房 A-A 剖面图

图 6-6 空调 X-2a 机房风管平面图

图 6-5 空调 X-2a 机房设备及水管平面图

　　某客服辅楼空调工程施工图，工程设计与施工说明如下：

　　1. 风系统

　　（1）设计图中所注风管标高表示如下：圆形风管为管中标高，矩形风管为管顶标高。h 指本层地面标高。

　　（2）风管管材选用如下：新风系统及空调系统的所有送、回风风管均采用镀锌钢板，保温材料为玻璃棉板 30mm 厚。

　　（3）所有垂直及水平风管必须设置支吊架或托架，其构造形式根据现场情况选定，详见风管支吊架标准图 03K132。

　　（4）矩形风阀长边 $d \geqslant 320$mm 采用多叶对开调节阀，长边 $d < 320$mm 采用钢制蝶阀。

　　（5）风机进出口均设置软接头，材料选用不燃且严密的帆布制作。

　　（6）风机盘管、送风管、送、回风口规格见表 6-1。

表 6-1　风机盘管、送风管、送、回风口规格

风机盘管	送风管/mm	送风口/mm	回风口/mm
42CE003	630×120	200×200	630×200
42CE004	800×120	250×250	800×200
		6×(200×200)	
42CE005	800×120	2×(200×200)	800×200
42CE006	1000×120	320×320	1000×200

　　其中送风口型号：顶送为 HG-11C 型散流器，配 HG-28 调节阀；回风口型号：可开侧壁百叶风口 HG-5，配 HG-70 过滤器。

　　（7）未注明支风管均为 320mm×320mm。

　　2. 水系统

　　（1）图中所注标高均以管中心为准，h 指本层地面标高。

　　（2）水管全部选用镀锌钢管，水管管路系统低处设 $DN25$ 泄水阀，高处设 $DN20$ 自动排气阀，凝结水管坡度不小于 0.003。

　　（3）除设备本身配带的阀门外，$DN \geqslant 32$mm 的采用活塞阀，$DN \leqslant 25$mm 的采用截止阀，过滤器选用 Y 形过滤器。

　　（4）所有空调供、回水管道及凝结水管均需保温，保温材料选用岩棉管壳 30mm 厚。

　　（5）管道支架、吊架及托架其具体形式和安装位置根据现场情况选定，详见室内热力管道支吊架标准图 95R417-1。

　　（6）管道安装完毕应进行水压试验，经试压合格，应对系统反复冲洗，直到排出水中不含泥沙、铁屑等杂质，且水色不浑浊为合格，在冲洗前应先除去过滤器上的过滤网，待冲洗完后再装上，管道系统冲洗时水流不得流经所有设备。

　　（7）所有风机盘管以及未注明管道管径均为 $DN20$；风机盘管顶距板顶 700mm。

　　（8）所有穿墙、穿楼板的水管，均应事先预埋钢套管，套管直径比所穿管直径大 2 号。

　　3. 其他未说明者按相关规范规定执行和调试

　　4. 主要设备材料表（表 6-2）

表 6-2　主要设备材料表

图上编号	设备名称	型号及规格	单位	数量
9	组合式新风机组	功能段:进风段＋过滤段＋表冷加热加湿段＋送风段	台	1
28	卧式暗装风机盘管	42CE003	台	4
		42CE004(其中 6 台两个送风口)	台	7
		42CE005(两个送风口)	台	1
		42CE006	台	1
46	电动对开多叶调节阀	HG-35 1000×320 保温型	个	1
51	防火调节阀	630×250 常开 配信号输出装置	个	1
54	方形手柄式钢制蝶阀	HG-25 250×250	个	5
		HG-25 200×200	个	2
57	回风百叶风口(建筑百叶窗)	HG-17 1000×320	个	1
59	可开侧壁百叶风口	HG-5 630×200 配 HG-70 过滤器	个	4
		HG-5 800×200 配 HG-70 过滤器	个	8
		HG-5 1000×200 配 HG-70 过滤器	个	1
60	方形散流器	HG-11C 250×250 配 HG-28 调节阀	个	6
		HG-11C 200×200 配 HG-28 调节阀	个	21
		HG-11C 320×320 配 HG-28 调节阀	个	1
62	阻抗消声器	630×250 $L=900mm$	个	1
63	消声弯头	630×250	个	2
		1000×320	个	1

熟悉施工图

学习单元一　通风空调工程识图

一、通风空调工程施工图

(一) 施工图构成

通风空调工程施工图与暖卫工程施工图是相同,其施工图也是由图文与图纸两部分组成。图文部分包括图纸目录、设计施工说明、主要设备材料明细表及图例;图纸部分包括通风空调系统平面图、系统图、剖面图、系统图、原理图及详图等。

1. 设计施工说明

设计说明主要包括工程概况;系统的设计依据、形式及设计参数;房间的设计条件(冬季、夏季空调房间的空气温度、相对湿度、平均风速、新风量、噪声等级、含尘量等);施工说明主要包括施工所用材质、连接方式、防腐、保温、试压等的施工质量要求以及特殊部位的施工方法等。

(1) 空调水系统,系统类型、所选材质和保温材料的安装要求,系统防腐、试压和排污要求。

（2）防排烟系统，机械送风、机械排风或排烟的设计要求和标准。

（3）空调冷冻机房，冷冻机组、水泵等设备的规格型号、性能和台数，它们的安装要求。

2. 主要设备材料明细表

主要设备材料明细表是将工程中所用到的设备和材料以表格的形式详细列出其规格、型号、数量。需要注意的是设备材料明细表中所列设备、材料的规格型号并不能满足预算编制的要求，只能作为参考，如一些设备的规格、型号、质量需查找相关产品样本或使用说明书。风管工程量必须按照施工图纸尺寸计算。

3. 平面图

通风空调系统平面图包括建筑物各层面各通风空调系统的平面图、空调机房平面图、制冷机组平面图等，平面图主要说明通风空调系统的设备、风管系统、冷热媒管道、凝结水管的平面布置情况，主要内容如下：

（1）风管系统，一般用双线绘制，包括系统的构成、布置及风管、异径管、检查孔、测定孔、各部件、设备的平面位置，并注明系统编号、送回风的空气流向，风管的轴线长度尺寸、各管道及管件的截面尺寸等。

（2）水管系统，一般用单线绘制，包括冷、热水管道、凝结水管道的构成、布置及水管上各附件、仪表、设备的位置等，并注明各管道的介质流向、坡度。

（3）平面标注，包括各种设备的平面布置尺寸、标注编号及说明其型号规格的设备明细表；各种管道、部件的尺寸大小、定位及设备基础的主要尺寸，还有各设备、部件名称、规格、型号；图纸中应用到的通用图、标准图索引号。

4. 剖面图

剖面图与平面图对应，因此，剖面图主要有系统剖面图、机房剖面图、冷冻机房剖面图等，通风空调系统剖面图表示管道及设备在高度方向的布置情况及主要尺寸，即注明管径或截面尺寸、标高。

5. 系统图

通风空调工程系统图表明通风空调系统各种设备、管道及主要部件的空间位置关系。该图内容完整，立体感强，标注详尽，便于了解整个工程系统的全貌。对于简单的通风系统，除了平面图以外，可不绘制剖面图，但必须绘制管网系统轴测图。

系统图中主要设备、部件应标出编号，以便与平、剖面图及设备明细表相对照，还应有管径、标高、坡度，系统图的通风管道用单线绘制。

6. 详图

详图又称大样图，包括制作加工详图和安装详图。如果是国家通用标准图则只表明图号，需要时直接查用。如果没有标准图集，必须画出大样图，以便进行制作和安装。

7. 原理图

空调系统的原理图主要包括系统的原理和流程；空调房间的设计参数、冷热媒、空气处理及输送方式；控制系统之间的相互连接；系统中的管道、设备、仪表、部件；整个系统控制点与测点之间的联系；控制方案及控制点参数，用图例表示的仪表、控制元件型号等。

（二）图例符号

根据国标《暖通空调制图标准》（GB/T 50114—2010）的有关内容，对于通风空调施工图中的图线、图纸比例、空调水管道及其阀门的常用图例与采暖工程相同，通风空调工程施工常用图例，如表6-3所示。

表 6-3　通风空调工程施工常用图例

名称	图例	名称	图例	名称	图例
空调供水管		活塞阀、截止阀		自动排气阀	
空调回水管		动态平衡电动调节阀		水过滤器	
冷凝水管		动态流量平衡阀		柔性软接头	
送(新)风管		回(排)风管		方形散流器	
异径风管		砖砌风道		送风口	
天圆地方		插板阀		回风口	
柔性风管		蝶阀		消声器消声弯头	
矩形三通		手动多叶对开调节阀		空气加热冷却器	
圆形三通		电动对开调节阀		空气加湿器	
弯头		防火调节阀		挡水板	
带导流片弯头		止回阀		空气过滤器	
离心风机		轴流风机		风机盘管	
单层百叶风口		双层百叶风口		风机箱	

二、通风空调工程施工图识读

在识读过程中，按介质的流动方向读，要将原理图、平面图、系统图、剖面图四者相结合，以便建立整体的空间概念。

1. 熟悉有关图例、符号，设计及施工说明

通过说明了解系统的组成形式，系统所用的材料、设备、保温绝热、刷油的做法及其他主要施工方法。

2. 识读水系统、通风系统

识读时水系统与前面所述给水、采暖系统相类似，在这不再赘述。识读通风系统主要以空气流动线路识读，依次为进风装置、空气处理设备、送风机、干管、支管、送风口、回风口、回风机、回风管、排风口和空气处理室。

3. 风管规格标注

圆形风管的截面尺寸以直径"ϕ"表示（如ϕ300）；矩形风管的截面尺寸以"宽×高"表示（如400×120），单位均为 mm。水平管道的规格标注在管道上方；竖向管道的规格标注在管道的左侧；双线表示的管道，其规格可标注在管道轮廓线内，如图 6-8 所示。

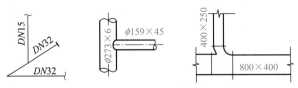

图 6-8　管道截面尺寸的标注

4. 风管标高标注

风管标高，对矩形风管为风管的顶标高，对圆形风管为风管中心线标高。水、气管道所注标高未予说明时，表示管中心标高。当标准层较多时，可只标注与本层楼地面的相对标高，如 $\underset{H+3.400}{}$。

5. 风口、散流器

表示方法如图 6-9 所示

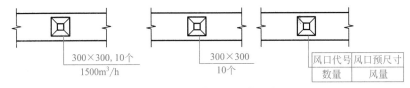

图 6-9　风口、散流器的表示方法

6. 系统代号

通风空调系统编号、入口编号，由系统代号和顺序号组成，与采暖工程一致，系统代号如表 6-4 所示，空调水管代号如表 6-5 所示，风道代号如表 6-6 所示。

表 6-4　系统代号

序号	字母代号	系统名称	序号	字母代号	系统名称
1	L	制冷系统	8	XP	新风换气系统
2	K	空调系统	9	JY	加压送风系统
3	J	净化系统	10	PY	排烟系统
4	S	送风系统	11	P(PY)	排风排烟系统
5	X	新风系统	12	RS	人防送风系统
6	H	回风系统	13	RP	人防排风系统
7	P	排风系统	14	C	除尘系统

表 6-5　空调水管代号

序号	字母代号	管道名称	序号	字母代号	管道名称
1	LG	空调冷水供水管	6	LRG	空调冷、热水供水管
2	LH	空调冷水回水管	7	LRH	空调冷、热水回水管
3	KRG	空调热水供水管	8	LQG	冷却水供水管
4	KRH	空调热水回水管	9	LQH	冷却水回水管
5	n	冷凝水管	10	LM	冷媒管

表 6-6　风道代号

序号	字母代号	管道名称	序号	字母代号	管道名称
1	SF	送风管	6	PY	消防排烟风管
2	XF	新风管	7	P(Y)	排风排烟兼用风管
3	HF	回风管	8	XB	消防补风风管
4	PF	排风管	9	S(B)	送风兼消防补风风管
5	ZY	加压送风管			

【例 6-1】　以图 6-1、图 6-3、图 6-6 为例，说明空调新风系统工程平面图、系统图的识读

（1）图 6-6，新风机组设置于①-②轴交Ⓖ-Ⓗ轴的空调机房，新风由①轴墙的百叶窗连接 1000×320 的风管进入空调机组，空气热交换完成，沿 630×250 风管进入办公室内，在空调机组进出口处设有软连接，途经部件电动多叶对开调节阀、防火阀。空调机组安装设备基础土建施工配合。

6.2　新风与风机盘管识图

（2）图 6-1 结合图 6-3，风管由 X-2a 空调机房进入过道及过道两侧的办公室，距地 3.55m 吊架敷设安装。

（3）过道及办公室设有方形散流器。

（4）各独立办公室设有可自主调节温、湿度的卧式吊顶暗装风机盘管。

列项算量

学习单元二　通风空调工程计量

一、工程量计算规则

1. 通风空调工程管道制作安装

内容包括镀锌薄钢板法兰风管制作安装、镀锌薄钢板共板法兰风管制作安装、薄钢板法兰风管制作安装、镀锌薄钢板矩形净化风管制作安装、不锈钢板风管制作安装、铝板风管制作安装、塑料风管制作安装、玻璃钢风管安装、复合型风管制作安装、柔性软风管安装、弯头导流叶片及其他。

6.3　山西 2018 通风空调定额说明

（1）薄钢板风管、净化风管、不锈钢板风管、铝板风管、塑料风管、玻璃钢风管、复合型风管按设计图示规格以展开面积计算，以"10m²"为计量单位。其风管长度的计算，一律以施工图所示中心线长度为准，包括弯头、三通、变径管、天圆地方等管件的长度，不扣除检查孔、测定孔、送风口、

6.4　风管

吸风口等所占面积。扣除通风部件如风阀等所占长度。支管长度以支管中心线与主管中心线交点为分界点，中心线长度按图 6-10 所示计算，风管展开面积不计算风管、管口重叠部分面积。

（2）薄钢板通风管道、净化通风管道、玻璃钢通风管道、复合型风管制作安装子目中，包括弯头、三通、变径管、天圆地方等管件及法兰、加固框和吊托支架的制作安装。

（3）不锈钢板风管、铝板风管制作安装子目中包括管件，但不包括法兰和吊托支架；法兰和吊托支架应单独列项计算，执行相应子目。

（4）塑料风管制作安装子目中包括管件、法兰、加固框，但不包括吊托支架制作安装，吊托支架执行"设备支架制作安装"子目。

🦉 **会算了吗**

6.5 风管工程量计算

圆形风管 $\qquad F_{o}=\pi D L$

式中　F_{o}——圆形风管展开面积，m^2；

　　　D——圆形风管直径，m；

　　　L——管道中心线长度，m。

矩形风管 $\qquad F_{\square}=2(A+B)L$

式中　$F_{\square}$——矩形风管展开面积，m^2；

　　　A、B——分别为矩形风管断面的长和宽，m；

　　　L——管道中心线长度，m。

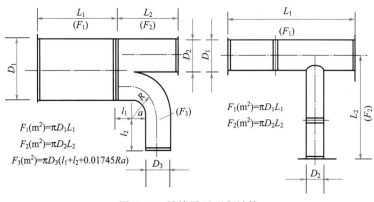

$F_1(m^2)=\pi D_1 L_1$

$F_2(m^2)=\pi D_2 L_2$

$F_3(m^2)=\pi D_3(l_1+l_2+0.01745Ra)$

$F_1(m^2)=\pi D_1 L_1$

$F_2(m^2)=\pi D_2 L_2$

图 6-10　风管展开面积计算

在计算风管长度时，应扣除的部分通风部件长度如下：

① 蝶阀：$L=150mm$。

② 密闭式对开多叶调节阀：$L=210mm$。

③ 止回阀：$L=300mm$。

④ 圆形风管防火阀：$L=D+240mm$，L 一般为 $300\sim380mm$。

⑤ 矩形风管防火阀：$L=B+240mm$（B 为风管高度），L 一般为 $300\sim380mm$。

⑥ 密闭式斜插板阀 T305，长度见表 6-7。

6.6 风阀

表 6-7　密闭式斜插板阀长度　　单位：mm

直径 D	80	85	90	95	100	105	110	115	120	125	130	135	140	145	150	155
长度 L	280	285	290	300	305	310	315	320	325	330	335	340	345	350	355	360
直径 D	160	165	170	175	180	185	190	195	200	205	210	215	220	225	230	235
长度 L	365	365	370	375	380	385	390	395	400	405	410	415	420	425	430	435
直径 D	240	245	250	255	160	265	270	275	280	285	290	300	310	320	330	340
长度 L	440	445	450	455	460	465	470	475	480	485	490	500	510	520	530	540

（5）柔性软风管适用于由金属、涂塑化纤织物、聚酯、聚乙烯、聚氯乙烯薄膜、铝箔等材料制成的软风管。风管安装按设计图示中心线长度计算，以"m"为计量单位。

（6）弯头导流叶片制作安装按设计图示叶片的面积计算，以"m^2"为计量单位。面积计算如表 6-8 所示。风管导流叶片不分单叶片和香蕉形双叶片均执行同一子目。

6.7　柔性短管

表 6-8　矩形弯管内每单片导流片面积表

风管宽 B/mm	200	250	320	400	500	630	800	1000	1250	1600	2000
面积/m^2	0.075	0.091	0.114	0.14	0.17	0.216	0.273	0.425	0.502	0.623	0.755

（7）软管（帆布）接口制作安装按设计图示尺寸，以展开面积计算，以"m^2"为计量单位。

（8）风管检查孔制作安装按设计图示尺寸质量计算，以"100kg"为计量单位。

（9）温度、风量测定孔制作安装依据其型号，按设计图示数量计算，以"个"为计量单位。

（10）各种风管吊托支架的除锈、刷油，应按其工程量执行 2018 山西省建设工程计价依据《安装工程预算定额》《刷油、防腐蚀、绝热工程》相应项目。

2．风管部件制作安装

内容包括通风管道各种碳钢调节阀、柔性软风管阀门、风口、散流器、钢百叶窗安装；各种类型风帽、风帽滴水盘、风帽筝绳、风帽泛水制作安装；塑料通风管道部件制作安装、不锈钢板通风管道部件制作安装、铝板通风管道部件制作安装、玻璃钢通风管道部件安装；通风管道皮带防护罩、电机防护罩、侧吸罩、排气罩、条缝槽边抽风罩、回转罩、静压箱等制作安装；微穿孔板消声器、阻抗式消声器、管式消声器、消声弯头、消声静压箱等成品安装；人防设备工程中通风及空调设备安装；通风管道部件制作安装；防护设备、设施安装。

（1）碳钢调节阀安装依据其类型、直径（圆形）或周长（方形）按设计图示数量计算，以"个"为计量单位。

6.8　通风口

（2）柔性软风管阀门安装按设计图示数量计算，以"个"为计量单位。

（3）碳钢各种风口、散流器的安装依据类型、规格尺寸按设计图示数量计算，以"个"为计量单位。

（4）钢百叶窗及活动金属百叶风口安装依据规格尺寸按设计图示数量计算，以"个"为计量单位。

（5）塑料通风管道柔性接口及伸缩节制作安装应依连接方式按设计图示尺寸以展开面积计算，以"m^2"为计量单位。

（6）塑料通风管道分布器、散流器的制作安装按其成品质量，以"100kg"为计量单位。

（7）塑料通风管道风帽、罩类的制作均按其质量，以"100kg"为计量单位，非标准罩类制作按成品质量，以"100kg"为计量单位。罩类为成品安装时制作不再计算。

（8）不锈钢板通风管道圆形法兰制作按设计图示尺寸以质量计算，以"100kg"为计量单位。

（9）不锈钢板通风管道吊托支架制作安装按设计图示尺寸以质量计算，以"100kg"为计量单位。

（10）铝板圆伞形风帽、铝板风管圆形法兰、铝板风管矩形法兰制作按设计图示尺寸以质量计算，以"kg"为计量单位。

（11）碳钢风帽的制作安装均按其质量以"100kg"为计量单位；非标准风帽制作安装按成品质量以"100kg"为计量单位。风帽为成品安装时制作不再计算。

（12）碳钢风帽筝绳制作安装按设计图示规格长度以质量计算，以"100kg"为计量单位。

（13）碳钢风帽泛水制作安装按设计图示尺寸以展开面积计算，以"m^2"为计量单位。

（14）碳钢风帽滴水盘制作安装按设计图示尺寸以质量计算，以"100kg"为计量单位。

（15）玻璃钢风帽安装依据成品质量按设计图示数量计算，以"kg"为计量单位。

（16）罩类的制作安装均按其质量以"100kg"为计量单位；非标准罩类制作安装按成品质量以"100kg"为计量单位。罩类为成品安装时制作不再计算。

（17）微穿孔板消声器、管式消声器、阻抗式消声器成品安装按设计图示数量计算，以"节"为计量单位。

6.9 消声器

（18）消声弯头安装按设计图示数量计算，以"个"为计量单位。

（19）消声静压箱安装按设计图示数量计算，以"个"为计量单位。

（20）静压箱制作安装按设计图示尺寸以展开面积计算，以"$10m^2$"为计量单位。

3. 通风空调设备安装

包括空气加热器（冷却器）、除尘设备、空调器、多联体空调机室外机、风机盘管、空气幕、VAV变风量末端装置、分段组装式空调器、过滤器及框架、净化工作台、风淋室、通风机的安装。还包括钢板密闭门、钢板挡水板、滤水器、溢水盘、电加热器外壳、金属空调器壳、设备支架的制作安装。

通风机安装子目内包括电动机安装，其安装包括A型、B型、C型、D型等，适用于碳钢、不锈钢、塑料通风机的安装。

（1）空气加热器（冷却器）安装按设计图示数量计算，以"台"为计量单位。

（2）除尘设备安装按设计图示数量计算，以"台"为计量单位。

（3）整体式空调机组、空调器安装（一拖一分体空调以室内机、室外机之和）按设计图示数量计算，以"台"为计量单位。

（4）组合式空调机组安装依据设计风量，按设计图示数量计算，以"台"为计量单位。

6.10 空调机组

（5）多联体空调机室外机安装依据制冷量，按设计图示数量计算，以"台"为计量单位。

（6）风机盘管安装按设计图示数量计算，以"台"为计量单位。诱导器安装、VRV系统的室内机按安装方式执行风机盘管安装子目。

（7）空气幕按设计图示数量计算，以"台"为计量单位。空气幕的支架制作安装执行设备支架子目。

（8）VAV变风量末端装置适用于单风道变风量末端和双风道变风量末端装置，风机动力型变风量末端装置人工乘以系数1.1。安装按设计图示数量计算，以"台"为计量单位。

（9）分段组装式空调器安装按设计图示质量计算，以"100kg"为计量单位。洁净室安装执行分段组装式空调器安装子目。

（10）钢板密闭门制作安装按设计图示数量计算，以"个"为计量单位。

（11）挡水板制作和安装按设计图示尺寸以空调器断面面积计算，以"m^2"为计量单位。玻璃钢和PVC挡水板执行钢板挡水板安装子目。

（12）滤水器、溢水盘、电加热器外壳、金属空调器壳体制作安装按设计图示尺寸以质量计算，以"kg"为计量单位。非标准部件制作安装按成品质量计算。

（13）高、中、低效过滤器安装、净化工作台、风淋室安装按设计图示数量计算，以"台"为计量单位。低效过滤器包括：M-A 型、WL 型、LWP 型等系列。中效过滤器包括：ZKL 型、YB 型、M 型、ZX-1 型等系列。高效过滤器包括：GB 型、GS 型、JX-20 型等系列。净化工作台包括：XHK 型、BZK 型、SXP 型、SZP 型、SZX 型、SW 型、SZ 型、SXZ型、TJ 型、CJ 型等系列。

（14）过滤器框架制作按设计图示尺寸以质量计算，以"100kg"为计量单位。

（15）通风机安装依据不同形式、规格按设计图示数量计算，以"台"为计量单位。风机箱安装按设计图示数量计算，以"台"为计量单位。

（16）设备支架制作安装按设计图示尺寸以质量计算，以"100kg"为计量单位。

6.11　风机

4．刷油、防腐蚀、绝热

（1）除锈工程

① 风管以展开面积"m^2"计算。

② 部件和吊托支架以质量"kg"计算。

（2）刷油工程

① 风管以展开面积"m^2"计算。

② 部件和吊托支架以质量"kg"计算。

（3）风管常用的吊架形式如图 6-11 所示。

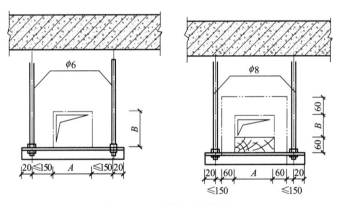

图 6-11　风管常用吊架图

（4）绝热工程

🎯 会算了吗 ▼

绝热工程中绝热层以"m^3"计算，防潮层、保护层以"m^2"计算。

① 矩形风管保温体积，按下式计算：

$$V = S\delta + 4\delta^2 L$$

② 矩形风管外保护壳面积按下式计算：

$$S' = S + 2\delta \times 4 \times L$$

③ 圆形风管保温体积按下式计算：

$$V = \pi \times (D + \delta + \delta \times 3.3\%) \times (\delta + \delta \times 3.3\%) \times L$$

④ 圆形风管外保护壳面积按下式计算：

$$S = \pi \times (D + 2\delta + 2\delta \times 5\% + 2d_1 + 3d_2)$$

式中 S——风管展开面积，m^2；

           S'——风管保护壳展开面积，m^2；

           D——风管外径，m；

           δ——保温材料厚度，m；

           L——风管长度，m；

           d_1——用于捆扎保温材料的金属线直径或钢带厚度（取定 16♯线 $2d_1 = 0.0032$）；

           d_2——防潮层厚度（取定 350g 油毡纸 $3d_2 = 0.005$）；

3.3%、5%——保温材料允许超厚系数，系根据国标 GB 50235—2010 和部标 HGJ 215-80 标准，绝热厚度允许偏差－比率≤(5%～8%)加权平均取定。

5. 空调水管道

（1）空调水管道的界限划分

① 室内外管道以建筑物外墙皮 1.5m 为界；建筑物入口处设阀门者以阀门为界；与设在建筑物内的空调机房管道以机房外墙皮为界。

② 室外管道执行"采暖管道"的室外管道安装相应项目。

（2）管道、管道附件、支架等工程量计算同采暖工程。

6. 通风空调系统调试

（1）通风空调系统调整费：按系统工程人工费 6.4% 计取，其费用中人工费占 35%。包括漏风量测试和漏光法测试费用。

（2）空调水系统调整费按空调水系统工程人工费的 9.2% 计算，其中人工费占 35%。

7. 技术措施项目

（1）脚手架搭拆费按定额人工费的 3.6% 计算，其费用中人工费占 35%。

（2）操作高度增加费：定额操作物高度是按距离楼地面 6m 考虑的，超过 6m 时，超过部分工程量按定额人工费乘以系数 1.2 计取。

（3）高层建筑增加费：指在建筑物层数>6 层或建筑高度>20m 的工业与民用建筑物上进行安装时增加的费用（计算基数不包括地下室），按表 6-9 计算，其费用中人工费占 35%。

表 6-9   高层建筑增加费费率表

建筑物高度/m	≤40	≤60	≤80	≤100	≤120	≤140	≤160	≤180	≤200
建筑层数/层	≤12	≤18	≤24	≤30	≤36	≤42	≤48	≤54	≤60
按人工费的百分数/%	1.9	4.8	8.6	13.3	19	24.7	30.4	36.1	41.8

 这是重点

二、通风空调工程列项与工程量计算

通风空调工程施工图如图 6-1～图 6-7 所示，空调新风系统分项工程列项与工程量计算见表 6-10，水系统同采暖（略）。

表 6-10   工程量计算表

分项工程名称	计算式或型号	单位	工程量
1. 新风管道制作安装：展开面积计算			
镀锌薄钢板矩形风管 1000×320	风管长度 $L = 1.304 + 2.056 - 0.134$（帆布软接头长度）$- 0.21$（多叶对开调节阀长度）$-1$（消声弯头长度）$= 2.02$（m） $S = (1 + 0.32) \times 2 \times 2.02$	m^2	5.33

续表

分项工程名称	计算式或型号	单位	工程量
镀锌薄钢板矩形风管 320×320	风管长度 $L=0.23$m $S=(0.32+0.32)\times2\times0.23$	m²	0.29
镀锌薄钢板矩形变径风管 320×320—630×250	风管长度 $L=0.21$m $S=1.52$(变径管平均周长)$\times0.21$	m²	0.32
镀锌薄钢板矩形风管 630×250	风管长度 $L=1.314+1.95+1.776+0.89+1.907+4.633-$ 0.9(消声器长度)-0.63×3(消声弯头长度)-0.49(防火阀长度) $=9.19$(m) $S=(0.63+0.25)\times2\times9.19$	m²	16.17
镀锌薄钢板矩形变径风管 630×250—500×250	风管长度 $L=0.65$m $S=1.63$(变径管平均周长)$\times0.65$	m²	1.06
镀锌薄钢板矩形风管 500×250	风管长度 $L=5.56$m $S=(0.5+0.25)\times2\times5.56$	m²	8.34
镀锌薄钢板矩形变径风管 500×250—400×250	风管长度 $L=0.41$m $S=1.4$(变径管平均周长)$\times0.41$	m²	0.57
镀锌薄钢板矩形风管 400×250	风管长度 $L=2.91$m $S=(0.4+0.25)\times2\times2.91$	m²	3.78
镀锌薄钢板矩形变径风管 400×250—250×250	风管长度 $L=0.32$m $S=1.15$(变径管平均周长)$\times0.32$	m²	0.37
镀锌薄钢板矩形风管 250×250	风管长度 $L=4.57$m $S=(0.25+0.25)\times2\times4.57$	m²	4.57
镀锌薄钢板矩形风管 250×250(进两侧办公室支风管)	风管长度 $L=[4.623-0.15\times2$(蝶阀长度)$]\times2+[2.255-$ 0.15(蝶阀长度)$]+0.7\times5$(垂直)$=14.25$(m) $S=(0.25+0.25)\times2\times14.25$	m²	14.25
镀锌薄钢板矩形风管 200×200(进两侧办公室支风管)	风管长度 $L=4.623-0.15\times2$(蝶阀长度)$+0.7\times3$(垂直)$=$ 6.42(m) $S=(0.2+0.2)\times2\times6.42$	m²	5.14
合计	镀锌薄钢板矩形风管　长边长≤1000mm 镀锌薄钢板矩形风管 1000×320,$S=5.33$ 镀锌薄钢板变径风管 320×320—630×250,$S=0.32$ 镀锌薄钢板变径风管 630×250—500×250,$S=1.06$ 镀锌薄钢板矩形风管 630×250,$S=16.17$ 镀锌薄钢板矩形风管 500×250,$S=8.34$	m²	31.22
	镀锌薄钢板矩形风管　长边长≤450mm 镀锌薄钢板矩形风管 400×250,$S=3.78$ 镀锌薄钢板变径风管 500×250—400×250,$S=0.57$ 镀锌薄钢板变径风管 400×250—250×250,$S=0.37$	m²	4.72
	镀锌薄钢板矩形风管　长边长≤320mm 镀锌薄钢板矩形风管 250×250,$S=4.57+14.25=18.82$ 镀锌薄钢板矩形风管 320×320,$S=0.29$ 镀锌薄钢板矩形风管 200×200,$S=5.14$	m²	24.25

2. 调节阀安装

分项工程名称	计算式或型号	单位	工程量
电动对开多叶调节阀	HG-35 1000×320 保温型	个	1
方形手柄式钢制蝶阀	HG-25 250×250	个	5
	HG-25 200×200	个	2
防火调节阀	630×250 常开 配信号输出装置	个	1

3. 风口安装

分项工程名称	计算式或型号	单位	工程量
防雨百叶风口	1000×320	个	1

续表

分项工程名称	计算式或型号	单位	工程量
可开侧壁百叶风口	HG-5 630×200 配 HG-70 过滤器	个	4
	HG-5 800×200 配 HG-70 过滤器	个	8
	HG-5 1000×200 配 HG-70 过滤器	个	1
方形散流器	HG-11C 250×250 配 HG-28 调节阀	个	6
	HG-11C 200×200 配 HG-28 调节阀	个	21
	HG-11C 320×320 配 HG-28 调节阀	个	1
4. 消声器安装			
阻抗消声器	630×250 L=900mm	个	1
消声弯头	630×250	个	3
	1000×320	个	1
5. 柔性软管接口安装			
软管接口(空气处理机组接口)	规格 1000×320,S=1.32×2×0.13	m²	0.34
	规格 320×320,S=0.32×4×0.13	m²	0.17
6. 组合式新风机组	功能段:进风段+过滤段+表冷加热加湿段+送风段	台	1
7. 风机盘管			
卧式暗装风机盘管	42CE003	台	4
	42CE004(其中 6 台两个送风口)	台	7
	42CE005(两个送风口)	台	1
	42CE006	台	1
风机盘管连接送风管 630×120(42CE003)	风管长度 L=3.025×4=12.1(m) S=(0.63+0.12)×2×12.1	m²	18.15
风机盘管连接送风管 800×120(42CE004、42CE005)	风管长度 L=5.711×7+3.025=43.022(m) S=(0.8+0.12)×2×43.002	m²	79.12
风机盘管连接送风管 1000×120(42CE006)	风管长度 L=3.135m S=(1+0.12)×2×3.135	m²	7.02
8. 支吊架			
风管部件支吊架	部件支架数量: 2(防火阀)+2(调节阀)+14(风管蝶阀)=18(个) 支架角钢重量: 2.088kg/m(角钢∟45×3 重量)×1.46(角钢长度)×2(调节阀支架数量)+1.852kg/m(角钢∟40×3 重量)×1.09(角钢长度)×2(防火阀支架数量)+1.852kg/m(角钢∟40×3 重量)×0.71(角钢长度)×14(蝶阀支架数量)=28.543(kg) 支架圆钢重量: 0.617kg/m(ϕ10 圆钢重量)×0.8(每个支架一根吊杆的长度)×2(双杆)×2(支架数量)+0.395kg/m(ϕ8 圆钢重量)×0.8(每个支架一根吊杆的长度)×2(双杆)×16(支架数量)=12.086(kg)	kg	40.63
9. 除锈、刷油、绝热			
风管支吊架	风管支架,根据定额含量计算: 支架角钢重量: 5.31kg/m²×31.22(矩形风管长边长 1000mm 以内)+3.892kg/m²×4.72(矩形风管长边长 450mm 以内)+4.392kg/m²×24.25(矩形风管长边长 320mm 以内)+4.392kg/m²×104.29(连接风机盘管的送风管)	kg	748.7

续表

分项工程名称	计算式或型号	单位	工程量
设备支吊架	风机盘管，根据定额含量计算： 支架角钢重量：3.51kg/台×13 台 未考虑组合空调机组支架	kg	45.63
风管部件支吊架	(1)消声器，根据定额含量计算： 12.58kg/台×1 台＝12.58kg (2)消声弯头，根据定额含量计算： 6.68kg/个×3 个(630mm×250mm)＋14.28×1 个(1000mm×320mm)＝34.32kg (3)风阀，40.63kg	kg	87.53
支吊架除锈、刷油合计	748.7(风管支吊架)＋87.53(部件支吊架)＋45.63(设备支吊架)	kg	881.86
风管绝热	(60.19＋104.29)(风管展开面积)×0.03(保温厚度)＋2×0.03×4×(46.74＋58.237)(风管长度)	m³	30.13

工程计价

学习单元三 通风空调工程计价实训

一、通风空调工程施工图预算编制

1. 封面（表 6-11）

2. 编制说明

（1）本预算编制依据为某客服辅楼空调工程施工图。

6.12 空调工程列项与报价

（2）主材价格：采用 2018 年太原市建设工程材料预算价格及 2019 年太原市建设工程造价信息第 5 期材料指导价格，指导价上没有价格的材料采用参考资料的相似价格及市场调研价格，除主材外其他材料未考虑动态调整。

（3）采用 2018 山西省建设工程计价依据《安装工程预算定额》，取费选择总承包工程，采用一般纳税人计税，绿色文明工地标准：一级。

（4）招标人供应空调器与风机盘管，空调机组单价暂估为 8000 元/台；风机盘管不分规格单价均暂估为：2000 元/台。

3. 安装工程预算表（表 6-12）

4. 总价措施项目（组织措施项目）计价表（表 6-13），单价措施项目（技术措施项目）计价表（表 6-14）

5. 单位工程费用表（表 6-15）

6. 主材市场价汇总表（表 6-16）

表 6-11 空调新风工程预算书封面

工 程 预 算 书		
工程名称:某客服辅楼空调新风工程		设计单位:×××建筑设计院
建设单位:×××公司		施工单位:×××建筑工程有限公司
建筑面积:		工程造价:161758.89 元
建设单位(盖章)		施工单位(盖章)
日 期:		日 期:
负 责 人:		负 责 人:

表 6-12 安装工程预算表

工程名称：某客服辅楼空调新风工程

序号	编码	名称	工程量		价格/元				其中/元			主材市场价
			单位	数量	单价	合价	市场单价	市场合价	人工市场价	材料市场价	机械市场价	
1	C7-95	镀锌薄钢板矩形风管(δ=1.2mm以内咬口)长边长≤1000mm	10m²	3.122	750.19	2342.09	751.73	2346.9	1717.1	578.94	50.86	
	主材	镀锌薄钢板 1000×320,630×250,500×250	m²	35.5284			36	1279.02				1279.02
2	C7-94	镀锌薄钢板矩形风管(δ=1.2mm以内咬口)长边长≤450mm	10m²	0.472	915.19	431.97	917.56	433.09	345.74	74.09	13.26	
	主材	镀锌薄钢板 450×250,400×250	m²	5.3714			29.3	157.38				157.38
3	C7-93	镀锌薄钢板矩形风管(δ=1.2mm以内咬口)长边长≤320mm	10m²	2.425	1223.46	2966.89	1227.86	2977.56	2437.13	423.26	117.17	
	主材	镀锌薄钢板 320×320,250×250,200×200	m²	27.5965			23	634.72				634.72
4	C7-235	碳钢调节阀安装 对开多叶调节阀周长≤2800mm	个	1	67.11	67.11	67.18	67.18	55	7.74	4.44	
	主材	对开多叶调节阀 HG-35 1000×320 保温型	个	1			344.5	344.5				344.5
5	C7-224	碳钢调节阀安装 风管蝶阀 阀周长≤1600mm	个	5	42.86	214.3	42.91	214.55	181.25	18.7	14.6	
	主材	风管蝶阀 HG-25 250×250	个	5			88.49	442.45				442.45
6	C7-223	碳钢调节阀安装 风管蝶阀 阀周长≤800mm	个	2	29.19	58.38	29.19	58.38	52.5	5.6	0.28	
	主材	风管蝶阀 HG-25 200×200	个	2			64	128				128
7	C7-241	碳钢调节阀安装 风管防火阀周长≤2200mm	个	1	99.38	99.38	99.45	99.45	87.5	7.51	4.44	
	主材	风管防火阀 630×250 常开 配信号输出装置	个	1			318.84	318.84				318.84

续表

序号	编码	名称	单位	数量	单价	合价	市场单价	市场合价	人工市场价	材料市场价	机械市场价	主材市场价
8	C7-254	碳钢风口安装 百叶风口 风口周长≤3300mm	个	1	71.87	71.87	73.22	73.22	65	8.08	0.14	
	主材	百叶风口 HG-17 1000×320	个	1			150.38	150.38				150.38
9	C7-274	碳钢风口安装 带调节阀（过滤器）百叶风口安装 周长≤1800mm	个	4	83.73	334.92	83.73	334.92	280	54.92		
	主材	HG-5 630×200 配 HG-70 过滤器	个	4			110	440				440
10	C7-275	碳钢风口安装 带调节阀（过滤器）百叶风口安装 周长≤2400mm	个	8	110.84	886.72	110.84	886.72	740	146.72		
	主材	HG-5 800×200 配 HG-70 过滤器	个	8			110	880				880
11	C7-275	碳钢风口安装 带调节阀（过滤器）百叶风口安装 周长≤2400mm	个	1	110.84	110.84	110.84	110.84	92.5	18.34		
	主材	HG-5 1000×200 配 HG-70 过滤器	个	1			136	136				136
12	C7-287	碳钢风口安装 带调节阀散流器安装（方、矩形）周长≤1200mm	个	6	72.76	436.56	72.76	436.56	375	61.56		
	主材	HG-11C 250×250 配 HG-28 调节阀	个	6			62.39	374.34				374.34
13	C7-286	碳钢风口安装 带调节阀散流器安装（方、矩形）周长≤800mm	个	21	59.44	1248.24	59.44	1248.24	1076.25	171.99		
	主材	HG-11C 200×200 配 HG-28 调节阀	个	21			45.34	952.14				952.14
14	C7-288	碳钢风口安装 带调节阀散流器安装（方、矩形）周长≤1800m	个	1	88.7	88.7	88.7	88.7	73.75	14.95		
	主材	HG-11C 320×320 配 HG-28 调节阀	个	1			62.39	62.39				62.39
15	C7-403	阻抗式消声器安装 周长≤2200mm	节	1	247.28	247.28	247.28	247.28	201.25	46.03		
	主材	阻抗式消声器安装 630×250 L=900mm	节	1			1240.11	1240.11				1240.11

续表

序号	编码	名称	单位	数量	单价	合价	市场单价	市场合价	人工市场价	材料市场价	机械市场价	主材市场价
16	C7-414	消声弯头安装 周长≤1800mm	个	3	128.18	384.54	128.18	384.54	307.5	77.04		
	主材	消声弯头安装 630×250	个	3			991.91	2975.73				2975.73
17	C7-416	消声弯头安装 周长≤3200mm	个	1	311.56	311.56	311.56	311.56	257.5	54.06		
	主材	消声弯头安装 1000×320	个	1			1738.89	1738.89				1738.89
18	C7-214	软管接口（空调机组进口）	m²	0.34	324.19	110.22	329.69	112.09	68	43.4	0.69	
19	C7-214	软管接口（空调机组出口）	m²	0.17	324.19	55.11	329.69	56.05	34	21.7	0.35	
20	C7-31	风机盘管安装 吊顶式 42CE003	台	4	276.19	1104.76	276.69	1106.76	835	199.4	72.36	
	主材	风机盘管安装 吊顶式	台	4			2000	8000				8000
21	C7-31	风机盘管安装 吊顶式 42CE004	台	7	276.19	1933.33	276.69	1936.83	1461.25	348.95	126.63	
	主材	风机盘管安装 吊顶式 42CE004（其中6台两个送风口）	台	7			2000	14000				14000
22	C7-31	风机盘管安装 吊顶式 42CE005（两个送风口）	台	1	276.19	276.19	276.69	276.69	208.75	49.85	18.09	
	主材	风机盘管安装 吊顶式	台	1			2000	2000				2000
23	C7-31	风机盘管安装 吊顶式 42CE006	台	1	276.19	276.19	276.69	276.69	208.75	49.85	18.09	
	主材	风机盘管安装 吊顶式	台	1			2000	2000				2000
24	C7-18	组合式空调机组 风量≤10000m³/h	台	1	982.97	982.97	989.03	989.03	832.5	8.61	147.92	
	主材	组合式空调机组 风量≤10000m³/h	台	1			8000	8000				8000
25	C7-95	镀锌薄钢板矩形风管（δ=1.2mm以内咬口）长边长≤1000mm	10m²	10.429	750.19	7823.73	751.73	7839.79	5735.95	1933.95	169.89	
	主材	镀锌薄钢板（连接风机盘管的送风管）1000×120、800×120、630×120	m²	118.682			26.83	3184.24				3184.24

续表

序号	编码	名称	单位	数量	单价	合价	市场单价	市场合价	人工市场价	材料市场价	机械市场价	主材市场价
26	C10-1844	设备支架制作 单件重量50kg以内	100kg	0.4063	526.95	214.1	531.46	215.93	164.04	6.7	45.19	
	主材	角钢	kg	42.6615			3.633	154.99				154.99
27	C10-1847	设备支架安装 单件重量50kg以内	100kg	0.4063	316.14	128.45	319.44	129.79	82.78	18.59	28.42	
28	C12-5	手工除锈 一般钢结构轻锈	100kg	8.8186	47.37	417.74	47.68	420.47	330.7	9.61	80.16	
29	C12-98	金属结构刷油 一般钢结构 防锈漆 第一遍	100kg	8.8186	34.44	303.71	35.07	309.27	209.44	19.67	80.16	
	主材	酚醛防锈漆	kg	8.1131			6.42	52.09				52.09
30	C12-99	金属结构刷油 一般钢结构 防锈漆 每增一遍	100kg	8.8186	32.98	290.84	33.58	296.13	198.42	17.55	80.16	
	主材	酚醛防锈漆	kg	6.8785			6.42	44.16				44.16
31	C12-103	金属结构刷油 一般钢结构 调和漆 第一遍	100kg	8.8186	31.88	281.14	32.29	284.75	198.42	6.17	80.16	
	主材	酚醛调和漆	kg	7.0549			8.86	62.51				62.51
32	C12-104	金属结构刷油 一般钢结构 调和漆 每增一遍	100kg	8.8186	31.83	280.7	32.23	284.22	198.42	5.64	80.16	
	主材	酚醛调和漆	kg	6.173			8.86	54.69				54.69
33	C12-894	纤维类制品（板）安装 通风管道保温 玻璃棉板，铝箔玻璃棉板，岩棉板，铝箔岩棉板 板材厚度30mm	m³	30.13	1084.46	32674.78	1084.58	32678.4	29150.78	2898.81	628.81	
	主材	保温板材	m³	31.9378			240	7665.07				7665.07
34	BM33	系统调整费（通风空调工程）	元	1	1134.66	1134.66	1134.66	1134.66	397.13	737.53		
35	BM94	系统调整费（刷油、防腐蚀、绝热工程）	元	1	4179.49	4179.49	4179.49	4179.49	1462.82	2716.67		
		合计				62769.46		120319.37	50122.12	10862.18	1862.43	57472.64

表 6-13 总价措施项目（组织措施项目）计价表

序号	项目名称	费率/%	费用金额/元
1.1	安全文明施工费	3.05	1564.53
1.2	临时设施费	3.35	1718.41
1.3	夜间施工增加费	0.36	184.67
1.4	冬雨季施工增加费	0.43	220.57
1.5	材料二次搬运费	0.77	394.98
1.6	工程定位复测、工程点交、场地清理费	0.18	92.33
1.7	室内环境污染物检测费	0	0
1.8	检测试验费	0.31	159.02
1.9	环境保护费	1.61	825.86
合计			5160.37

表 6-14 单价措施项目（技术措施项目）计价表

序号	编号	名称	工程量		价格/元		其中/元		
			单位	数量	单价	合价	人工费	材料费	机械费
		脚手架	项	1	3353.83	3353.83	1173.84	2179.99	
1	BM34	脚手架搭拆费（通风空调工程）	元	1	638.25	638.25	223.39	414.86	
2	BM60	脚手架搭拆费（除单独承担的室外埋地管道工程）（给排水、采暖、燃气工程）	元	1	11.35	11.35	3.97	7.38	
3	BM74	脚手架搭拆费（刷油工程）	元	1	51.51	51.51	18.03	33.48	
4	BM75	脚手架搭拆费（绝热工程）	元	1	2652.72	2652.72	928.45	1724.27	

表 6-15 单位工程费用表

工程名称:某客服辅楼空调新风工程

序号	费用名称	取费说明	费率/%	费用金额/元
1	定额工料机（包括施工技术措施费）	直接费+技术措施项目合计		66123.29
2	其中:人工费	人工费+技术措施项目人工费		51295.96
3	施工组织措施费	其中:人工费	10.06	5160.37
4	企业管理费	其中:人工费	19.8	10156.6
5	利润	其中:人工费	18.5	9489.75
6	动态调整	人材机价差+组织措施人工价差+安装费用人工价差		0
7	主材费	主材费		57472.64
8	税金	定额工料机(包括施工技术措施费)+施工组织措施费+企业管理费+利润+动态调整+主材费	9	13356.24
9	工程造价	定额工料机(包括施工技术措施费)+施工组织措施费+企业管理费+利润+动态调整+主材费+税金		161758.89

表 6-16　主材市场价汇总表

序号	材料名	单位	材料量	市场价/元	市场价合计/元
1	镀锌薄钢板 320×320,250×250,200×200　0.50mm(26#)	m²	27.5965	23	634.72
2	镀锌薄钢板 450×250,400×250 0.60mm(23#)	m²	5.3714	29.3	157.38
3	酚醛调和漆各色(管道)	kg	7.0549	8.86	62.51
4	酚醛调和漆各色(支架)	kg	6.173	8.86	54.69
5	酚醛防锈漆各色	kg	14.9916	6.42	96.25
6	角钢边宽50mm以内	kg	42.6615	3.633	154.99
7	镀锌薄钢板 1000×320,630×250,500×250　0.75mm	m²	35.5284	36	1279.02
8	镀锌薄钢板 1000×120,800×120,630×120　0.5mm(3.925kg/m²)	m²	118.682	26.83	3184.24
9	HG-5　1000×200　配 HG-70 过滤器	个	1	136	136
10	HG-5　800×200　配 HG-70 过滤器	个	8	110	880
11	HG-5　630×200　配 HG-70 过滤器	个	4	110	440
12	HG-11C　250×250　配 HG-28 调节阀	个	6	62.39	374.34
13	HG-11C　200×200　配 HG-28 调节阀	个	21	45.34	952.14
14	HG-11C　320×320　配 HG-28 调节阀	个	1	62.39	62.39
15	百叶风口　HG-17　1000×320	个	1	150.38	150.38
16	对开多叶调节阀　HG-35　1000×320 保温型	个	1	344.5	344.5
17	风管蝶阀　HG-25　250×250	个	5	88.49	442.45
18	风管蝶阀　HG-25　200×200	个	2	64	128
19	风管防火阀　630×250　常开　配信号输出装置	个	1	318.84	318.84
20	保温板材	m³	31.9378	240	7665.07
21	阻抗式消声器安装　630×250 L=900mm	节	1	1240.11	1240.11
22	消声弯头安装　630×250	个	3	991.91	2975.73
23	消声弯头安装　1000×320	个	1	1738.89	1738.89
24	风机盘管安装　吊顶式 42CE003	台	4	2000	8000
25	风机盘管安装　吊顶式 42CE004(其中 6 台两个送风口)	台	7	2000	14000
26	风机盘管安装　吊顶式 42CE005(两个送风口)	台	1	2000	2000
27	风机盘管安装　吊顶式 42CE006	台	1	2000	2000
28	组合式空调机组　风量≤10000m³/h	台	1	8000	8000
合计					57472.64

二、通风空调工程投标报价编制

依据《通用安装工程工程量清单计算规范》（GB 50856—2013），附录 G 通风空调工程常用项目有：G.1 通风及空调设备及部件制作安装（030701），G.2 通风管道制作安装（030702），G.3 通风管道部件制作安装（030703），G.4 通风工程检测调试（030704）。常用清单项目详见本书附录。

1. 投标报价封面（表 6-17）

表 6-17　空调新风工程投标报价封面

<table>
<tr><td colspan="2" align="center">**某客服辅楼空调新风工程**</td></tr>
<tr><td colspan="2" align="center">**投 标 总 价**</td></tr>
<tr><td>招　标　人：</td><td>×××公司</td></tr>
<tr><td>工 程 名 称：</td><td>某客服辅楼空调新风工程</td></tr>
<tr><td>投 标 总 价(小写)：</td><td>176642.62 元</td></tr>
<tr><td>（大写）：</td><td>壹拾柒万陆仟陆佰肆拾贰元陆角贰分元</td></tr>
<tr><td>投　标　人</td><td></td></tr>
<tr><td></td><td>（单位盖章）</td></tr>
<tr><td>法定代表人</td><td></td></tr>
<tr><td>或其授权人：</td><td></td></tr>
<tr><td></td><td>（签字或盖章）</td></tr>
<tr><td>编　制　人：</td><td></td></tr>
<tr><td></td><td>（造价人员签字盖专用章）</td></tr>
<tr><td>编制时间：</td><td>年　月　日</td></tr>
</table>

2. 编制说明

(1) 本报价编制依据某客服辅楼空调工程施工图。

(2) 主材价格：采用 2018 年太原市建设工程材料预算价格及 2019 年太原市建设工程造价信息第 5 期材料指导价格，指导价上没有价格的材料采用参考资料的相似价格及市场调研价格。

(3) 编制依据：《通用安装工程工程量清单计算规范》（GB 50856—2013）。

(4) 采用 2018 山西省建设工程计价依据《安装工程预算定额》，取费选择总承包工程，一般纳税人计税，绿色文明工地标准：一级。

(4) 招标人供应空调器与风机盘管，空调机组单价暂估为 8000 元/台；风机盘管不分规格单价均暂估为：2000 元/台。

(5) 暂列金额按分部分项总价 10% 考虑。

(6) 本工程以投标人按招标文件要求自主确定综合单价和费率，投标价中除安全文明施工费、环境保护费、临时设施费、税金为不可竞争费外，其余组织措施费、企业管理费、利润均可以不低于成本自主确定报价。

3. 单位工程（安装工程）投标报价汇总表（表 6-18）

4. 分部分项工程量清单与计价表（表 6-19）

5. 总价措施项目清单与计价表（表 6-20）

6. 分部分项工程量清单综合单价分析表（列举）（表 6-21）

7. 单价措施项目清单综合单价分析表（表 6-22）

8. 其他项目清单与计价汇总表（表 6-23）

9. 材料及设备暂估单价表（表 6-24）

6.13　空调工程
清单计价完整表

表 6-18　单位工程（安装工程）投标报价汇总表

工程名称：某客服辅楼空调新风工程

序号	汇总内容	金额/元	其中：暂估价/元
1	分部分项工程费	139176.07	40299.23
2	施工技术措施项目费	3803.4	
3	施工组织措施项目费	5160.37	
4	其他项目费	13917.61	—
4.1	暂列金额	13917.61	
4.2	专业工程暂估价		
4.3	计日工		
4.4	总承包服务费		
5	税金（扣除不列入计税范围的工程设备费）	14585.17	—
	投标报价合计＝1＋2＋3＋4＋5	176642.62	40299.23

表 6-19　分部分项工程量清单与计价表

序号	项目编码	项目名称	项目特征描述	计量单位	工程量	金额/元 综合单价	金额/元 合价	金额/元 其中：暂估价
1	030702001001	碳钢通风管道	1. 名称：碳钢风管 2. 材质：镀锌薄钢板 3. 形状：矩形 4. 规格：1000×320　320×320—630×250　630×250—500×250　630×250　500×250 5. 板材厚度：1.2mm 以内 6. 管件、法兰等附件及支架设计要求：型材制作安装 7. 接口形式：法兰连接	m²	31.22	137.05	4278.7	
2	030702001002	碳钢通风管道	1. 名称：碳钢风管 2. 材质：镀锌薄钢板 3. 形状：矩形 4. 规格：400×250　500×250—400×250　400×250—250×250 5. 板材厚度：1.2mm 以内 6. 管件、法兰等附件及支架设计要求：型材制作安装 7. 接口形式：法兰连接	m²	4.72	152.92	721.78	
3	030702001003	碳钢通风管道	1. 名称：碳钢风管 2. 材质：镀锌薄钢板 3. 形状：矩形 4. 规格：250×250　320×320　200×200 5. 板材厚度：1.2mm 以内 6. 管件、法兰等附件及支架设计要求：型材制作安装 7. 接口形式：法兰连接	m²	24.25	187.01	4534.99	

续表

序号	项目编码	项目名称	项目特征描述	计量单位	工程量	金额/元		
						综合单价	合价	其中:暂估价
4	030702001004	碳钢通风管道	1. 名称:碳钢风管 2. 材质:镀锌薄钢板 3. 形状:矩形 4. 规格:630×120 800×120 1000×120 5. 板格厚度:1.2mm 以内 6. 管件、法兰等附件及支架设计要求:型材制作安装 7. 接口形式:法兰连接 8. 连接风机盘管送风管	m²	104.29	126.62	13205.2	
5	030703001001	碳钢阀门	1. 名称:对开多叶调节阀 2. 规格:HG-35 1000×320 保温型	个	1	432.68	432.68	344.5
6	030703001002	碳钢阀门	1. 名称:方形手柄式钢制蝶阀 2. 规格:HG-25 250×250	个	5	145.24	726.2	
7	030703001003	碳钢阀门	1. 名称:方形手柄式钢制蝶阀 2. 规格:HG-25 200×200	个	2	103.25	206.5	
8	030703001004	碳钢阀门	1. 名称:防火阀 2. 规格:630×250 常开配信号输出装置	个	1	451.74	451.74	
9	030703007001	碳钢风口、散流器、百叶窗	1. 名称:防雨百叶风口 2. 规格:HG-17 1000×320 3. 形式:安装	个	1	247.15	247.15	
10	030703007002	碳钢风口、散流器、百叶窗	1. 名称:可开侧壁单层百叶回风口 2. 规格:HG-5 630×200 配 HG-70 过滤器	个	4	220.54	882.16	
11	030703007003	碳钢风口、散流器、百叶窗	1. 名称:可开侧壁单层百叶回风口 2. 规格:HG-5 800×200 配 HG-70 过滤器	个	8	256.27	2050.16	
12	030703007004	碳钢风口、散流器、百叶窗	1. 名称:可开侧壁单层百叶回风口 2. 规格:HG-5 1000×200 配 HG-70 过滤器	个	1	256.27	256.27	
13	030703007005	碳钢风口、散流器、百叶窗	1. 名称:方形散流器 2. 规格:HG-11C 250×250 配 HG-28 调节阀	个	6	159.09	954.54	
14	030703007006	碳钢风口、散流器、百叶窗	1. 名称:方形散流器 2. 规格:HG-11C 200×200 配 HG-28 调节阀	个	21	124.41	2612.61	
15	030703007007	碳钢风口、散流器、百叶窗	1. 名称:方形散流器 2. 规格:HG-11C 320×320 配 HG-28 调节阀	个	1	179.33	179.33	

续表

序号	项目编码	项目名称	项目特征描述	计量单位	工程量	金额/元		
						综合单价	合价	其中：暂估价
16	030703020001	消声器	1. 名称：阻抗消声器 2. 规格：630×250　$L=$900mm 3. 形式：安装 4. 支架形式、材质：型材制作安装	个	1	1564.47	1564.47	1240.11
17	030703020002	消声器	1. 名称：消声弯头 2. 规格：630×250 3. 形式：安装 4. 支架形式、材质：型材制作安装	个	3	1159.35	3478.05	2975.73
18	030703020003	消声器	1. 名称：消声弯头 2. 规格：1000×320 3. 形式：安装 4. 支架形式、材质：型材制作安装	个	1	2149.08	2149.08	1738.89
19	030702008001	柔性软风管	1. 名称：软连接 2. 规格：1000×320	m	0.13	1048.23	136.27	
20	030702008002	柔性软风管	1. 名称：软连接 2. 规格：320×320	m	0.13	524.08	68.13	
21	030701004001	风机盘管	风机盘管 42CE003 1. 吊顶式安装 2. 单个送风口 3. 送风管 630×120	台	4	2356.14	9424.56	8000
22	030701004002	风机盘管	风机盘管 42CE004 1. 吊顶式安装 2. 两个送风口 3. 送风管 800×120	台	6	2356.14	14136.84	12000
23	030701004003	风机盘管	风机盘管 42CE004 1. 吊顶式安装 2. 单个送风口	台	1	2356.14	2356.14	2000
24	030701004004	风机盘管	风机盘管 42CE005 1. 吊顶式安装 2. 两个送风口	台	1	2356.14	2356.14	2000
25	030701004005	风机盘管	风机盘管 42CE006 1. 吊顶式安装 2. 单个送风口	台	1	2356.14	2356.14	2000
26	030701003001	空调器	组合式新风机组 1. 落地式安装 2. 进风段＋过滤段＋表冷加热加湿段＋送风段	台	1	9301.82	9301.82	8000
27	031002002001	设备支架	风管部件支吊架 1. 风阀 2. 支撑角钢 3. 圆钢吊杆	kg	40.63	14.57	591.98	

续表

序号	项目编码	项目名称	项目特征描述	计量单位	工程量	综合单价	合价	其中:暂估价
28	031201003001	金属结构刷油	风管、部件、设备支吊架 1. 除锈级别:轻度喷砂除锈 2. 油漆品种:防锈漆二遍,调和漆二遍	kg	881.86	2.27	2001.82	
29	031208003001	通风管道绝热	风管保温 1. 绝热材料品种:玻璃棉板 2. 绝热厚度:30mm	m³	30.13	1709.42	51504.82	
30	030704001001	通风工程检测、调试	检测、调试	系统	1	1286.76	1286.76	
31	03B004	系统调整费	刷油、防腐蚀、绝热工程	项	1	4723.04	4723.04	
合计							139176.07	40299.23

表 6-20　总价措施项目清单与计价表

序号	项目编码	项目名称	计算基础	费率/%	金额/元
1	031302001001	安全文明施工费	分部分项人工费+技术措施项目人工费	3.05	1564.53
2	031302001002	临时设施费	分部分项人工费+技术措施项目人工费	3.35	1718.41
3	031302001003	环境保护费	分部分项人工费+技术措施项目人工费	1.61	825.86
4	031302002001	夜间施工增加费	分部分项人工费+技术措施项目人工费	0.36	184.67
5	031302004001	材料二次搬运费	分部分项人工费+技术措施项目人工费	0.77	394.98
6	031302005001	冬雨季施工增加费	分部分项人工费+技术措施项目人工费	0.43	220.57
7	03B001	工程定位复测、工程点交、场地清理费	分部分项人工费+技术措施项目人工费	0.18	92.33
8	03B002	室内环境污染物检测费	分部分项人工费+技术措施项目人工费	0	0
9	03B003	检测试验费	分部分项人工费+技术措施项目人工费	0.31	159.02
合　计					5160.37

表 6-21 分部分项工程量清单综合单价分析表（列举）

项目编码	030702001001	项目名称	碳钢通风管道		计量单位	m²	工程量	
清单综合单价组成明细								
定额编号	定额项目名称	定额单位	数量	单价/元				
				人工费	材料费	机械费	管理费和利润	
				合价/元				
				人工费	材料费	机械费	管理费和利润	
C7-95	镀锌薄钢板矩形风管（δ=1.2mm以内咬口）长边长≤1000mm	10m²	0.1	550	593.86	16.01	210.64	
				55	59.39	1.6	21.06	
人工单价	综合工日 125元/工日			小计	55	59.39	1.6	21.06
				未计价材料费	40.97			
				清单项目综合单价	137.05			

材料费明细	主要材料名称、规格、型号	单位	数量	单价/元	合价/元	暂估单价/元	暂估合价/元
	角钢 综合	kg	3.52	3.04	10.7		
	热轧光圆钢筋 HPB300 综合	kg	0.149	3.34	0.5		
	镀锌薄钢板 0.75mm	m²	1.138	36	40.97		
	其他材料费			—	7.22	—	0
	材料费小计			—	59.39	—	0

项目编码	030703001002	项目名称	碳钢阀门		计量单位	个	工程量	
清单综合单价组成明细								
定额编号	定额项目名称	定额单位	数量	单价/元				
				人工费	材料费	机械费	管理费和利润	
				合价/元				
				人工费	材料费	机械费	管理费和利润	
C7-224	碳钢调节阀安装 风管蝶阀周长≤1600mm	个	1	36.25	92.23	2.87	13.89	
				36.25	92.23	2.87	13.89	
人工单价	综合工日 125元/工日			小计	36.25	92.23	2.87	13.89
				未计价材料费	88.49			
				清单项目综合单价	145.24			

续表

项目编码	030703001002	项目名称	碳钢阀门	计量单位	个	工程量		暂估合价/元	5

材料费明细

主要材料名称、规格、型号	单位	数量	单价/元	合价/元	暂估单价/元	暂估合价/元
风管蝶阀	个	1	88.49	88.49		0
其他材料费			—	3.74	—	0
材料费小计			—	92.23	—	

项目编码	030703020001	项目名称	消声器	计量单位	个	工程量		暂估合价/元	1

清单综合单价组成明细

定额编号	定额项目名称	定额单位	数量	单价/元 人工费	材料费	机械费	管理费和利润	合价/元 人工费	材料费	机械费	管理费和利润
C7-403	阻抗式消声器安装 周长≤2200mm	节	1	201.25	1286.14	0	77.08	201.25	1286.14	0	77.08
人工单价	小计							201.25	1286.14	0	77.08
综合工日 125元/工日	未计价材料费								1240.11		
	清单项目综合单价								1564.47		

材料费明细

主要材料名称、规格、型号	单位	数量	单价/元	合价/元	暂估单价/元	暂估合价/元
角钢 综合	kg	8.07	3.04	24.53		
阻抗式消声器安装 周长≤2200mm	节	1		1240.11	1240.11	
其他材料费			—	21.5	—	0
材料费小计			—	46.03	—	1240.11

项目编码	030701004002	项目名称	风机盘管	计量单位	台	工程量		暂估合价/元	6

清单综合单价组成明细

定额编号	定额项目名称	定额单位	数量	单价/元 人工费	材料费	机械费	管理费和利润	合价/元 人工费	材料费	机械费	管理费和利润
C7-31	风机盘管安装 吊顶式	台	1	208.75	2049.85	17.59	79.95	208.75	2049.85	17.59	79.95
人工单价	小计							208.75	2049.85	17.59	79.95

续表

项目编码	030701004002	项目名称	风机盘管	计量单位	台	工程量	2000
综合工日 125 元/工日							
清单项目综合单价							2356.14

材料费明细

主要材料名称、规格、型号	单位	数量	单价/元	合价/元	暂估单价/元	暂估合价/元
未计价材料费						6
角钢 综合	kg	3.51	3.04	10.67		
风机盘管安装 吊顶式	台	1			2000	2000
其他材料费			—	39.18	—	0
材料费小计			—	49.85	—	2000

项目编码	03120800300	项目名称	通风管道绝热	计量单位	m^3	工程量	30.13

清单综合单价组成明细

定额编号	定额项目名称	定额单位	数量	单价/元				合价/元			
				人工费	材料费	机械费	管理费和利润	人工费	材料费	机械费	管理费和利润
C12-894	纤维类制品(板)安装 通风管道保温 玻璃棉板,铝箔玻璃棉板,岩棉板,铝箔岩棉板 板材厚度30mm	m^3	1	967.5	350.61	20.75	370.56	967.5	350.61	20.75	370.56
人工单价					小计			967.5	350.61	20.75	370.56
综合工日 125 元/工日					未计价材料费				254.4		
				清单项目综合单价							1709.42

材料费明细

主要材料名称、规格、型号	单位	数量	单价/元	合价/元	暂估单价/元	暂估合价/元
保温板材	m^3	1.06	240	254.4	—	
其他材料费			—	96.21	—	0
材料费小计			—	350.61	—	0

表 6-22　单价措施项目清单综合单价分析表

项目编码	03130101017001	项目名称			脚手架搭拆				计量单位		工程量		1
				清单综合单价组成明细									
定额编号	定额项目名称	定额单位	数量	单价/元				合价/元					
				人工费	材料费	机械费	管理费和利润	人工费	材料费	机械费	管理费和利润		
BM34	脚手架搭拆费（通风空调工程）	元	1	223.39	414.86	0	85.56	223.39	414.86	0	85.56		
BM74	脚手架搭拆费（刷油工程）	元	1	18.03	33.48	0	6.9	18.03	33.48	0	6.9		
BM60	脚手架搭拆费（给排水、采暖、燃气工程）	元	1	3.97	7.38	0	1.52	3.97	7.38	0	1.52		
BM75	脚手架搭拆费（绝热工程）	元	1	928.45	1724.27	0	355.59	928.45	1724.27	0	355.59		
人工单价			小计					1173.84	2179.99	0	449.57		
综合工日 125 元/工日			未计价材料费						0				
	清单项目综合单价								3803.4				
材料费明细	主要材料名称、规格、型号			单位		数量		单价/元	合价/元	暂估单价/元	暂估合价/元		
								—	2179.99	—	0		
	其他材料费							—	2179.99	—	0		
	材料费小计							—	2179.99				

表 6-23　其他项目清单与计价汇总表

序号	项目名称	金额/元	结算金额/元
1	暂列金额	13917.61	
2	暂估价		
2.1	材料暂估价	—	
2.2	专业工程暂估价		
3	计日工		
4	总承包服务费		
	合　计	13917.61	

表 6-24　材料及设备暂估单价表

序号	材料(工程设备)名称、规格、型号	计量单位	数量		暂估/元	
			暂估	确认	单价	合价
1	对开多叶调节阀	个	1		344.5	344.5
2	阻抗式消声器安装 周长≤2200mm	节	1		1240.11	1240.11
3	消声弯头安装 周长≤1800mm	个	3		991.91	2975.73
4	消声弯头安装 周长≤3200mm	个	1		1738.89	1738.89
5	风机盘管安装 吊顶式 42CE003	台	4		2000	8000
6	风机盘管安装 吊顶式 42CE004(两个送风口)	台	6		2000	12000
7	风机盘管安装 吊顶式 42CE004(单个送风口)	台	1		2000	2000
8	风机盘管安装 吊顶式 42CE005	台	1		2000	2000
9	风机盘管安装 吊顶式 42CE006	台	1		2000	2000
10	组合式空调机组 风量≤10000m³/h	台	1		8000	8000
	合　计					40299.23

📝 项目小结

　　本项目学习了通风空调工程识图、列项、算量与计价全过程，掌握了通风空调工程施工图识读方法，工程量计算规则，了解了通风空调工程施工图预算和投标报价编制依据、编制方法、编制程序和格式。

　　在本项目学习中，要熟悉通风空调工程识图规则，掌握相关的图例、平面图、系统图识读方法，掌握通风空调工程工程量计算规则并能准确列项与算量，熟悉清单规范、定额计量规则并能准确报价。

练一练、做一做

一、单选题

1.《通用安装工程工程量计算规范》（GB 50856—2013），空调系统调试费应列入（　　）。

6.14　习题答案

A. 分部分项工程费　　　　B. 技术措施费　　　　C. 其他项目费　　　　D. 动态调整费

2. 两个防火分区之间在水平方向应设防火墙、防火卷帘和（　　）等进行隔断。

A. 防火阀　　　　　　　　B. 防火门　　　　　　C. 排烟风机　　　　　D. 挡烟壁

3.《通用安装工程工程量计算规范》（GB 50856—2013），薄钢板风管、不锈钢风管、塑料风管、玻璃钢风管、复合型风管按设计图示规格以（　　）计算。不扣除检查孔、测定孔、送风口、吸风口等所占面积，不计算风管、管口重叠部分面积。

A. 展开面积　　　　　　　B. 延长米　　　　　　C. 中心线长度　　　　D. 通风管道

4. 采暖管道绝热工程中绝热层以"m^3"为计量单位，防潮层、保护层以（　　）为计量单位。

A. m　　　　　　　　　　B. m^3　　　　　　　C. kg　　　　　　　　D. m^2

5.（　　）是一种具有吸声内衬能够有效降低噪声的气流管道。

A. 对开调节阀　　　　　　B. 散流器　　　　　　C. 消声器　　　　　　D. 通风管道

6. 在计算风管长度时，应扣除的通风部件蝶阀长度 L 为（　　）。

A. 210mm　　　　　　　B. 300mm　　　　　　C. 150mm　　　　　　D. 380mm

二、填空题

1. 按通风系统工作的动力不同，通风可分为（　　　）和机械通风；按通风系统的作用范围，可分为局部通风和（　　　）。

2. 水平防火分区的分隔物，主要依靠（　　　），也可以利用防火水幕带或防火卷帘加水幕。

3. 利用自然或机械作用力，分为自然排烟和机械排烟，将烟气排到室外，称之为（　　　）。

4. 空调系统一般由冷热源、（　　　）、（　　　）、空气分配装置和调节控制设备等部分组成。

5. 矩形风管标高为风管的（　　　），圆形风管为风管中心线标高。

6. 薄钢板通风管道、净化通风管道、玻璃钢通风管道、复合型风管制作安装子目中，（　　）弯头、三通、变径管、天圆地方等管件及法兰、加固框和（　　）的制作安装。

三、实训

按《通用安装工程工程量计算规范》（GB 50856—2013），完成某工程地下一层通风排烟分部分项工程量清单编制，CAD图纸请扫描二维码6.15获得。

6.15　实训图
通风及排烟平面图

项目七

BIM安装给排水工程计量

课证融通

《国家职业教育改革实施方案》中关于"从 2019 年开始，在职业院校、应用型本科高校启动 1+ X 证书制度试点工作，进一步提高和锻炼学生的应用技能和职业素养"，建筑信息模型（BIM）职业技能等级证书是首批试点改革项目，引企入教，融合互联网+ BIM 技术应用于"安装工程计量计价"课程，积极推进信息化技术与教学有机融合，提升学生专业技能，增强学生学习 BIM 技术的学习兴趣和动力，适应行业信息化、工业化发展的人才需求。

学习目标

掌握给排水施工图的主要内容及其识读方法；能熟练识读给排水程施工图；熟悉软件的操作流程，掌握 BIM 安装计量软件 GQI2021 给排水专业核心功能使用方法；能够依据图纸使用软件计算给排水专业工程量。

思维导图

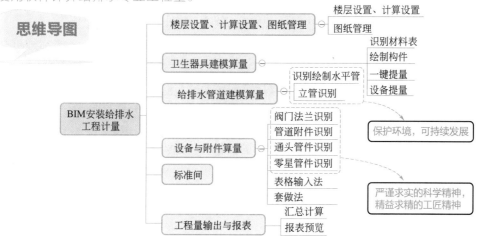

工作任务

任务

根据某村委办公楼给排水施工图,采用 BIM 安装计量 GQI2021 软件,完成如下工作:

(1) 根据现行《通用安装工程工程量计算规范》(GB 50856—2013)中的计算规则,结合给排水专业施工图纸,新建给排水专业工程中给水管道、排水管道、阀门、卫生器具等构件信息,识别 CAD 图纸中的管道、阀门、卫生器具等构件。

(2) 汇总计算给排水专业工程量,并结合 CAD 图纸信息,对汇总后的工程量集中套用做法,填写清单项目特征,最终形成完整的给排水专业工程工程量清单表。

施工图分析

以"村委办公楼水施.dwg"图纸为案例(CAD 图纸扫描二维码 2.1 查看),本案例工程包括给水系统、排水系统两部分。本项目介绍给排水工程。

(1) 如何查看 CAD 图纸?如何将 CAD 图纸导入到安装计量软件 GQI2021 中?如何在软件中分解图纸及保存?

(2) 结合 CAD 图纸及《通用安装工程工程量计算规范》(GB 50856—2013),在软件中正确设置计算规则;如何对给排水管道、阀门、卫生器具等构件建立模型?如何修改构件属性使其与图纸相符?

(3) 如何汇总计算给排水专业及各楼层的构件工程量?如何对汇总后的工程量集中套做法?如何预览报表并导出给排水专业的 Excel 表格?

任务实施

学习单元一 楼层设置、计算设置、图纸管理

一、楼层设置、计算设置

1. 软件启动与退出

(1) 通过如下两种方法来启动 BIM 安装计量 GQI2021 软件。

• 方法 1:找到桌面上"广联达 BIM 安装计量 GQI2021"快捷图标![图标A],双击后即可打开软件。

• 方法 2:通过鼠标左键单击【开始】→【所有程序】→【广联达建筑工程造价管理整体解决方案】,点击"广联达 BIM 安装计量 GQI2021"图标即可打开软件。

(2) 可以通过以下两种方法来退出安装计量软件。

• 方法 1:鼠标左键单击软件主界面右上角的按钮,可退出界面。

• 方法 2:通过单击左上角图标,选择【退出】即可退出软件。

2. 楼层相关信息设置

(1) 新建工程 点击软件名称,弹出窗体,点击【新建】按钮,进入"新建工程",完成案例工程的工程信息,如图 7-1 所示。

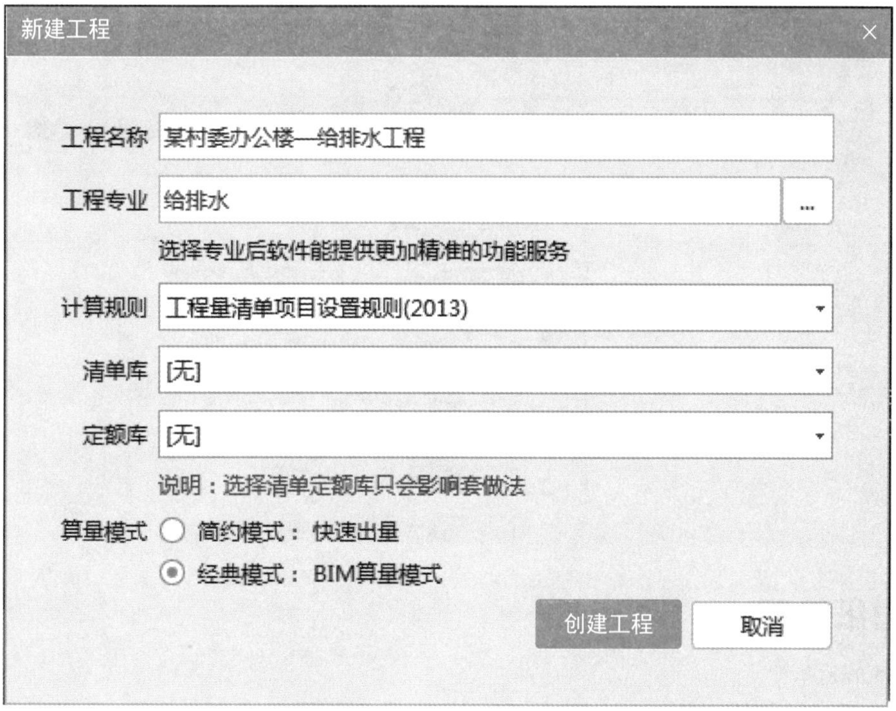

图 7-1　新建工程

提示：GQI2021 兼容了两种算量模式，即经典模式及简约模式。经典模式沿用 2015 的界面风格及操作流程，对于熟悉 2015 的用户，可以快速上手，灵活使用。简约模式主张快速出量，导入图纸后直接进行识别操作，只需要五步即可完成算量工作：导图→设备提量→管线提量→汇总计算→出量。

（2）楼层设置、计算设置　新建工程之后，首先要建立建筑物楼层高度的相关信息（即设置立面高度方面的信息），包括楼层设置和标高设置。根据案例图纸中"给水系统图"和"施工图设计说明"的图纸信息，完成"楼层设置"和"计算设置"。如图 7-2、图 7-3 所示。

图 7-2　楼层设置

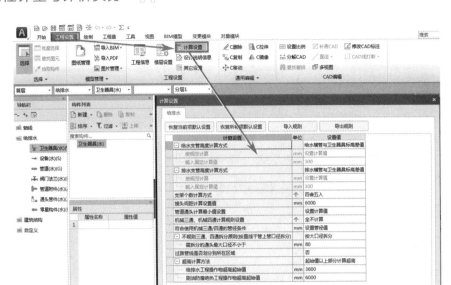

图 7-3　计算设置

二、图纸管理

1. 添加图纸

点击"图纸管理"窗体中的"添加"，将需要添加的图纸导入至软件中，该图纸作为父节点图纸显示在"图纸管理"界面，见图 7-4。

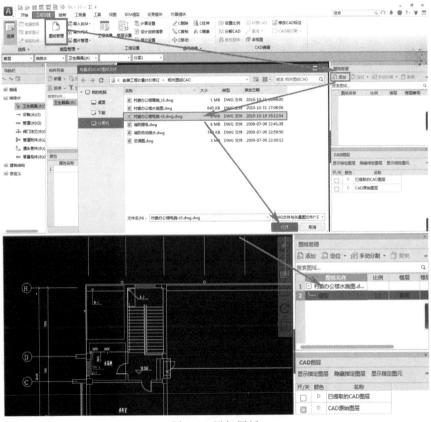

图 7-4　添加图纸

2. 定位图纸

点击"图纸管理"窗体中的"定位",将需要定位的每张图纸设置一个定位点,如图 7-5 所示。

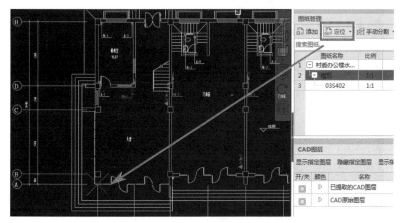

图 7-5 定位图纸

对于定位有误的可以使用"删除定位"来取消定位点。如图 7-6 所示。

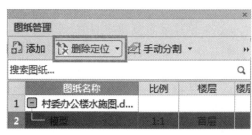

图 7-6 删除定位

3. 分割图纸

分割图纸分为自动分割和手动分割。

(1)自动分割 一键智能分割图纸功能,可大幅度提高分割图纸效率;点击"自动分割"可以根据图纸边框线和图纸标注名称自动分割和定义名称。分割完点击【确定】即可。

(2)手动分割 触发"手动分割",框选需要分割的图纸,如图 7-7 所示。

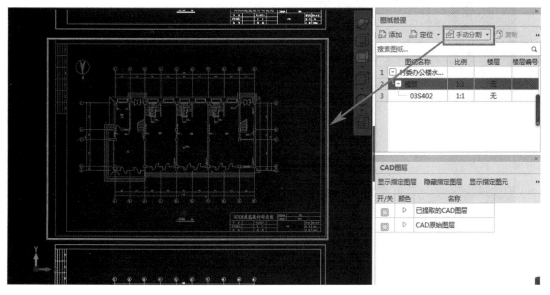

图 7-7 手动分割图纸

单击鼠标右键，弹出"输入图纸名称"对话框，单击【识别图名】可以提取图纸中的文字作为图纸名称，在"楼层选择"中选择框选图纸的所属楼层，如图 7-8 所示。

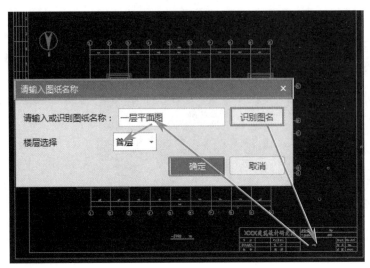

图 7-8 识别图名

被分割的图纸在"图纸管理"界面生成子节点图纸，对于"系统图、设计说明、材料表"这张图纸建议最后分割，可使用"复制"可以快速复制需要重复使用的系统图，用于在楼层编号模式下各楼层分配使用。

4. 删除图纸

如果导入 CAD 图形是错误的或需要重新导入，为了使界面不凌乱，可以使用"删除"的功能清除当前的图纸。当图纸选择对应的楼层时，使用"删除"命令，会弹出图 7-9。在弹出的界面中点击【是】，可以删除当前图纸；点击【否】，取消操作；当图纸没有选择楼层时，使用"删除"不会提示就直接删除了。

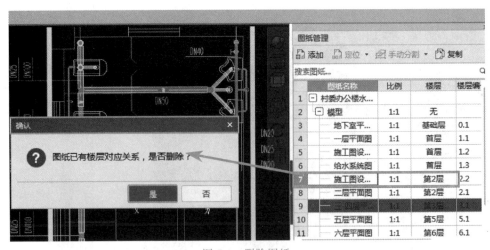

图 7-9 删除图纸

图纸管理在原楼层编号基础上，增加了图纸与分层对应的模式，该模式更适用于 BIM建模思路，为 BIM 建模过程中遇到的多层多专业平面图纸识别问题提供更好的解决方法和体验。

当勾选"楼层编号"时，切换至楼层编号模式，图纸按原有原则根据楼层编号在对应楼层依次平铺显示，如图 7-10 所示。

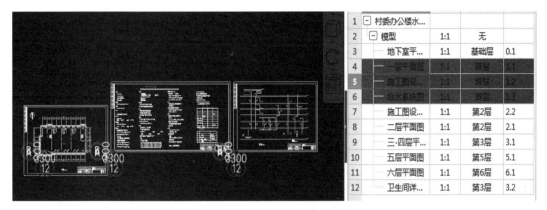

图 7-10　图纸平铺显示

5. 设置图纸比例

在有些图纸中，有的局部图为了查看方便，显示比例不是按 1∶1 设置，为了能够正确地识别，导入软件以后需要对这部分局部图进行调整，在绘图区域内通过量取线段直接可以调整 CAD 图的比例。操作步骤如下：【工程设置】→【设置比例】，框选要设置比例的图纸，单击右键，在对话框中输入图纸的实际尺寸，然后【确定】。如图 7-11 所示。

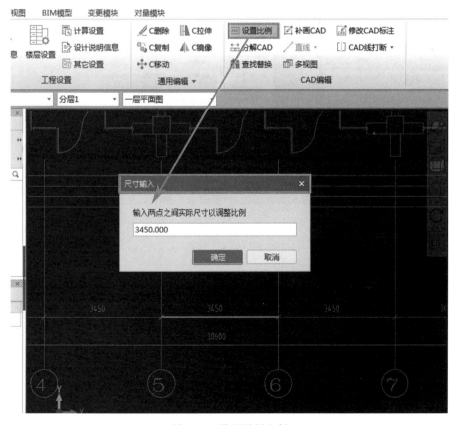

图 7-11　设置图纸比例

学习单元二　卫生器具建模算量

对于给排水专业，软件整体操作流程按左侧导航栏的构件类型顺序完成识别：点式构件识别→线式构件识别→依附构件识别→零星构件识别。依据图纸，先识别卫生器具、设备等点式构件，再识别管道线式构件。其优点是：软件会根据点式构件与线式构件的标高差，自动生成连接两者间的竖向管道。

一、识别材料表

将材料表里的信息快速提取，可节省大量建立构件的时间。操作如下：

第一步：点击【绘制】页签，单击【材料表】命令。

第二步：框选 CAD 图中的材料表，右键确认，在"识别材料表"窗体中修改卫生器具或设备的名称、标高、对应构件类型等属性，在进行编辑时可利用"删除行""删除列""复制行""复制列""合并行""合并列"功能。

第三步：修改完毕后点击【确定】按钮，在定义界面可以查看到识别材料表功能新建的构件，见图 7-12。

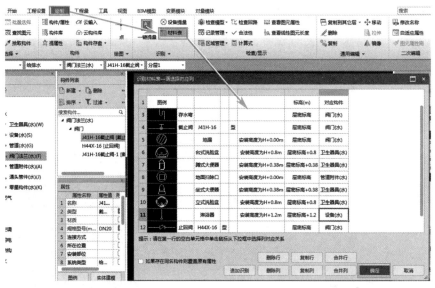

图 7-12　识别材料表

> **小技巧**
>
> 1. 可以触发图例 ![8 截止阀] 的三点按钮提取图纸中的设备图例。
>
> 2. 如果材料表过长，或者有两张材料表时，可以利用【追加识别】功能继续识别材料表。
>
>

二、绘制构件

如果图纸中没有合适的材料表，可以新建构件。操作如下：点击【绘制】页签，单击给排水专业中"卫生器具"构件类型，新建"卫生器具"，在其属性中选择对应的类型并修改器具名称，如图 7-13 所示。

根据案例图纸的要求，新建卫生器具，注意修改卫生器具的类型、距地高度属性。软件中内置有不同卫生器具的常用距地高度，如果与图纸不符，可以手动修改。

三、一键提量

需要快速提取设备数量的时候，可以一次性把一个或多个楼层的点式图例都识别完。操作如下：

第一步：点击【绘制】页签，单击"识别"功能组中的【一键提量】按钮；

第二步：触发"一键提量"以后，弹出"构件属性定义"窗口，如图 7-14 所示。"一键提量"中的设备图例只显示当前楼层的设备块图元。对应构件、构件名称、规格型号、类型、标高等，会自动匹配刚才已经识别的材料表里的信息。

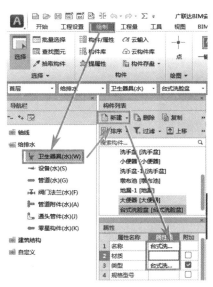

图 7-13　新建构件

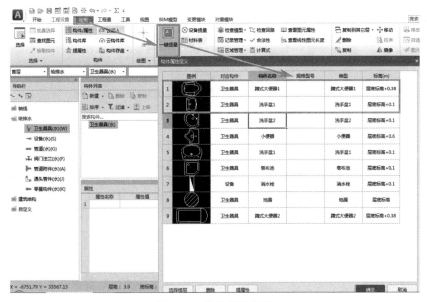

图 7-14　构件属性定义

第三步：当有多楼层识别的需求时，点击【选择楼层】按钮，弹出对话框，进行楼层勾选，默认当前楼层勾选，见图 7-15。

第四步：双击图例，可在绘图区域定位，方便检查。检查有无多提取无效图例，如果有，选中该行点击【删除】按钮。

第五步：单击设备图例，其右侧显示三点按钮，点击后弹出"设置连接点"的对话框，可以对设备进行连接点的设置，见图 7-16。

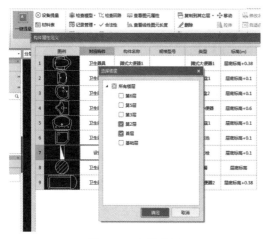

图 7-15　选择楼层

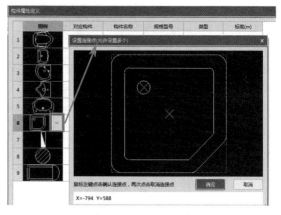

图 7-16　设置连接点

第六步：修改完毕后，点击【确定】。进行全楼层或部分楼层的图元生成。

> **小技巧**
>
> "一键提量"支持提取图纸中 CAD 文字信息至窗体内。只需触发"提属性"命令，左键选 CAD 文字，在窗体内对应单元格单击右键即可。
>
>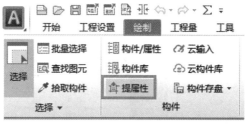

四、设备提量

需要计算 CAD 图中的设备数量时，可通过使用【设备提量】功能，将 CAD 图上的设备图例、带有文字标识的设备图例转化为软件中的图元模型，从而计算此类设备数量。操作步骤如下：

7.1　设备提量

第一步：在【绘制】页签中，点击导航栏的"卫生器具"，单击【设备提量】命令。

第二步：按鼠标左键点选或框选图中卫生器具图块，这时构件呈蓝色状态表示选中，然后点击右键确认选中图例，弹出如图 7-17 所示对话框；在对话框内先选择设备构件类型，然后点击【新建】按钮，选择构件子类型进行新建构件，对于新建完成的构件可在属性编辑器对话框内按图纸信息输入相关属性信息。

第三步：当有选定识别范围的需求时，点击【识别范围】功能，进行识别范围框选，如不进行选择，默认为全部图纸。

第四步：点击【确定】，进行设备图元的生成。汇总计算后，可通过分类查看工程量、报表预览等方式查看设备工程量。

7.2　卫生器具

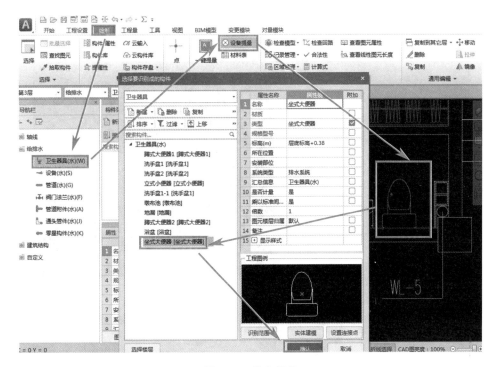

图 7-17 设备提量

学习单元三 **给排水管道建模算量**

一、识别绘制水平管

识别绘制水平管，软件提供有"自动识别"和"选择识别"两种方式识别给排水管道。

1. 自动识别

"自动识别"在没有手动建立管道构件前，通过选择任意一段表示管线的 CAD 线及对应的管径标识，软件会在管道属性栏自动创建不同管径的管道构件，一次性识别该楼层内所有符合识别条件的给排水水平管道。操作如下：

第一步：在【绘制】页签中，点击导航栏的"管道"，单击【自动识别】命令，在案例的地下室平面图选中 DN50 的管线及标识，单击右键确认，如图 7-18 所示。

第二步：鼠标右键以后，弹出"管道构件信息"编辑窗口，点击【建立/匹配构件】，自动生成构件，根据图纸信息修改构件属性，然后点击【确定】，见图 7-19。该条回路的管道全部被识别。

2. 选择识别

"选择识别"，选择一根或多根 CAD 线进行识别。操作如下：

第一步：在【绘制】页签下，点击【选择识别】命令。

第二步：移动光标选择需要识别的 CAD 线条（选中的线条为蓝色），选择完毕后，点击鼠标右键，弹出如图 7-20 所示对话框。

7.3 识别绘制水平管

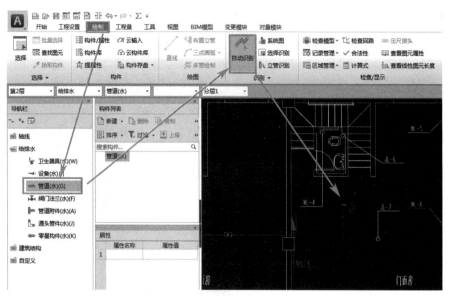

图 7-18　自动识别构件

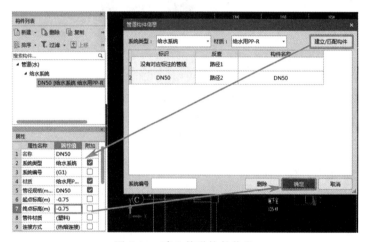

图 7-19　建立管道构件信息

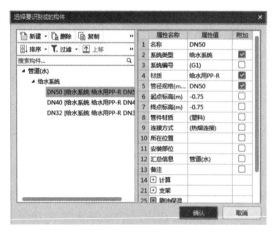

图 7-20　选择识别构件

7.4　水平管

第三步：在对话框内点击【新建】按钮新建构件，然后按图纸信息输入该管道的相关属性信息，点击【确认】按钮，该管道图元生成完毕。

二、立管识别

使用"立管识别"功能，可以将选中的 CAD 线条转化为竖向构件图元。

第一步：在【绘制】页签下，点击"识别"功能包的【立管识别】命令。

第二步：移动光标选择需要识别的 CAD 线条（选中的线条为蓝色），选择完毕后，点击鼠标右键，弹出图 7-21 的对话框。

第三步：在对话框内点击【新建】按钮新建构件，然后按图纸信息输入该管道的相关属性信息，点击【确认】按钮，则该构件生成完毕。

7.5　识别绘制立管　　　　　7.6　立管

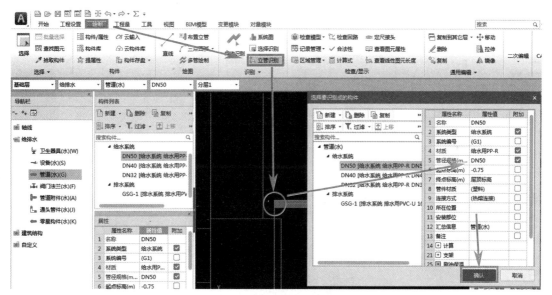

图 7-21　识别立管

学习单元四　设备与附件算量

对于阀门法兰、管道附件等这类依附于管道的图元，需要在识别完所依附的管道图元后再进行识别。

一、阀门法兰识别

采用"设备提量"方式进行识别。在【绘制】页签下，点击"识别"功能包中【设备提量】命令；在图纸中选择截止阀图块，点击右键，弹出"选择要识别成的构件"对话框，选择"截止阀"构件，然后点击【确认】，完成识别，如图 7-22 所示。

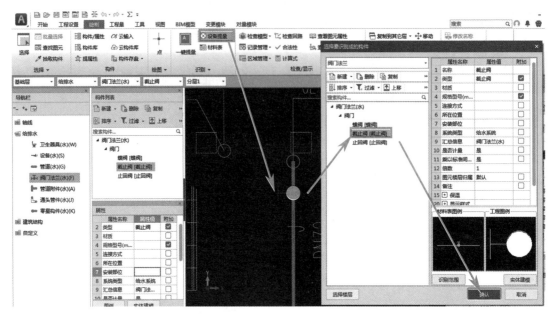

图 7-22　阀门法兰识别

二、管道附件识别

管道附件有水表、压力表、水流指示器等，可以采用"设备提量"方式进行识别。点击【绘制】页签，单击给排水专业中的"管道附件"构件类型，根据图纸要求新建相应的管道附件，在属性编辑器中输入相应的属性值，点击【设备提量】选项，对整个给排水专业工程中的管道附件分楼层进行自动识别，如图 7-23 所示。

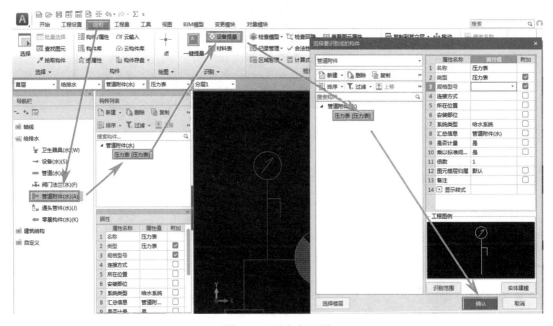

图 7-23　压力表识别

三、通头管件识别

通头多数是在识别管道后自动生成的，基本不需要自己建立此构件。如果没有生成通头，可以点击【生成通头】，拉框选择要生成通头的管道图元，单击右键，在弹出的"生成新通头将会删除原有位置的通头"确认窗体中点击【是】，软件会自动生成通头。通头三维图如图 7-24 所示。

7.7 通头

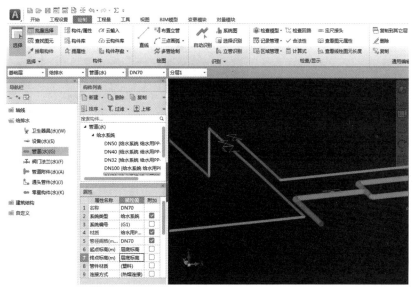

图 7-24 通头三维图

四、零星管件识别

在绘制或识别给排水管道中，存在管道穿过砌块墙需要计算套管工程量情况。在软件中，套管构件有一般填料套管、普通钢制套管、防水套管、人防密闭套管、阻火圈、止水节等。生成套管的步骤如下：

第一步：按照图纸构件绘制管道、墙、板图元，如图 7-25 所示。

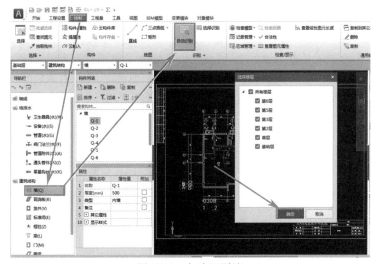

图 7-25 自动识别墙

第二步：在【绘制】页签下，点击"识别"功能包中【生成套管】命令；弹出"生成设置"窗体，在窗体内设置生成套管位置（墙板分开设置）、套管生成大小、孔洞生成方式等，如图 7-26 所示。

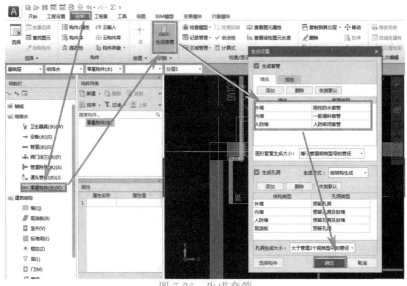

图 7-26　生成套管

第三步，点击【确定】，自动按照管道与墙或板图元的相交方式，生成套管图元。图 7-27 为生成后的效果图。

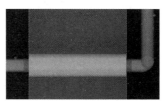

图 7-27　套管图

小技巧

"生成套管"主要用于给排水管道穿墙或穿楼板套管的生成，软件会自动按照比对应管道的管径大两个号的规则生成套管。对于有按照管道的管径取套管规格的情况，可以利用"自适应属性"，选中要修改规格型号的套管图元，点击右键，选择"自适应属性"，在弹出窗体中，勾选属性对应表中"规格型号"即可。

五、表格输入法

"表格输入"是安装算量的另一种方式，可以根据工程要求进行手动编辑、新建构件、编辑工程量表，最后计算出工程量。如图 7-28 所示。

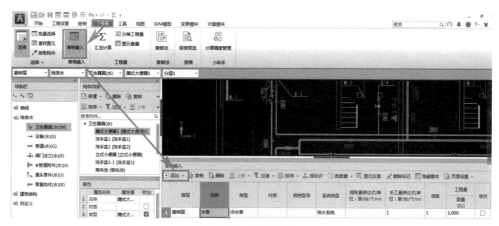

图 7-28　表格输入

提示：表格输入法主要是针对 CAD 图纸上不能通过识别功能计算的构件，进行手动输入计算；或者在无 CAD 图纸的情况下，进行手工算量。

六、套做法

在【工程量】页签下，点击【套做法】，可对整个项目的所有构件进行做法的统一套用，如图 7-29 所示。

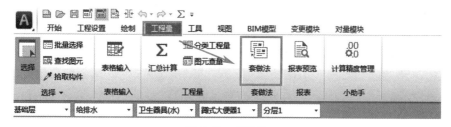

图 7-29　套做法

1. 编辑做法

第一步：选中要套做法的构件行"洗手盆"，鼠标左键点击"集中套用做法"界面的【查询清单】功能，在清单库中找到对应的清单项 031004003 洗脸盆，左键双击该清单项，则完成清单做法的套取。

第二步：选择第一步完成的清单项，左键点击【查询定额】功能，在定额库中找到对应的定额项 C10-1327 洗脸盆 立柱式 冷水，左键双击该定额项，则完成定额做法的套取。如图 7-30 所示。

2. 自动套取清单

对于庞大的工程量内容，利用自动套取清单可以快速地套用《通用安装工程工程量计算规范》（GB 50856—2013），软件根据图元的相关属性自动匹配套用对应清单项，减少用户一个个查询的麻烦。对于刚上手用户或者需要快速出清单项的用户来说，是一个不错的选择。操作如下：

图 7-30　洗手盆套做法

第一步：点击【自动套用清单】，软件自动按照图元的相关属性匹配对应清单项。

第二步：如果发现部分工程量已有套项，弹出窗体进行选择"保留"或"覆盖"。点击【是】对已套取的清单进行保留操作，点击【否】将重新套用清单，点击【取消】将退出该命令，见图 7-31。

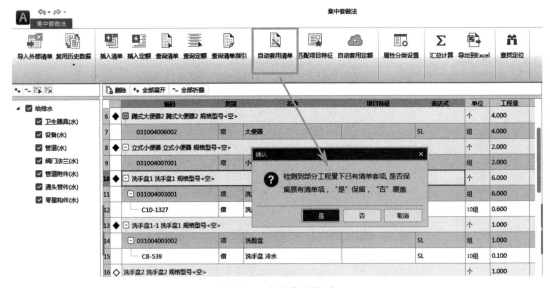

图 7-31　自动套用清单

第三步：匹配完毕后，清单将会自动呈现出来。

学习单元五　标准间

当图纸上的内容有多处相同的地方，在手算时可用乘以倍数的办法处理。软件中怎样能把相同模型重复应用呢？这就用到了"标准间"功能，它可以快速出量。操作如下：

第一步：在【绘制】页签下，选择"建筑结构"构件包下的"标准间"构件类型，点击【新建】，新建标准间。以案例工程的卫生间为例，在图纸的三、四、五层共有相同的卫生间3个，修改标准间的数量为3，如图 7-32 所示。

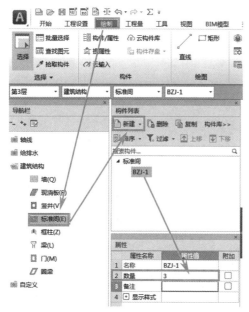

图 7-32　新建标准间　　　　　　　　7.8　标准间

第二步：绘制标准间，用直线或矩形命令绘制标准间的轮廓。即把本图中的卫生间内的所有构件图元圈起来，可以取左下角的红色"×"为基点，作为布置标准间的插入点，如图 7-33 所示。

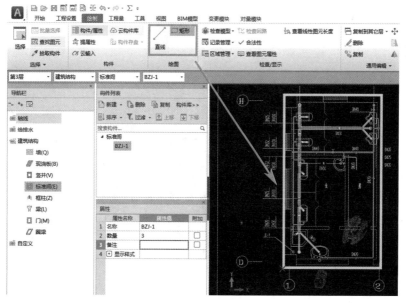

图 7-33　绘制标准间

第三步：当标准间的构件数量或长度发生变化时，要选用"自适应标准间"功能，使其与标准间的数量相匹配。点击【自适应标准间】，选择标准间的边框线，弹出"将选择的标准间作为模板，提取到相同名称的标准间中，是否继续"的确认框，选择【是】，则自动匹配。如图 7-34 所示。

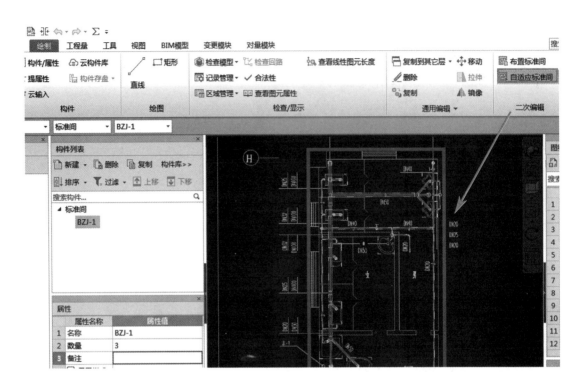

图 7-34　自适应标准间

第四步：查询标准间的构件数量，见图 7-35。

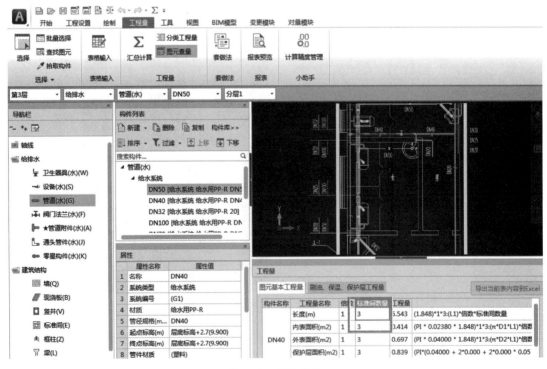

图 7-35　图元查量

学习单元六　工程量输出与报表

一、汇总计算

　　整个工程的构件输入完成，并套取了做法，就可以汇总计算，导出相应的工程量数据，见图 7-36。

图 7-36　汇总计算

二、报表预览

　　鼠标左键点击【工程量】→【报表预览】按钮，弹出"报表预览"界面如图 7-37 所示，

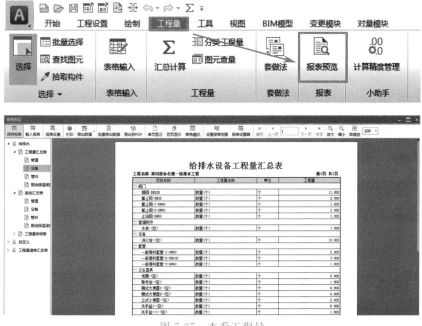

图 7-37　查看工程量

对应专业的第一个节点将被自动展开，方便一目了然的查看工程量。

点击【报表预览】，既可以查看给排水专业工程量汇总表，也可以导出 Excel 文件。点击【导出数据】或【批量导出数据】功能，弹出图 7-38 的下拉菜单，触发"导出到 Excel 文件"需要手动建立 Excel 文件；触发"导出到已有的 Excel 文件"需要手动选择已有的 Excel 文件并对其进行覆盖。批量导出成功后，可以看到所导出的数据均在一个 Excel 文件的不同文件夹下。

图 7-38　导出数据

项目小结

本项目结合真实的安装给排水专业案例工程，利用 BIM 安装计量 GQI2021 软件进行了建模和算量，学习了软件的操作流程和步骤。明确安装算量软件中工程量计算规则必须与图纸及《通用安装工程工程量计算规范》（GB 50856）中的规则保持一致，学习了手算与电算结果的对比分析，可以根据要求查看软件工程量报表。

综合实训

根据某工程给排水施工图（CAD 图纸请扫描二维码 2.1 查看），管道计算起点为室外管道外墙皮 1.5m 处，试利用 BIM 安装计量 GQI2021 软件完成下列题目：

1. 自定义轴网，仅定位使用。

2. 计算本工程第二层、第三层的所有卫生器具的工程量，导出 Excel 表格，以"班级＋姓名＋表格名称"命名。

3. 依据本工程"给排水施工图"计算本工程"二层给排水平面图"的给水系统横管的所有管道工程量（不计算与卫生器具相连的小立管）。

4. 依据本工程"给排水施工图"计算本工程"二层给排水平面图"的排水系统横管的所有管道工程量（计算与卫生器具相连的小立管，计算至卫生器具的中心点位置）。

5. 对汇总后的工程量集中套用做法，填写清单项目特征，最终形成完整的给排水工程工程量清单表。

项目八

BIM安装建筑电气工程计量

学习目标

掌握建筑电气施工图的主要内容及其识读方法；熟悉软件的操作流程，掌握 BIM 安装计量软件 GQI2021 建筑电气专业核心功能使用方法，根据图纸要求能够熟练地使用软件计算建筑电气专业动力系统、照明系统、防雷接地系统的工程量。

思维导图

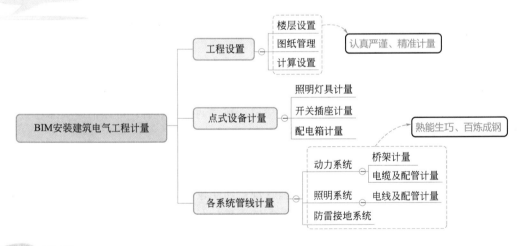

工作任务

任务

根据某村委办公楼建筑电气施工图，采用 BIM 安装计量 GQI2021 软件，完成如下工作：

（1）根据现行《通用安装工程工程量计算规范》（GB 50856—2013）中的计算规则，

结合建筑电气专业施工图纸，新建电气工程，进行楼层设置、计算设置，导入图纸识别点式构件、识别系统图，识别或绘制 CAD 图纸各系统管线等构件。

（2）汇总计算建筑电气专业工程量，并结合 CAD 图纸信息，对汇总后的工程量集中套用做法，填写清单项目特征，最终形成完整的建筑电气工程工程量清单表。

施工图分析

以"村委办公楼电施.dwg"图纸为案例（CAD 图纸扫描二维码 4.14 查看），电气工程包括动力系统、照明系统、防雷接地三部分。

（1）结合 CAD 图纸及计算规范，在软件中正确设置计算规则。如何对建筑电气灯具、开关、插座、配电箱等点式设备建立模型？如何修改构件属性使其与图纸相符？

（2）识读施工图中的文字、图形符号。系统图、平面图如何对应？如何识别系统图、识别平面图各电气回路并建立模型？

（3）如何汇总计算建筑电气专业及各楼层的构件工程量？如何对汇总后的工程量集中套做法？如何预览报表并导出电气专业的 Excel 表格？

提示：在广联达 BIM 安装算量 GQI2021 软件中，电气专业算量按照"先点式后线式"的计算方法，可以根据软件的各构件顺序进行依次计算，确保不丢项不缺量。本工程主要流程：新建工程→楼层设置→图纸管理→设置比例→点式设备计算→管线计算→出量。

任务实施

学习单元一 工程设置

一、楼层设置

从某村委会办公楼电气施工图纸设计说明中了解到，楼层为地上 5 层，地下 1 层的民用办公楼。为保证后续出量的一致性，需要在软件中设置与其相符的楼层信息。

如图 8-1 所示，找到"楼层设置"功能。触发命令弹出窗体后，点击插入楼层 ，可以跟随光标所在楼层位置向上或向下插入楼层。楼层调整完毕后，可以根据实际建筑高度设置楼层层高，如图 8-2 所示，在此不再赘述了。

二、图纸管理

在"工程设置"选项卡下，触发"模型管理"功能包中"图纸管理"功能，如图 8-3 所示。在绘图区右侧弹出"图纸管理"的泊靠窗体，进行 CAD 图的管理。

1. 添加图纸

在"图纸管理"的泊靠窗体中，点击"添加"功能，在弹出的窗体中选择要添加的目标 CAD 图。图纸添加完毕后，可以在绘图区中整体预览 CAD 图纸的内容，且在"图纸管理"泊靠窗体中自动增加导入的图纸节点，"图纸名称"显示的是当前添加的 CAD 图的文件名称。如图 8-4 所示。

2. 分割图纸

在"图纸管理"泊靠窗体中有"手动分割""自动分割"两种分割方式，如图 8-5 所示。

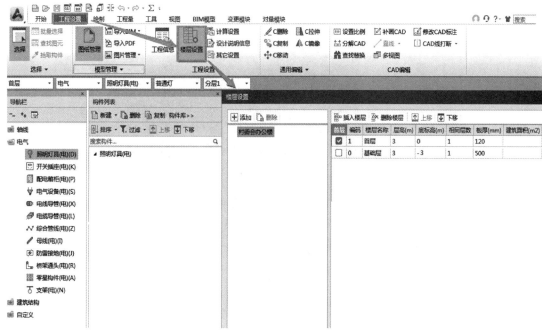

图 8-1 楼层设置

首层	编码	楼层名称	层高(m)	底标高(m)	相同层数	板厚(mm)	建筑面积(m2)
☐	6	第6层	3.8	18.3	1	120	
☐	5	第5层	4.5	13.8	1	120	
☐	3~4	第3~4层	3.3	7.2	2	120	
☐	2	第2层	3.3	3.9	1	120	
☑	1	首层	3.9	0	1	120	
☐	-1	第-1层	3.3	-3.3	1	120	
☐	0	基础层	3	-6.3	1	500	

图 8-2 楼层层高设置

图 8-3 图纸管理

选择"手动分割",需要按照下方状态栏的提示,"鼠标左键框选要拆分的 CAD 图",正拉框选要分割的图纸范围。如图 8-6 所示。

此时,随着框选完毕后弹出"请输入图纸名称"的对话框,点击【识别图名】,图纸名

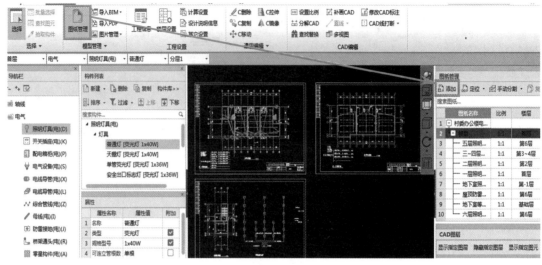

图 8-4　添加图纸

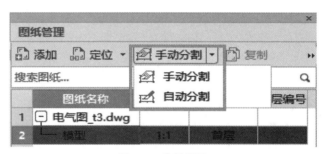

图 8-5　分割图纸

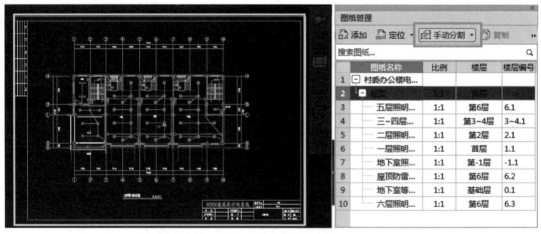

图 8-6　手动分割

称自动从平面图中读取，也支持手动输入图名，给当前分割的图纸选择对应楼层，如图 8-7 所示。

　　确定完成后，在右侧 "图纸管理" 泊靠窗体中会出现当前手动分割的图纸节点，分割图纸完成。如图 8-8 所示。

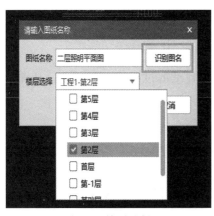

图 8-7　楼层选择　　　　　　　　　　图 8-8　分割完成

3. 定位图纸

在右侧"图纸管理"的泊靠窗体的上方功能栏上，点击"定位"功能，工具栏触发"交点"⊠，选择各楼层的平面图中的公共点位置，一般情况下会选择墙体、柱子 X、Y 轴或者两个轴网交点作为定位点，图 8-9 的①轴与Ⓐ轴交点，使得上下楼层定位一致，在建模算量时以达到上下楼层的模型位置可以准确对接，以保证 BIM 算量模型的精准和工程量计算准确。

4. 分配图纸

鼠标双击"图纸管理"窗体上的已分割的图纸节点，或者直接切换楼层，图纸会自动分配到对应的楼层中。各个楼层会在（0，0）点上自动布置一个口字形的轴网，定位点会与口字形轴网的"1""A"轴网编号交点重合。

如果是楼层编号模式，另一个口字型轴网会根据图纸外边框的长度在（0，0）点位置右侧自动生成，如图 8-10 所示。

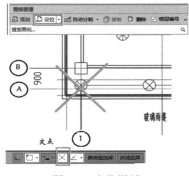

图 8-9　定位图纸

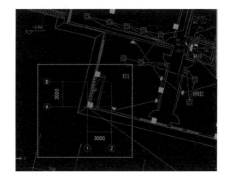

图 8-10　分配图纸

三、计算设置

1. 计算设置的原理

前面介绍了电气专业管线的计算规则，各个地区计算规则大体相同，但是在拿到图纸开始算量前依旧需要熟悉地区计算规则。同样在打开软件后也不能着急开始算量，而是根据地区计算规则检查调整软件计算规则，确保算量的精准性。

当然对照着软件的计算设置可以帮助熟悉实际安装算量的各类计算规则，从而做到更好的理解及更灵活的应用。

2. 软件操作步骤

如图 8-11，触发"计算设置"后，找到电气专业对应页签，可以看到软件中对应电气专业的计算规则细致且全面。包括了各种场景下的计算要求，满足全国不同地区用户需求。计算设置中相关分类及种类详见图 8-12，在计算工程量的过程中随时调整，从而达到灵活化设置要求，减少二次计算的苦恼。

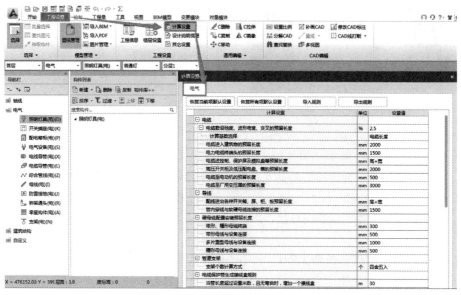

图 8-11　计算设置

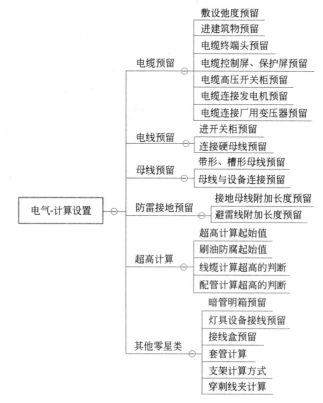

图 8-12　计算设置中相关分类及种类

提示：关于图纸管理，包括添加、分割、定位、删除图纸、分层模式等功能，针对这些功能不仅仅是把图纸分配给各个楼层，还包括在分割图纸时对图纸的概况做了解。

关于计算设置，内嵌了所有《通用安装工程工程量计算规范》（GB 50856—2013）计算规则，前期的了解可以针对不同场景进行分开调整，支持建模后二次调整操作。软件强大的计算规则可以帮助查漏补缺。

学习单元二　点式设备计量

一、照明灯具计量

1. 照明灯具识别

（1）明确灯具名称及高度　本工程主要设备材料表中明确了各类灯具的名称，在识别过程中为了保证后续出量与图纸的一致性，需要将灯具 CAD 图元赋予对应的名字，如表 8-1 所示。

表 8-1　设备材料表

序　号	图　例	名　　称	规　　格
1	⊗	普通灯	1×40W
2	◖	天棚灯	1×40W
3	├─┤	单管荧光灯	1×36W
4	E	安全出口标志灯	1×36W
5	⊗	防水防尘灯	1×36W
6	├══┤	双管荧光灯	2×36W
7	⊠	自带电源事故照明灯	1×36W
8	▦	方格栅吸顶灯	1×36W
9	◓	壁灯	1×40W
10	⊕	二层花吊灯	200W
11	⊘	广照型灯	60W
12	⊕	一层花吊灯	200W

备注：由于图纸中未能明确说明灯具安装高度，暂且按软件默认高度计算。

（2）材料表功能　点击【绘制】，再单击"识别"功能包中的【材料表】功能，框选设备材料表，右键确认，在窗体内调整修改无效行与列，"对应构件"列检查构件名称和修改立管连接，通常普通照明选择"只连单立管"，应急照明、开关、插座选择"可连多立管"如图 8-13 所示，点击【确定】，软件自动分配到对应左侧构件列表中的灯、开关、插座。

8.1　材料表识别和设置

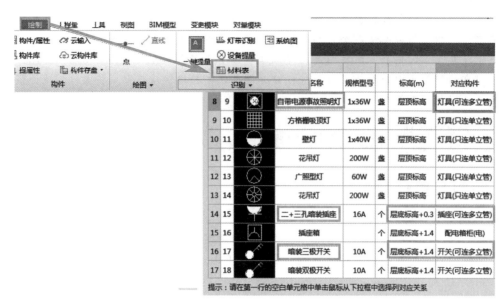

图 8-13　识别材料表

（3）设备提量　点击【绘制】，再单击"识别"功能包中的【设备提量】功能，如图 8-14 所示。触发命令后选择要识别的 CAD 图例，右键后弹出窗体，选择对应灯具构件，修改对应灯具的相关属性，确保跟设备材料表一致，相关属性调整无误后，选择对应要识别的楼层，支持全楼层的识别，如图 8-15 所示。若需要局部识别，可以使用识别范围来进行框选识别，软件将会按照框选范围进行识别，点击【确认】。

8.2　识别点式设备

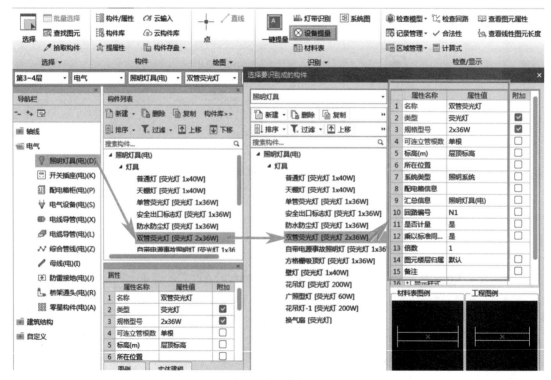

图 8-14　设备提量

识别完毕后，弹出图8-16所示提示，即可查检查图例正确性。支持连续识别操作，直至全部灯具识别完毕。

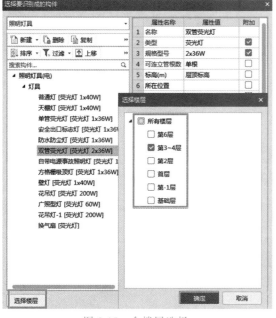

图 8-15 全楼层选择

图 8-16 识别完毕

2. 照明灯具工程量

（1）汇总计算 识别完全楼层灯具后，切换到"工程量"页签，触发"汇总计算"命令。如图8-17所示，弹出"汇总计算"窗口，窗口默认勾选当前层，可以勾选想要计算的楼层。勾选完毕后点击【确定】，即可等待汇总完毕的提示信息。如图8-18所示。

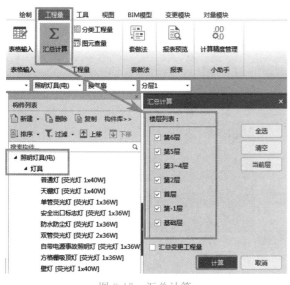

图 8-17 汇总计算

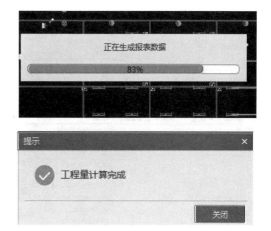

图 8-18 汇总完毕

（2）分类工程量 在【工程量】页签的"工程量"功能包中，触发【分类工程量】功

图 8-19　分类工程量

能，如图 8-19 所示可以查看到汇总后的所有图元工程量。当前以灯具为例，可以看到每种灯具在不同楼层的数量。可以通过设置分类条件、设置构件范围来调整不同层级的出量结果。

（3）图元查量　在【选择】页签的"选择"功能包中，触发【批量选择】功能，如图 8-20 所示，选择要查量的图元，支持当前层选择，也支持全楼选择，勾选后点击【确定】，此时图元被选择，在【工程量】页签的"工程量"功能包中，触发【图元查量】功能，如图 8-21 所示可以查看到所选图元工程量。

图 8-20　批量选择

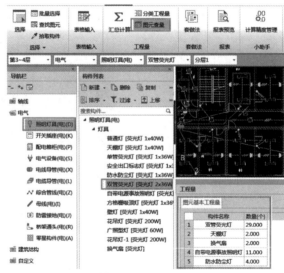

图 8-21　图元查量

二、开关插座计量

1. 识别图例

对于开关插座依旧使用"设备提量"功能进行识别。在【绘制】页签下，点击"识别"功能包中【设备提量】功能。如图 8-22 所示，其操作同照明灯具识别。点击【确定】后识别完毕，弹出提示信息可以核对其识别 CAD 图例的数量，如图 8-23 所示。

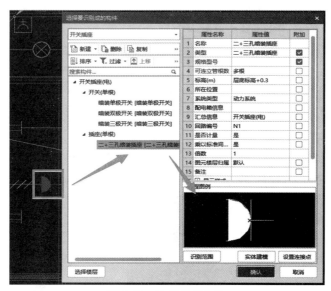

图 8-22 选择对应构件

图 8-23 识别完毕

2. 建立构件

在电气专业，开关插座种类相对照明灯具来说比较少。也可以先建立构件，再进行识别。

在电气专业切换到开关、插座构件下，新建开关及插座构件，按照设备材料表中的开关插座建立对应构件名称，设计说明中明确开关距地高度为距地 1.3m，插座为距地 0.3m，在开关构件的标高上需要将其改为"层底标高＋1.3"，在插座构件的标高上需要将其改为"层底标高＋0.3"。如图 8-24 所示。

3. 出量

出量方式同照明灯具一致，先【汇总计算】再触发【分类工程量】或【图元查量】功能，即可查看到对应开关及插座的设备数量。如图 8-25 所示为分类查看到的插座工程量。

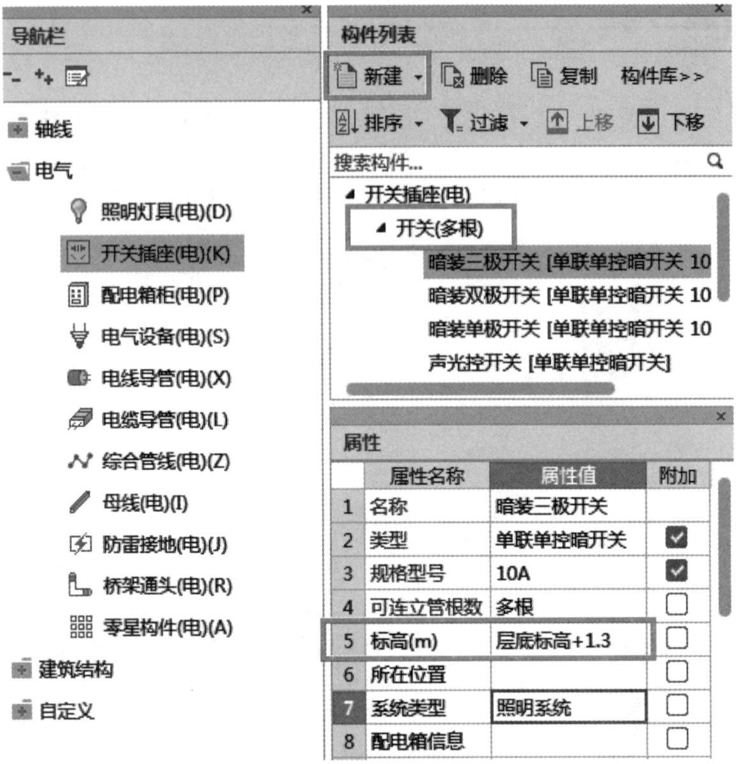

图 8-24 新建构件

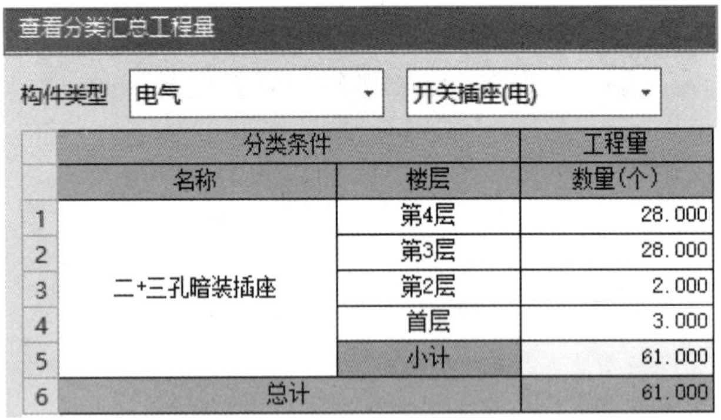

	分类条件		工程量
	名称	楼层	数量(个)
1	二+三孔暗装插座	第4层	28.000
2		第3层	28.000
3		第2层	2.000
4		首层	3.000
5		小计	61.000
6	总计		61.000

图 8-25 插座工程量

三、配电箱计量

1. 配电箱属性

一般设备材料表中提供图例与配电箱规格，如表 8-2 所示，系统图中提供进出配电箱管线、名称及其属性，配电箱需要结合系统图及平面图来判断。

配电箱尺寸，一般在系统图上显示，配电箱尺寸影响电缆、导线的预留工程量计算；配电箱安装高度，影响连接配电箱的立管高度，通常从系统图及设计说明信息中获取，本工程设计明确配电箱为照明配电箱，嵌墙安装距地 1.4m，并且规格需要找厂家咨询，在此暂且按照默认规格考虑。

表 8-2 主要设备材料表

序号	图例	名 称	规 格	单位
1		照明配电箱	XRL-53-04(改)	台
2		照明配电箱	XRM305-10-3B	台

2. 配电箱识别

配电箱识别功能支持将一系列的配电箱编号一次性识别完毕。在识别的过程中梳理每个系列配电箱数量，检查不同系列配电箱位置。

左侧导航栏选择配电箱柜，点击【绘制】页签下【配电箱识别】功能，如图 8-26 所示。触发命令后，选择首层的 AL-1 配电箱及其标识，右键确认后，弹出窗口。在"构件编辑窗口"内设置对应配电箱的相关信息，如图 8-27 所示，支持全楼层识别。关于全楼层详见照明灯具的"设备提量"功能操作，在此不做过多讲解。

点击【确认】，识别完毕会弹出提示，如图 8-28 所示。如果找到未识别的配电箱，此时可以在提示窗口内选择【定位检查】，如图 8-29 所示，该配电箱未能识别是因为和所选配电箱系列不同。双击窗体内配电箱标识后，软件自动定位到标识所在位置，此时再次触发命令就可以补充识别这类配电箱了。

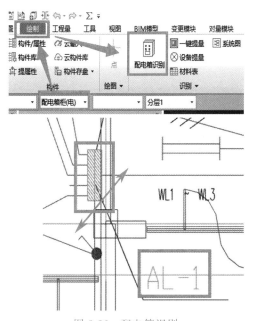

图 8-26 配电箱识别

图 8-27 构件编辑

图 8-28 识别完毕

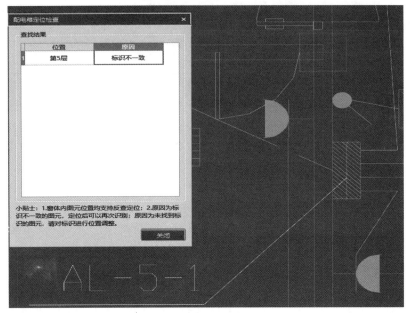

图 8-29　配电箱反查定位

3. 配电箱出量

识别完全楼层的配电箱后，可以通过查量功能整体查看所有配电箱图元所在楼层。依旧是触发【汇总计算】后才可触发【分类工程量】功能，进行查看其所有配电箱的数量。如图 8-30 所示。

	分类条件		工程量
	名称	楼层	数量(台)
1	AL-1	首层	1.000
2		小计	1.000
3	AL-3(4)	第4层	1.000
4		第3层	1.000
5		小计	2.000
6	AL-5	第5层	1.000
7		小计	1.000
8	AL-M1	首层	1.000
9		小计	1.000
10	AL-M2	首层	1.000
11		小计	1.000
12	AL-M3	首层	1.000
13		小计	1.000
14	总计		7.000

图 8-30　配电箱分类工程量

提示：按个数计算的照明灯具，在实际生活中还存在按长度计算的灯具，根据《通用安装工程工程量计算规范》（GB 50856—2013）要求，灯带按延长米进行计算。在软件中可以在照明灯具构件下建立灯带构件，从而使用直线绘制或灯带识别功能来进行绘制图元。

> **小技巧**
>
> "生成接线盒"，根据施工要求，照明灯具、开关、插座需设置接线盒，点击左侧导航栏【零星构件】，【生成接线盒】→【选择图元】，点【确定】。使用这个功能可以快速计算灯具、开关、插座上所需的接线盒，同时后面识别完管线后也可以使用此功能进行管线预埋的接线盒计算。

学习单元三　各系统管线计量

一、动力系统

1. 图纸解读

当计算完点式设备后，开启最为重要的管线识别。整个电气专业造价最高就属动力系统，所以在识别前要熟悉图纸，了解关键信息。

通过系统图掌握整个工程动力系统线缆的空间位置与走向。

提示：了解入户电缆的规格型号及其入户后进入的第一个动力箱或照明箱的走向。

了解从第一个动力箱或照明箱引出后的电缆或电线走向，每趟回路连接的照明配电箱所用电线或电缆规格型号及敷设方式。知道从照明配电箱引出的电线至其末端设备，每趟回路电线规格型号及敷设方式等。

如果有穿桥架的地方，需要特殊留意。根据各省定额规则不同，穿桥架的线缆与穿管线缆要分开计算。

（1）本案例工程属于小型工程，入户电缆直接进入照明配电箱，如图8-31所示。

8.3　识读系统图

（2）本案例工程主电缆进入建筑物后进入 AL-1 配电箱。从 AL-1 引出时变为电线连接到 AL-3，从 AL-3 箱出来引入到 AL-4 箱。从 AL-4 变线引入到 AL-5 配电箱。

（3）支线从 AL-1 引出的 3 个回路分别连接 AL-M1、AL-M2、AL-M3 配电箱，另外四个分别为首层大堂、值班室、大堂照明和值班室插座回路，剩余两回路分别为预留室外泛光照明回路和备用回路。配电系统如图8-32所示。

（4）系统图结合平面图，从 AL-M1 引出的回路连接地下室 AL-D 配电箱和一层、二层、楼梯间照明及插座回路，从 AL-D 配电箱引出回路供地下室照明。

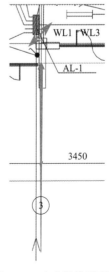

图 8-31　入户干线平面图

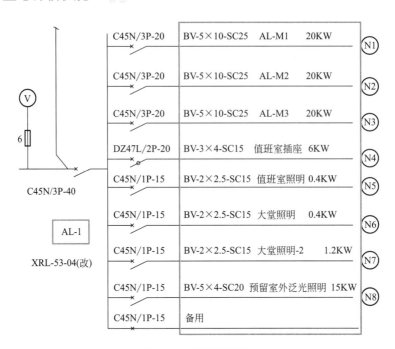

图 8-32 配电系统图

2. 识别动力系统管线

（1）根据系统图新建构件　切换到电缆导管构件，在"构件列表"中鼠标右键或直接触发【新建】功能，如图 8-33 所示，选择"新建配管"。参照系统图调整该构件的属性信息，包括线缆规格型号、配管材质及管径、起点标高及终点标高（起点及终点标高建议为一致，否则绘制的模型将为斜向模型）。如图 8-34 所示，新建构件完成。

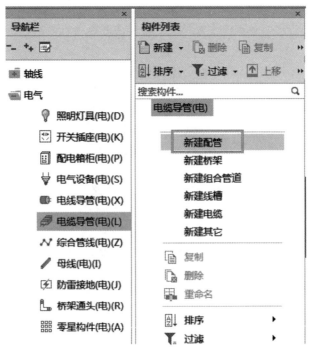

图 8-33 新建配管

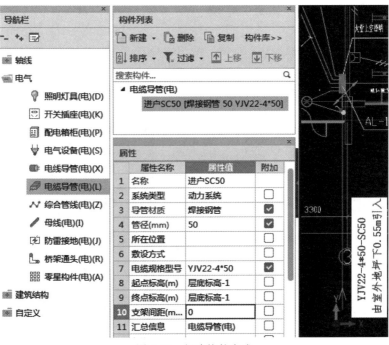

图8-34　新建构件完成

（2）识别绘制

提示：直线绘制线缆导管时，因线缆穿设于导管内，所以不需绘制线缆进户及预留长度，软件已将《通用安装工程工程量计算规范》（GB 50856—2013）预设于电气"计算设置"中，完成导管绘制即可，软件根据导管长度自动计算管内穿线缆工程量。

① 直线绘制　受首层平面图入户电缆走线影响，入户后很短距离即可连接至第一个配电箱。触发【绘制】页签【直线】命令。点击已绘制外墙的外侧为第一点，软件会自动将管线模型显示出来。再次点击配电箱中心点为第二点，即可完成绘制，如图8-35所示。此时根据已识别完成的配电箱安装高度自动生成立管，见图8-36三维显示。

8.4　进户管线

② 布置立管　绘制完连接入户电缆导管后，参照系统图，从AL-1配电箱引出回路BV-5×25-SC50连接至3层AL-3的照明配电箱，从系统图上看到该段管线已经从电缆改为电线。建立这段管线构件，如图8-37所示，切换到【绘制】页签触发【布置立管】功能，此时弹出窗口，需要计算该立管的起点标高和终点标高。立管高度须考虑导管出配电箱方向。通常向上布置时，从配电箱上表面算至上层配电箱下表面，此时要考虑计算层高、首层配电箱箱体高度、安装高度及三层配电箱安装高度等。填写完标高在图示立管位置点击布置即可。

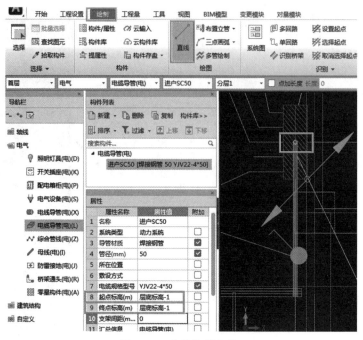

图 8-35　直线绘制管线

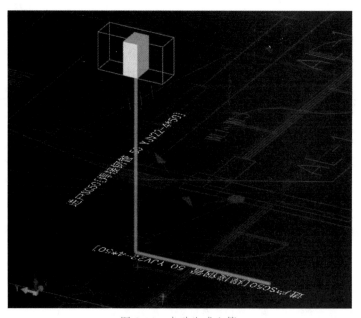

图 8-36　自动生成立管

布置完立管后，需要切换到三层进行直线绘制。绘制到对应配电箱才可完成这段干线的图元绘制，如图 8-38 所示。

提示：动力系统线缆不仅只有电缆，山西省《安装工程预算定额》规则，照明线路中的导线截面大于或等于 $6mm^2$ 时，执行动力线路穿线相应项目。因此 AL-1 配电箱引出 BV-5×25-SC50 连接至 3 层 AL-3 的回路仍计入动力系统。各省定额不同时，可按当地规则执行。

图 8-37 布置立管

③ 多管绘制 如图 8-39 所示，从 AL-1 出来的三个回路，在平面图上用一根 CAD 线表示，实际工程中此处需要暗敷设 3 根导管。为了保证绘制的精准，用【多管绘制】功能进行绘制。"多管绘制"功能可以一次性绘制多根电线（电缆）导管，并且确保其首尾连接。如图 8-40 所示，触发【绘制】页签中【多管绘制】功能，弹出窗口后，添加要绘制的导管。如图 8-41、图 8-42 所示，触发【添加】命令，可以添加指定的构件。添加完构件后点击【绘制】命令，在绘图区点击起点位置再点击终点位置，即可同时绘制多根管道图元。当从 AL-M1 到 AL-M2 这段，变为了两趟回路，此时在绘图窗口点右键，在弹出的"多管设置"窗口勾选无效的回路后删除，再进行【连续绘制】，如图 8-43 所示。

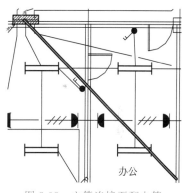

图 8-38 立管连接至配电箱

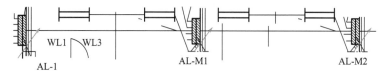

图 8-39 一根 CAD 线多配管

（3）出量

① 计算式 切换到【绘制】页签下，触发"检查/显示"功能包的【计算式】功能，软件窗口下方显示已绘制完成图元工程量计算式，如图 8-44 所示，方便检查与核对。

② 图元查量 电缆工程量包括其导管长度、电缆长度、电缆预留工程量、电缆接线端子数量等。切换到【工程量】页签触发【图元查量】功能，选择要查量的电缆图元右键后，即可在绘图区下方查看到该图元的具体长度，该长度即为导管长度，可以查看【线缆工程

图 8-40　多管绘制

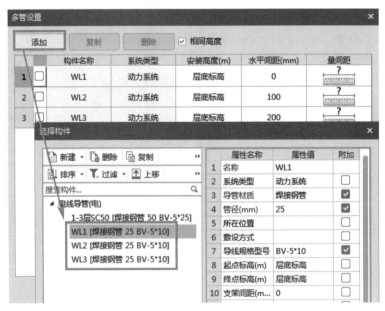

图 8-41　添加电线导管

量】页签中电缆的长度。通过"预留工程量"的三点按钮可以查看到该电缆图元所计算的预留。切换到【线缆端头】页签，可以看到线缆进入配电箱柜后接线端子的数量，如图 8-45～图 8-47 所示。

③ **分类工程量**　整个工程的动力系统识别完毕后，汇总计算，在"分类工程量"中可以看到配管及线缆工程量，查看线缆时需要勾选"查看线缆工程量"，并且可以根据设置分

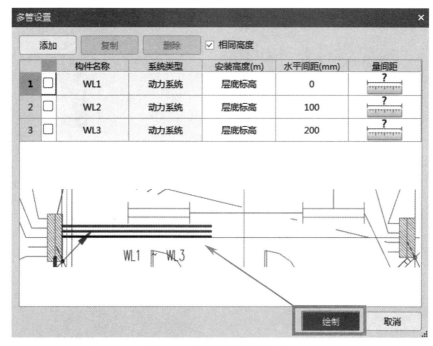

图 8-42 添加电线导管完成

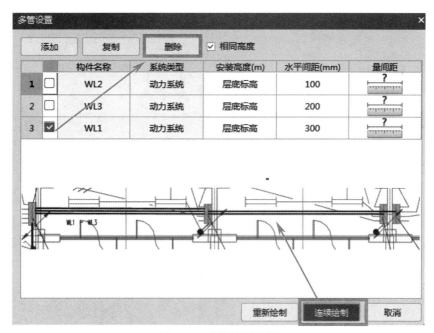

图 8-43 连续绘制多管

类条件及构件范围对电缆进行调整，如果未勾选线缆工程量前调整其设置，仅对配管进行调整。如图 8-48 所示。

提示：本案例工程中动力部分管线很少，本学习单元讲解直线绘制、布置立管、多管绘制功能。智能识别反而不如绘制更加便捷，对于软件的识别与绘制在每个工程都要根据实际情况灵活考虑。

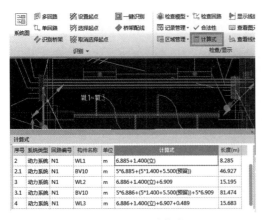

图 8-44 显示计算式

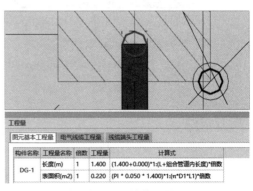

图 8-45 导管查量

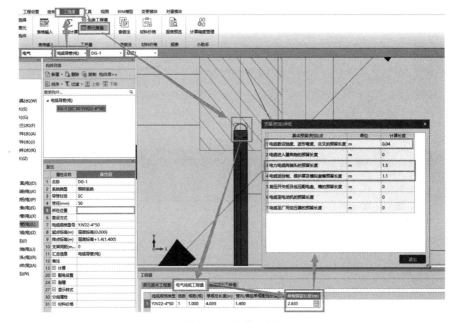

图 8-46 电缆查量

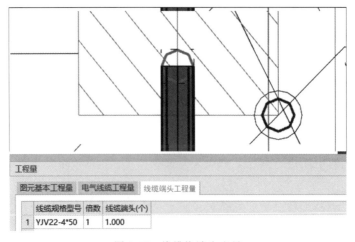

图 8-47 线缆终端头查量

图 8-48　分类工程查量

拓展案例

桥架

本案例工程未设桥架，实际工程中桥架很常见，拓展如图所示，图中包括 200×100、100×50 的线槽，回路 WL3，BV-3×2.5-PC20-SR/CC，从配电箱 AL-3（距地1m）出线沿桥架、沿顶暗敷设到天棚灯；回路 BV-5×16-SR 沿桥架敷设至 AL3-1（距地 1.2m）。

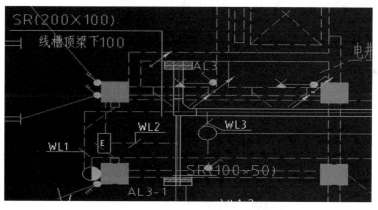

（4）设置桥架　桥架，同线缆导管，同属于线性构件，软件中支持直线绘制，也支持识别功能，绘制功能同导管，不再重复。这里重点介绍识别桥架，点击【绘制】页签下"识别"功能包【识别桥架】，点选桥架边线，点右键弹出桥架属性对话框，按图纸修改后确认，识别完成，如图 8-49 所示。

① 桥架配线　桥架识别完成后，在桥架内连接配电箱间线缆，新建桥架内配线构件，如拓展案例中从配电箱 AL-3 至 AL3-1 回路 BV-5×16-SR，触发"识别"功能包内【桥架配线】功能，选择要配线的全部桥架，点右键，弹出对话框，选择配线，此功能通常用于桥架内配电缆，根数选择 1，如果配导线，则按图纸要求选择相应导线根数。如图 8-50 所示。

8.5　桥架及配线

② 设置起点、选择起点　桥架识别完成，如果配电箱出线回路途经桥架与导管，触发"识别"功能包内【设置起点】功能，选择此回路出线配电箱，选择后软件显示 ✕，按图纸

要求调整此标识的准确位置，触发"识别"功能包内【选择起点】功能，选择桥架与导管的连接点，完成桥架导管共同配线，如图 8-51 所示。

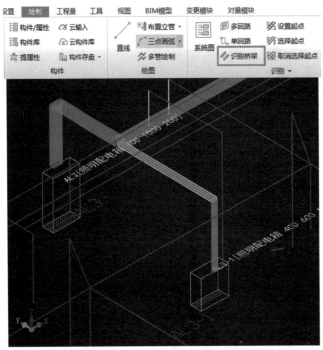

图 8-49　识别桥架

8.6　识别桥架、设置
起点、选择起点

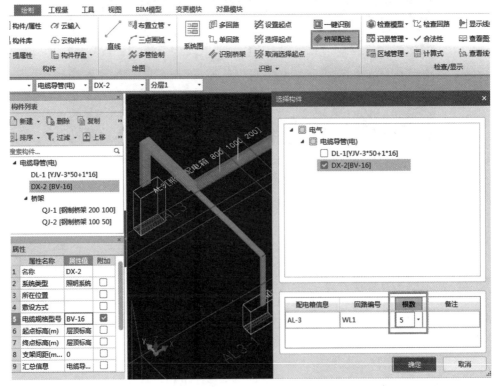

图 8-50　桥架配线

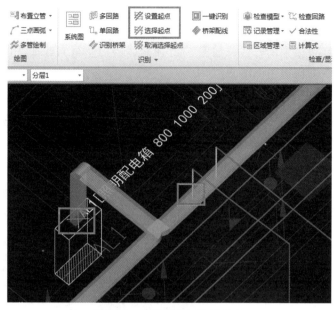

图 8-51 设置起点、选择起点

（5）设备连线 对于动力箱柜到配电箱之间的回路快速识别，其实除了布置立管及直线绘制外，还可以使用设备连线功能，该功能可以快速选择两个不同楼层的图元自动布置线缆连接。此功能不需要自己换算立管高度，根据两个设备自动计算立管，并按照最短距离进行水平管连接。

二、照明系统

1. 图纸解读

动力系统识别计量完成，接着进行照明系统计量。照明系统如图 8-52 所示，照明系统回路较多，但每个配电箱每趟回路相同末端负荷下的管线都是同规格型号的，在这个条件下，可以使用同一个构件进行绘制识别。

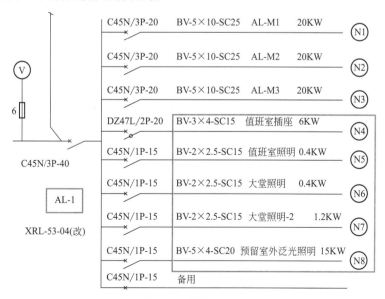

图 8-52 照明系统图

2. 识别绘制

（1）单回路识别 根据系统图建立好构件后，切换到【绘制】页签，找到【单回路】功能。触发命令后选择要识别的管线，如图 8-53 所示，确保整趟回路都被选中后才可右键确认。弹出对话框选中对应照明回路的构件。

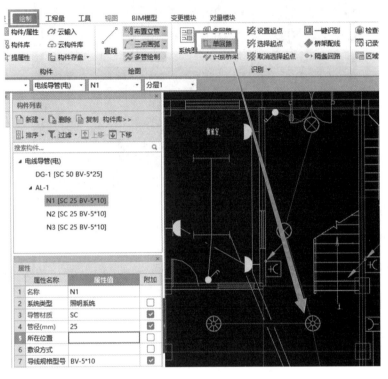

图 8-53 单回路识别

如图 8-54 所示，窗口内可以看到有默认为 3 的对应根数，这个"3"代表的是该段 CAD 线存在不同穿线的标记。这个标记有可能在 CAD 线上，也有可能是连接双联单控开关。软件自动进行判断，从而提醒大家计算时要考虑管径及导线变化，也同样确保了工程量无偏差。点击【确定】，整趟回路识别完毕，必要时也可采用描图方法，继续重复此操作直至所有回路均识别完毕，如图 8-55 所示。

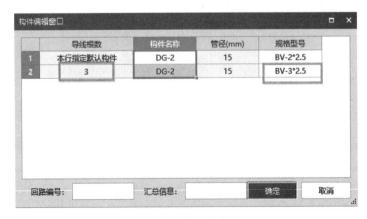

图 8-54 单回路编辑

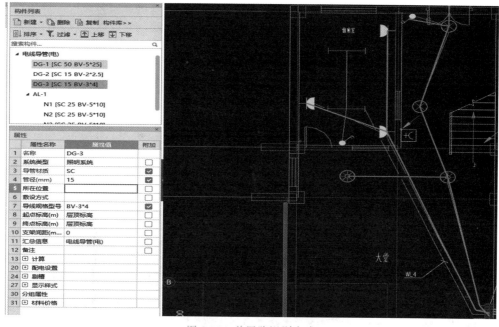

图 8-55 单回路识别完成

提示：因 CAD 图纸中开关、插座未绘制在墙体上，为使暗装开关、插座、墙上灯具的连接导线能准确计算到墙体，在识别回路前应先识别墙体，点击结构树【建筑结构】页签下【墙】，触发"识别"功能包的【自动识别】，选择墙边线，墙体识别完成。然后根据施工组织设计要求调整计算设置中的入墙参数，保证管线准确出量。

在实际施工中，由于吊顶还未安装，在灯具安装位置不确定的情况下，对于竖向导管需要考虑为波纹软管，方便连接到最后的灯具上，此时可以在识别管线的时候更改立管材质。

8.7　识别水平管线　8.8　单立管连接开关　8.9　多立管连接插座　8.10　沿顶敷设　8.11　沿地敷设

拓展案例

识别系统图

本案例工程系统图中未标出回路编号，不方便使用【系统图】功能，下图清晰标注了配电箱符号、配电箱尺寸和系统各回路编号、管线，采用识别系统图更快捷。

(2) 系统图 切换到【绘制】页签，"识别"功能包找到【系统图】功能，触发命令弹出对话框，点【提取配电箱】，选择配电箱名称、尺寸，点右键，修改配电箱属性，完成配电箱提取，接着【读系统图】，框选系统图中管线及编号，读取完成，如果一次未能读取完整，点【回路编号】后面的小三点，再次提取回路编号，如图 8-56 所示点【确定】完成，重复操作，读取识别所有配电箱系统，软件将各系统回路信息自动按所属配电箱列表，构件"导管电线"建立完成，如图 8-57 所示。

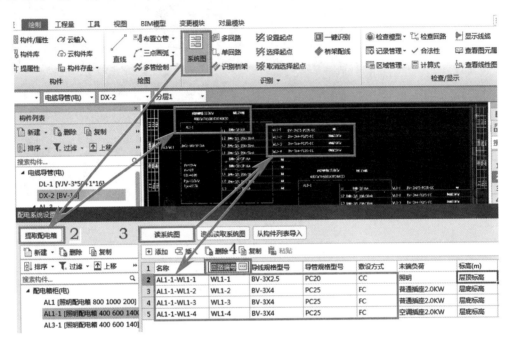

图 8-56 读取系统图

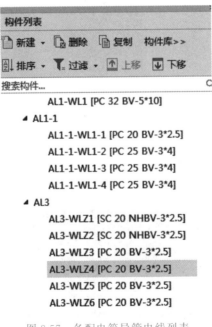

图 8-57 各配电箱导管电线列表

（3）多回路识别　系统图读取各配电箱管线建立完成后，切换到【绘制】页签找到【多回路】功能，多回路功能快速把一个配电箱下的所有回路一次性识别，并且支持反查操作更加灵活。触发命令后选择要识别的管线、管线编号，右键确认。如果配电箱下多条电路需要识别，可以继续上述操作，直至该配电箱下所有回路均选择完毕后，右键再次确认。

3. 出量

照明系统不同于动力系统，照明系统图元比较多，在出量的时候需要进行仔细检查核对，推荐使用【报表预览】功能。该功能可以整体查看同一型号的线缆工程量并可以在绘图区进行定位。同样可以根据回路、楼层逐一检查，还可以查看清单、定额汇总表等。

触发【工程量】页签中【报表预览】功能，如图 8-58 所示，根据所需报表类型可以整体查看当前绘图区所汇总的所有线缆、设备工程量。触发报表反查功能，如图 8-59 所示即可查看每个工程量所在绘图区的位置。

图 8-58　报表预览

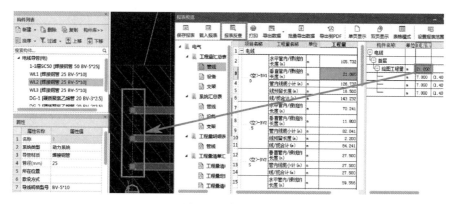

图 8-59　报表反查

三、防雷接地系统

1. 图纸解读

因很多工程量不会在图纸上显示，防雷接地系统需要结合现场实际施工情况及图集要求进行计算。结合说明，需要找到98D13-35图集了解相关做法。

如图 8-60 所示避雷网采用 ϕ12 镀锌圆钢，每隔 1m 计算一个卡子。引下线的计算考虑引下线与柱主筋连接，此处考虑图集及地区规则进行计算，包括凸出屋面的金属管道也要考虑连接避雷网。如图 8-61 所示为等电位及接地母线平面图。

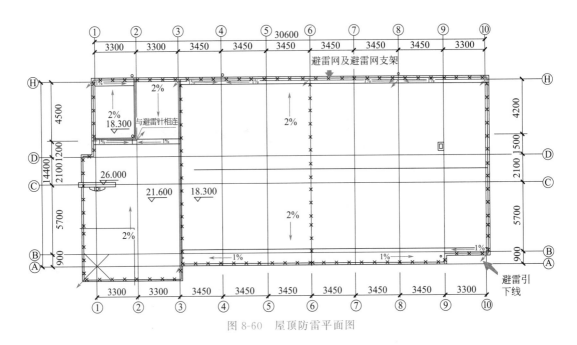

图 8-60 屋顶防雷平面图

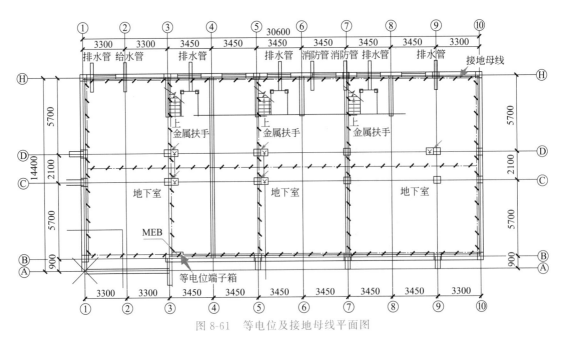

图 8-61 等电位及接地母线平面图

2. 识别绘制

防雷接地功能为一个系统化建立构件并识别绘制的功能，该功能支持所有防雷接地的项目计算。如图 8-62 所示，在防雷接地构件下，触发【绘制】页签【防雷接地】功能，软件自动建立好所有防雷接地的构件，如果需要增加或删除构件，只要在窗体内进行编辑即可同步到构件列表中。

对于模型的绘制，在此就不再讲述，可以详见前面相似功能的操作讲解。

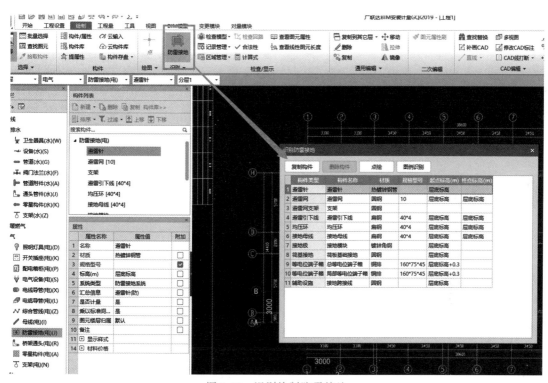

图 8-62　识别绘制防雷接地

📀 项目小结

本项目结合真实的安装建筑电气专业案例工程，利用 BIM 安装计量 GQI2021 软件进行了建模和算量，学习了安装计量软件的操作流程和步骤。完成了点式设备提量、各系统管线识别绘制、工程出量与导出工程量报表。

👤 综合实训

根据某工程电气照明施工图（CAD 图纸请扫描二维码 4.14 查看），试利用 BIM 安装计量 GQI2021 软件完成下列题目：

1. 计算本工程第二层、第三层的所有灯具、开关、插座的工程量，导出 Excel 表格，以"班级＋姓名＋表格名称"命名。

2. 依据本工程"二层平面图"，结合"照明系统图"计算二层照明、插座回路所有管线工程量。

3. 对汇总后的工程量集中套用做法，填写清单项目特征，最终形成完整的电气照明工程工程量清单表。

项目九

BIM安装工程计价

学习目标

全面了解 BIM 安装工程涵盖的专业内容，了解 1+ X 职业技能标准，掌握 BIM 安装工程计价方法与软件应用。 能熟练使用 BIM 工程计价软件，新建工程项目，选取清单库、定额库；分部分项编制，检查与整理，计价换算；措施项目编制；其他项目编制；人材机调价，计取费用；导出相应报表及文档，完成计价报告，编制工程计价文件。

思维导图

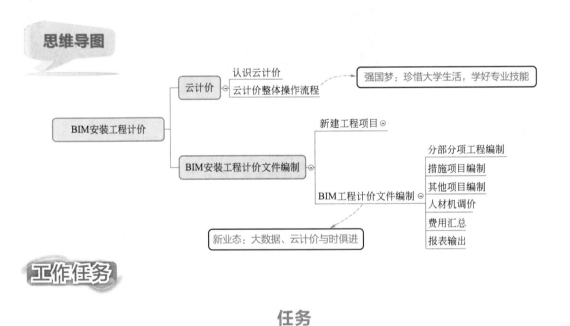

工作任务

任务

根据某村委办公楼安装施工图，采用云计价平台完成如下工作：

（1）在云计价平台，新建建设项目、单项工程、单位工程，并修改工程属性。

（2）编制分部分项工程量清单，套取定额，获取并确定主材价格。

（3）计取安装费用，计算高层建筑增加费、脚手架搭拆费、系统调整费等。

（4）编制措施项目，计算安全文明施工费、环境保护费、临时设施费等。

（5）报表设计及预览。

任务分析

1. 如何在云计价平台中新建建设项目、单项工程、单位工程，并修改工程属性？

2. 怎样编制分部分项工程量清单，主材价格从哪里获取？

3. 如何计取高层建筑增加费、脚手架搭拆费、安全文明施工费、税金？

任务实施

学习单元一 云计价

一、认识云计价

云计价平台是为造价人员提供概算、预算、竣工结算阶段的数据编审、积累、分析和挖掘再利用的平台产品。

1. 文件管理

云计价平台主界面主要划分成三个区域：新建工程区、文件管理区和辅助功能区。如图 9-1 所示。通过以下几种方式对文件进行管理。

（1）新建文件 可以新建概算、新建预算、新建结算、新建审核，见图 9-2。

（2）最近文件 显示最近编辑过的预算书文件，直接双击文件名可以打开文件，见图 9-3。

（3）用户中心 是一个在线学习空间，包括直播课程、精品课程、政策解读及常见问题等，如图 9-4 所示。

（4）本地文件 提供存放及打开文件的路径，如图 9-5 所示。

图 9-1 云计价平台主界面

图 9-2 新建文件

图 9-3　最近文件

图 9-4　用户中心

图 9-5　本地文件

这几个位置的文件，都允许预览，不用打开工程，就可以查看工程的简单信息。并且这些工程点击右键包含打开、删除、刷新、预览及转为审核。

2. 登陆

登录是进入云计价平台的入口，登录后可以在线存储工程。

（1）双击软件图标，打开登录界面，输入账号与密码；无账号，可点击【注册账号】进行注册；

（2）若无网络时，点击【离线使用】。

二、云计价整体操作流程

云计价整体操作流程见图 9-6。

图 9-6　云计价整体操作流程图

学习单元二　BIM 安装工程计价文件编制

一、新建工程项目

1. 新建预算

一个完整的建设项目由多个单项工程组成，一个单项工程由多个单位工程组成。

（1）主界面中选择"新建预算"，地区选择"山西"，见图 9-7。

（2）根据自身工程性质，选择计价模式，点击"招标项目"，如图 9-8 所示

（3）新建招标项目，输入名称"某村委会办公楼"、项目编码"001"；选择地区标准"山西 13 清单计价规范"、定额标准"山西省 2018 序列定

9.1　新建项目

图 9-7　新建招投标项目

图 9-8　新建招标项目

额"、价格文件、计税方式"增值税（一般计税方法）"，点击【立即新建】，如图9-8所示。

（4）新建单位工程，右键点击"单项工程"，选择"新建单位工程"，输入单位工程名称"给排水工程"，根据工程条件选择清单库、清单专业、定额库、定额专业等，点击"立即新建"，同样新建单位工程"电气""通风空调""采暖""消防"，如图9-9所示，新建单位工程完成，即可分别进入各单位工程进行编制，如图9-10所示。

图 9-9　新建单位工程

图 9-10　编制单位工程

2. 复核与填写项目概况

工程新建完成，需要复核单位工程信息，填写工程特征、编制说明，红色字体信息，在导出电子标书时，该部分为必填项，如图9-11所示。

3. 取费设置

根据项目实际情况，修改取费设置，包括费用条件，选择绿色文明工地标准等级，组织措施费费率，并确认安全文明施工费、临时设施费、环境保护费三项不可竞争费费率正确，如图9-12所示。

9.2　取费设置

图 9-11 项目信息

图 9-12 取费设置

二、BIM 工程计价文件编制

1. 分部分项工程编制

招标控制价编制时，需要编制工程量清单，描述项目特征，填写工程量，套用相应定额子目。

（1）清单、定额子目输入

① 直接输入 菜单栏选择【编制】，在项目结构树选择【单位工程】，导航栏选择【分部分项】，然后选中编码列，直接输入完整的清单编码（如：镀锌钢管 031001001001），回车确定。如图 9-13 所示。

9.3 分部分项工程量清单编制

② 查询输入 点击工具栏的【查询】，选择【查询清单】，在弹出的窗口中按照章节查询清单，然后点击【插入】或双击，完成输入。如图 9-14 所示。

③ 定额输入 点击工具栏的【查询】，选择【查询定额】，在弹出的窗口中按照章节查

图 9-13 直接输入

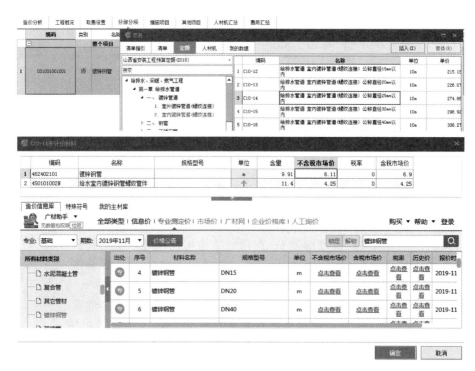

图 9-14　查询输入

询定额子目，然后点击【插入】或双击，因安装工程主材均为未计价材料，此时弹出未计价主材，根据招标文件要求直接输入主材信息价或调研市场价或广材助手提供的参考价，点【确定】完成输入。如图 9-15 所示。

图 9-15　定额输入

（2）项目特征输入　清单规范中规定，清单必须载明项目特征；项目特征描述的完整性与准确性决定投标人报价的准确性。在编制过程中，一般分两种情况，一是清单项列出的项目特征录入相应的特征值，二是清单项未列出项目特征的，需要手动输入文本。

① 选中某条清单项，点击属性区的【特征及内容】，根据工程实际选择或输入项目特征值。选择完成后，软件会自动同步到清单项的"项目特征"框。如图 9-16 所示。

② 如果软件带出的特征值描述中类目与实际不符，可双击清单行中【项目特征】框，

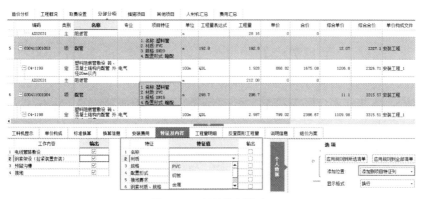

图 9-16 项目特征输入

在弹出的文本的编制框内，输入需要写入的项目特征，软件同样自动同步到清单项的"项目特征"框。

（3）补充清单 对于一些工程中采用的新工艺，在清单或定额中没有编制，需要自行补充清单或定额；还有使用的新材料，定额中也没有，也需要自行补充。同时，希望这些补充的清单、定额及材料能够进行存档，方便后期复用。

选中空白清单行，点击工具栏的【补充】，选择【清单】。如图 9-17 所示。

根据实际情况，填写补充清单项目编码、名称、单位、项目特征、工作内容及计算规则，然后点击【确定】，即完成清单补充。

图 9-17 补充清单

（4）补充定额

① 选中需要补充定额的清单项，然后点击工具栏中的【补充】，选择【子目】；

② 在补充子目窗口，根据实际情况，填写编码、专业章节、名称、单位及人材机单价，然后点击【确定】，定额子目补充完成。如图 9-18 所示。

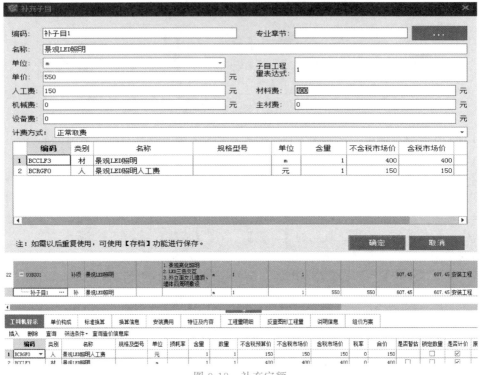

图 9-18　补充定额

（5）工程量输入　清单的工程量，一般是通过算量软件计算或手算，但提量时需要将多个部位的工程量加在一起，并将计算过程作为底稿保留在清单项中。

工程量表达式：选中一清单行，点击【工程量表达式】，输入各工程量，进行计算，见图 9-19。

	编码	类别	名称	专业	项目特征	单位	工程量表达式	工程量	单价	合价
	AZ02005	主	成套开关			套		3.06	0	0
15	⊞ 030404031004	项	小电器		1.名称：扳式暗开关 2.型号：普通型 3.规格：声控开关	个	2	2		
16	⊞ 030404031005	项	小电器		1.名称：插座 2.型号：普通型 3.规格：二、三极单相五孔	套	41	41		
17	⊞ 030409005001	项	避雷网		1镀锌圆钢8，女儿墙支架安装	m	55+30*2+30*4	235		
18	⊞ 030409003001	项	避雷引下线		利用柱两根主筋引下	m	65	65		
19	⊞ 030409002001	项	接地母线		-40*4镀锌扁钢	m	130	130		
20	⊞ 030414002001	项	送配电装置系统			系统	…	1		
21	⊞ 030414011001	项	接地装置			系统		1		

图 9-19　工程量输入

（6）定额换算

① 标准换算方法一：输入定额子目后，定额规定含有标准换算子目会自动弹出换算窗

口，可勾选调整，如图9-20所示。

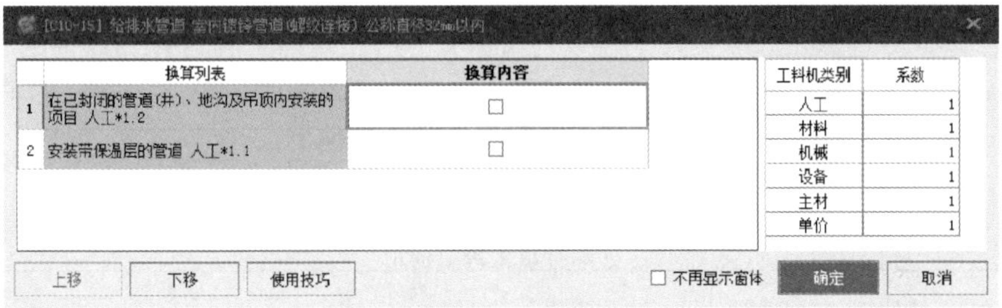

图 9-20 标准换算方法一

② 标准换算方法二：属性窗口【标准换算】中可以针对定额规定换算内容进行勾选，如图9-21所示。

图 9-21 标准换算方法二

③ 系数换算：在定额编码上，输入"空格 R(C/J)＊系数"，如人工＊1.5，则输入"空格 R＊1.5"。完成换算后，可在【换算信息】中查看并删除，见图9-22。

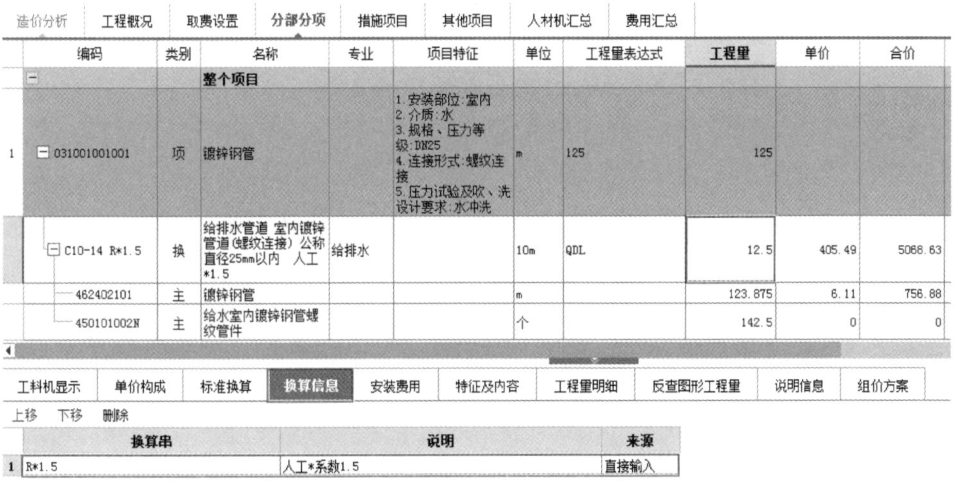

图 9-22 系数换算

④ 批量换算：在工具栏中点击【其他】——【批量换算】，在弹出的窗口中设置工料机系数，点击【确定】完成换算。

(7) 数据导入-导入 Excel 文件　在编制招标文件时，当前工程可能和以前的工程相似，而之前工程是通过其他方式编制的，这种情况下，可以通过把含清单（定额）的 Excel 报表导入软件，然后进行简单修改，完成当前工程招标文件的编制。

① 点击工具栏的【导入】，选择"导入 Excel 文件"，见图 9-23。

分部分项工程量清单

序号	项目编码	项目名称	项目特征描述	计量单位	工程量	金额/元		
						综合单价	合价	其中暂估价
1	0307020010 01	碳钢通风管道	1.名称:碳钢风管 2.材质:镀锌薄钢板 3.形状:矩形 4.规格:长边长1000以内 5.板材厚度:1.2mm以内 6.管件、法兰等附件及支架设计要求:型材制作安装 7.接口形式:焊接法兰	m²	31.22			
2	0307020010 02	碳钢通风管道	1.名称:碳钢风管 2.材质:镀锌薄钢板 3.形状:矩形 4.规格:长边长450以内 5.板材厚度:1.2mm以内 6.管件、法兰等附件及支架设计要求:型材制作安装 7.接口形式:焊接法兰	m²	4.72			
3	0307020010 03	碳钢通风管道	1.名称:碳钢风管 2.材质:镀锌薄钢板 3.形状:矩形 4.规格:长边长320以内 5.板材厚度:1.2mm以内 6.管件、法兰等附件及支架设计要求:型材制作安装 7.接口形式:焊接法兰	m²	24.25			

图 9-23　导入 Excel 文件

② 在"导入 Excel 表"窗口中，首先选择需要导入的相似工程的 Excel 报表，然后选择需要导入的 Excel 表中的数据表，再选择数据表需要导入到软件中的位置。

③ 检查软件自动识别的分部行、清单行（子目行）是否有出入，并对错误地方进行手动调整，可以使用过滤功能快速筛选某一类数据进行检查。

④ 检查调整后，点击【导入】，选中数据表中的数据即导入到软件相应的位置。如图 9-24 所示。

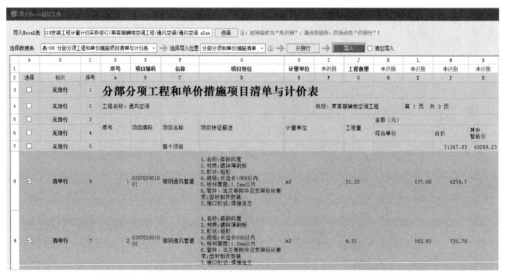

图 9-24　导入的分部分项工程和单价措施项目清单与计价表

（8）数据导入-导入算量文件　一般在编制造价文件时，有两种方式：其一为单人作业，即自己在计量软件中画图、算量、列项，然后导入到计价软件中调整价格；其二为协作模式，即一部分人在计价软件中列项，一部分人在计量软件中算量，两部分人同步作业，待算量的工作完成后，负责计价或计量的人将工程量填入到计价软件的各项中。

点击工具栏的【导入】，选择【导入算量文件】，如图9-25所示。

图9-25　导入算量文件

提示：导入的窗口支持分部分项和措施项目导入，选择需要导入的做法，点击【导入】。

（9）工程整理-分部整理　工程的工程量清单编制完成后，一般都需要按清单规范（或定额）提供的专业、章、节进行归类整理。

多人完成同一个招标文件编制时，不同楼号录入的清单顺序差异较大，以及由于过程中对编制内容的删减和增加，造成清单的流水码顺序不对，希望通过清单排序将清单的顺序进行排列。既保证几个工程清单顺序基本一致，又保证查看时清晰易懂。

① 点击工具栏的【整理清单】，选择【分部整理】；

② 在"分部整理"窗口中，根据需要选择按专业、章、节进行分部整理，然后点击【确定】，软件即可自动完成清单项的分部整理工作。如图9-26所示。

图9-26　分部整理

2. 措施项目编制

（1）安装工程单价措施项目通常仅计取脚手架搭拆费和高层建筑增加费，点击工具栏的【安装费用】，选择计取安装费用，弹出"统一设置安装费用"对话框，勾选工程相关费用，脚手架搭拆费、高层建筑增加费会自动生成子目到单价措施项目，见图9-27。

9.4　安装费用计取

（2）载入、保存模板　对于工程的措施项目、其他项目，不同的工程会有一些相同或类似的模板，在编制过程中，可以把典型或经常用到的措施项目、其他项目、计价程序、费用汇总作为模板保存起来，以后在遇到类似的模板时，可以直接通过【载入模板】调用，节省时间，实现快速报价。

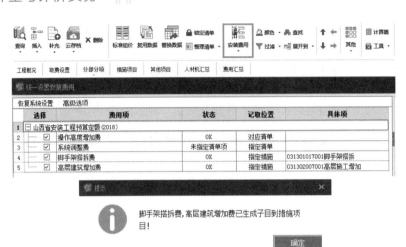

图 9-27　单价措施费用

① 载入模板　在导航栏选择【措施项目】，然后点击工具栏的【载入模板】，选择之前保存的相似工程措施模板，点击【确定】；根据实际情况，选择是否保留原有措施项目的组价内容，即完成载入，见图 9-28。

图 9-28　载入模板

② 保存模板　根据需要对措施项目内容进行修改，然后点击工具栏的【保存模板】；在"另存为"窗口中，选择模板保存的位置，根据需要给模板命名，然后点击【保存】，即完成"措施模板CSX"文件的保存。

（3）取费基数和费率查询　清单规范中明确指出部分措施项目的计算规则为"计算基数×费率"，因此在编制时，需要根据实际情况查询选择费用代码作为取费基数。同时，由于各地的费率值较多且不同，希望能够直接查询出费率值。

① 取费基数　在"措施项目"中选择需要修改的清单项，点击【计算基数】，在"费用代码"窗口中双击选择需要的费用代码，添加到计算基数中，如图9-29所示。

图9-29　取费基数

② 费率查询　在"措施项目"界面选中需要修改的清单项，点击【费率】，软件会自动弹出费率查询框，然后可根据需要查询相应的费率值，如图9-30所示。

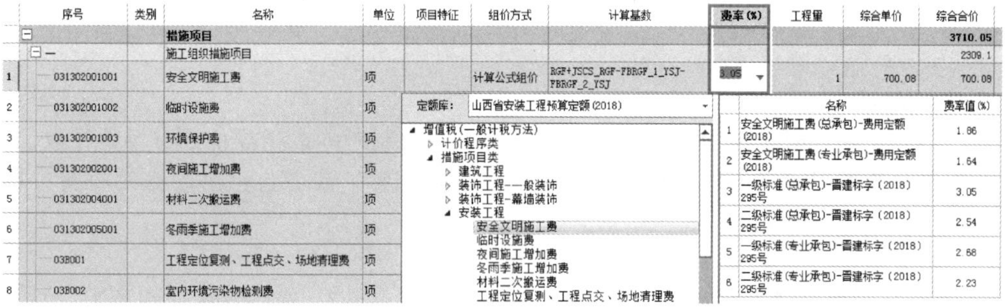

图9-30　费率查询

3. 其他项目编制

① 切换至"其他项目"下的"暂列金额"界面，左侧定位至具体项目，输入金额的名称、单位、数目，见图9-31。专业工程暂估价、计日工费用、总承包服务费、签证与索赔计价表与此相同。

② 切换至"其他项目"界面，左侧定位至具体项目，如暂列金额按计算费率计取，计算基数按条件选择相应表达式，输入相应费率，见图9-32。专业工程暂估价、计日工费用、

图 9-31 暂列金额

总承包服务费、签证与索赔计价表与此相同。

图 9-32 费率输入

③ 暂估价中的"材料暂估价"，在"其他项目"界面能看到总体金额，但需要在【分部分项】——→【工料机显示】或【人材机汇总】中单独设置。见图 9-33。

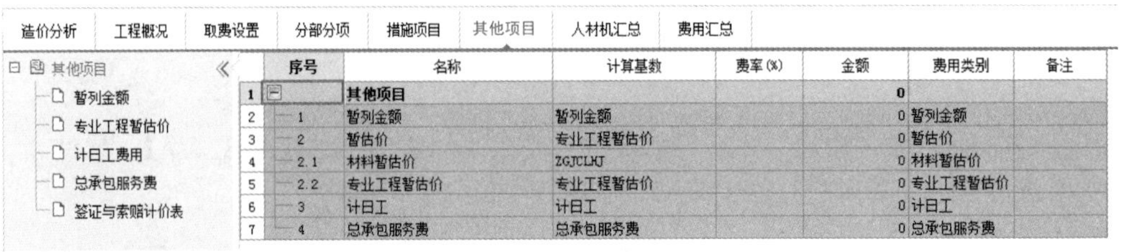

	序号	名称	计算基数	费率(%)	金额	费用类别	备注
1		**其他项目**			0		
2	1	暂列金额	暂列金额		0	暂列金额	
3	2	暂估价	专业工程暂估价		0	暂估价	
4	2.1	材料暂估价	ZGJCLXJ		0	材料暂估价	
5	2.2	专业工程暂估价	专业工程暂估价		0	专业工程暂估价	
6	3	计日工费用	计日工		0	计日工	
7	4	总承包服务费	总承包服务费		0	总承包服务费	

图 9-33 人材机汇总

4. 人材机调价

在编制计价文件时，因安装工程主材在分部分项编制时均以指导价或市场价计取，其他材料在人材机汇总界面载入指导价文件，完成指导价调整。或者自己手动修改材料市场价，完成调价工作。

（1）批量载价

① 在导航栏选择【人材机汇总】，点击工具栏的【载价】，选择【批量载价】，如图 9-34

图 9-34 批量载价

所示。

② 在弹出的窗口中，根据工程实际选择需要载入的某一期信息价，然后点击【下一步】。

③ 在"载价结果预览"窗口，可以看到，待载价格和信息价，根据实际情况也可以手动更改待载价格，完成后点击【完成】完成载价。如图 9-35 所示。

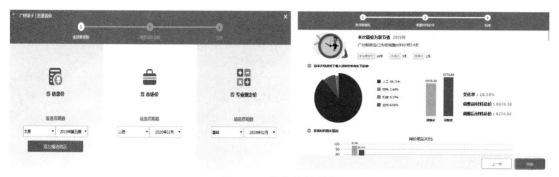

图 9-35 载价结果预览

（2）手动调价 "人材机汇总"界面选择需要修改的价格，在"不含税市场价"格子中直接输入修改之后的市场价。见图 9-36。

	编码	类别	名称	规格型号	单位	数量	不含税预算价	不含税市场价	含税市场价	税率
1	R00001	人	综合工日		工日	6290.1168	125	70	70	
2	090501046	材	片石(毛石)		m3	976.536	84.01	99.98	103	
3	091001005	材	生石灰粉		t	1139.2043	195.96	238.78	246	
4	230201001	材	工程用水		m3	1677.56	4.96	5.09	5.6	
5	230401001	材	施工用电		kW·h	1938.816	0.82	0.83	0.96	
6	F100000100	材	黄土		m3	6919.611		24.27	25	

图 9-36 手动调价

（3）设置招标材料

① 设置甲供材料 在编制招标文件的时候，需要设置甲供材料，单独出甲供材的报表。

a. 在项目结构树选择项目名称，在导航栏选择【人材机汇总】，在项目"所有人材机"中选中需要设为甲供的材料，将"供货方式"由默认的"自行采购"修改为"甲供材料"；见图 9-37。

顺序号	编码	类别	名称	价差	价差合计	供货方式	甲供数量
1	462401101	主	焊接钢管	0	0	甲供材料	36.05
2	463101101	主	电力电缆	0	0	甲供材料	20.705
3	463210010	主	配电箱	0	0	甲供材料	1
4	463501201	主	成套灯具	0	0	甲供材料	63.63
5	463504101	主	成套插座	0	0	自行采购	
6	AZ02005	主	成套开关	0	0	自行采购	
7	AZ02027	主	铜芯聚氯乙烯绝缘电线	0	0	自行采购	
8	AZ02031	主	阻燃管	0	0	自行采购	

图 9-37 甲供材料

b. 在"发包人供应材料和设备"可以看到在【人材机汇总】设置为甲供的材料，见图 9-38。

图 9-38 查看甲供材料

② 设置暂估材料 甲方或招标方给出暂估材料单价，投标方按此价格进行组价，材料价格计入综合单价。

a. 在"所有人材机"中选中材料市场价需要暂估的材料，在"是否暂估"列打上对钩，如图 9-39 所示。

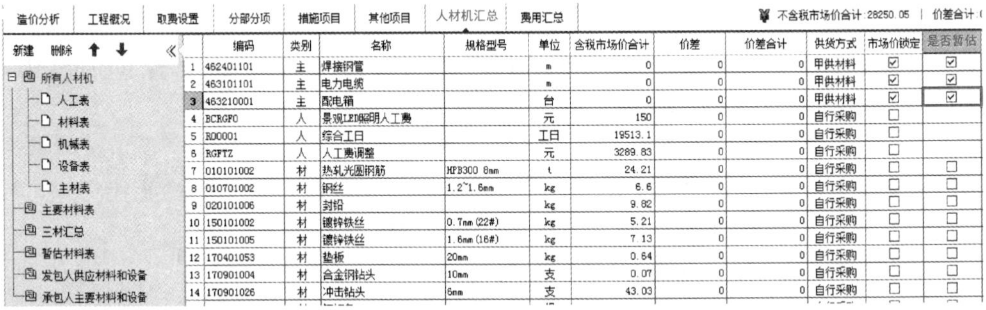

图 9-39 暂估材料

b. 在"暂估材料表"中，可以看到设为暂估的材料；在此材料所在相应子目的"工料机显示"，"是否暂估"中自动勾选，见图 9-40。

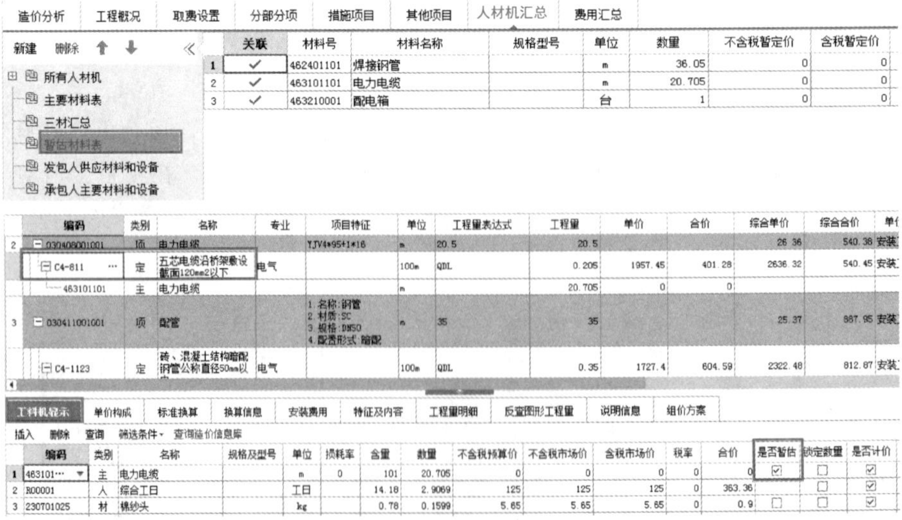

图 9-40 查看暂估材料

5. 费用汇总

"费用汇总"界面，能看到当前单位工程的各项费用汇总。

政府行政主管部门发布新的费用标准，应做成标准模板，在使用时，可以进行编制、存档、调用。

（1）在菜单栏选择【编制】，在项目结构树选择"单位工程"，在导航栏选择"费用汇总"，点击工具栏的【载入模板】，然后根据工程实际情况，选择需要使用的费用模板，然后点击【确定】，即载入模板成功。

（2）根据工程实际情况，对标准模板进行调整。选中需要插入数据行的位置，点击鼠标右键，选择【插入】。

（3）对插入行和相关影响行数据进行输入及调整，双击插入行各单元格，输入相应的内容。

（4）保存调整后模板，供下次调用。点击工具栏的【保存模板】，将费用模板保存在指定位置，供后期调用。

6. 报表输出

（1）项目自检　工具栏项目自检，进行符合性检查，设置检查项，双击定位问题项进行修改。

（2）导出报表

① 切换至菜单栏【报表】，项目结构树中选择项目名称，选择报表类别为"招标控制价"，可以查看到报表。

② 在工具栏中可以选择将报表批量打印或批量导出至 Excel 和 PDF 中，见图 9-41。

③ 如果默认报表目录中没有需要的报表，选择工具栏中的【更多报表】可以载入。

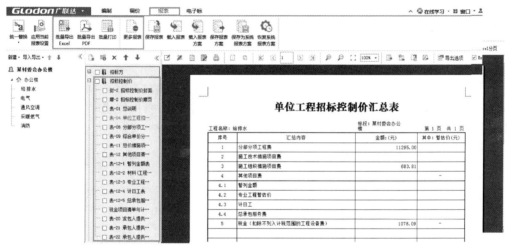

图 9-41　导出报表

项目小结

本项目结合真实的安装专业案例工程，利用云计价平台进行了新建项目、新建工程、取费设置、分部分项、措施项目、其他项目的输入与导出，学习了软件的操作流程和步骤，学会 BIM 安装工程计价方法，为工料分析、造价指标对比分析提供依据，也为建筑信息模型（BIM）职业技能等级证书考试和提高学生的职业技能奠定基础。

综合实训

一、根据项目二学习单元三给排水工程计价实训条件，利用云计价平台编制给排水工程施工图预算。

二、根据项目四学习单元三电气照明工程计价实训条件，编制电气照明工程招标控制价。

附录1

幼儿园项目综合实训案例

【综合实训案例】 编制幼儿园项目的给排水、暖通、强弱电、消防、建筑智能化招标工程量清单。

BIM安装计量实训是安装工程计量与计价课程教学之后，学生顶岗实习之前的重要实践环节。通过综合实训，使学生加深对建筑设备安装施工图内容的理解，根据所学的计量规则，进行全过程综合系统运用；检验学生BIM安装计量软件的操作技能，实现"理实一体、学做一体"的目标，提升学生数字造价应用技能，适应建筑生产一线技术及管理岗位的职业要求，推进工学结合的职业教育人才培养模式。

一、实训条件

GQI安装计量平台。

二、实训任务

1. 数字化建模

准确识读安装施工图；依据图纸信息，在安装计量软件中完成工程参数信息设置；利用图纸识别技术在安装计量软件中将工程图纸文件转换为三维算量模型；基于建筑信息模型对三维算量模型进行应用及修改。

2. 模型检查核对

将安装模型与相关专业模型整合，通过多专业的模型管理，进行碰撞检查与避让；对已完成的安装算量模型进行合法性检查、漏量检查、漏项检查及设计规范检查；利用历史工程数据、企业数据库或行业大数据对工程量指标合理性、工程量结果准确性进行校核。

3. 清单工程量计算汇总

正确使用清单工程量计算规则，运用安装计量软件计算管线、末端、设备、附件等工程量；正确使用清单工程量计算规则，运用安装计量软件快速计算管道支架、管道刷油、绝热、保护管等工程量；对工程模型进行实体清单做法的套取；应用安装计量软件，按楼层、部位、构件、材质等清单项目特征需求提取安装工程量；依据业务需求完成工程量数据报表的编制。

4. 工程量清单编制

依据招标范围和给定的安装工程施工图纸，完成分部分项工程量清单的编制；对标施工方案和施工图纸，检查工程量清单的特征描述内容准确性、合理性、全面性，并进行完善修改；依据清单规范、财税制度和地区造价指导文件等资料，完成措施项目与税金项目的设置。

注意：幼儿园项目图纸和案例解答均采用二维码链接形式给出，见二维码附录1.1～二维码附录1.4。

| 附录 1.1 幼儿园项目 | 附录 1.2 幼儿园项目 | 附录 1.3 幼儿园项目 | 附录 1.4 幼儿园项目 |
| 给排水工程图纸 | 电气工程图纸 | 暖通工程图纸 | 工程案例预算书 |

附录2

2018山西省建设工程计价依据相关费用调整文件

山西省住房和城乡建设厅关于对建设工程安全文明施工费、临时设施费、环境保护费调整等事项的通知

晋建标字〔2018〕295 号

各市住房城乡建设局（委），各有关单位：

为深入贯彻落实住建部《关于印发建筑工地施工扬尘专项治理工作方案的通知》（建办督函〔2017〕169 号）和我省《关于实施绿色施工加快推进转型项目建设的通知》（晋建质字〔2018〕249 号）等文件精神，全面落实建筑工地施工扬尘治理"六个百分之百"、施工噪声及施工现场非道路移动机械污染防治要求，倒逼建筑企业转型升级，切实提升我省建筑工地绿色施工和环保治理水平，针对不同类型项目进行实测的结果，制定了我省建设工程绿色文明工地标准，现对 2018《山西省建设工程费用定额》中的安全文明施工费、临时设施费、环境保护费（以下简称"三项费用"，即绿色文明工地标准费率）予以调整，具体规定如下：

一、本通知适用于全省范围内新建、改建、扩建的建设工程。

二、参照《建设工程施工现场环境与卫生标准》（JGJ 146—2013），我省绿色文明工地标准划分为一、二级标准（详见附件 1）。二级标准为基本标准，达到建筑工地施工扬尘治理"六个百分之百"、施工噪声污染控制和施工现场非道路移动机械污染防治要求。一级标准为提升标准，在二级标准基础上，应用绿色施工的新技术、新设备、新材料、新工艺等，实现无污染、可回收、可重复利用的提升。

三、我省绿色文明工地标准费率，按照等级不同、取费不同的原则，分级取费。"三项费用"调整后费率详见附件 2。

四、"三项费用"为不可竞争性费用。编制招标控制价应按照绿色文明工地一级标准费率计算。编制投标报价应按照本通知规定所执行的绿色文明工地标准等级计取相应费用。

五、建筑工程施工总承包资质为特级、一级的企业执行一级标准，率先应用已经成熟的绿色施工"四新"成果，发挥好行业引领和示范作用；其他资质的施工企业按照"企业自愿、业主同意"的原则可选择执行一级或二级标准。

六、发包方应在建设工程施工合同中，按照本通知要求确定绿色文明工地标准实施等级，明确承包方责任和"三项费用"金额，并在开工前一次性全额拨付给承包方，确保专款专用。

承包方要按照确定的绿色文明工地标准等级，严格落实施工现场周边围挡（明确颜色为瓦灰色），道路、材料加工区硬化，裸露场地覆盖，易飞扬的细颗粒物料堆放覆盖，湿法作业，车辆冲洗，土方、渣土、垃圾清理，土方、渣土、垃圾运输，噪声污染控制，有害气体排放控制等10项内容。

监理单位要将绿色文明工地标准等级内容纳入监理规划和监理细则，加强全过程监理，跟踪检查施工单位各项防治措施落实情况。

七、对发包方没有按时足额拨付"三项费用"的、监理方不能认真履行职责的，各级建设行政主管部门予以通报，并依规予以处罚。

对承包方不按标准规定的10项指标进行施工的，每项指标内容若有一小项不达标，发包方即扣除"三项费用"总额的10%，直至扣完"三项费用"为止。同时，因以上原因被建设行政主管部门处以罚金的，还应扣除同等罚金数额。

对不认真履行主体（发包方、承包方、监理方）责任、落实绿色文明工地标准不到位的，建设行政主管部门要依法依规严肃处理，并记入建筑市场信用管理不良信息。

八、本通知与2018《山西省建设工程费用定额》配套使用，自发文之日起执行。已招标签订合同的工程、在建工程应参照本通知签订补充协议，计取相应费用。

附件：1. 建设工程绿色文明工地标准。

2. 调整后的安全文明施工费、临时设施费、环境保护费费率（一般计税方法）。

附件 1

建设工程绿色文明工地标准

项目名称		主要内容		
		二级标准	一级标准	
施工围挡 100%标准	施工现场周边围挡	围挡采用瓦灰色定型化金属板材，围挡底边封闭严密，不得有泥浆外漏；临近主要路段的围挡高度不应低于2.5m，临近一般路段围挡高度不应低于1.8m；围挡要稳固、完整、清洁	围挡可重复使用，采用瓦灰色定型化的金属板材，设置金属立柱，底端设置防溢座，防溢座与围挡之间无缝隙；围挡高度不应低于2.5m；围挡要稳固、完整、清洁；围挡上部设置喷淋装置	或应用其他绿色施工的新技术、新设备、新材料、新工艺等，实现无污染、可回收、可重复利用
道路 100%硬化	道路、材料加工区硬化	施工现场内主要道路、材料加工区应进行硬化处理，配备专职人员清扫保洁，保持道路等干净无扬尘	施工现场内主要道路、材料加工区应进行硬化处理，其中50%以上应采用钢板路面或拼装式预制混凝土道路，配备专职人员清扫保洁，保持道路等干净无扬尘	
物料堆放 100%覆盖	裸露场地覆盖	施工现场内裸露场地应采用覆盖措施，作业面应及时苫盖	施工现场内裸露场地应绿化或采用无污染且可重复利用的材料覆盖，作业面应及时苫盖	
	易飞扬的细颗粒物料堆放覆盖	施工现场内土石方等易飞扬的细颗粒物料应集中堆放，并采用密闭式防尘网覆盖；高扬尘加工作业均应在全封闭环境内，严禁露天作业	施工现场内土石方等易飞扬的细颗粒物料应集中堆放，并采用可重复利用的密闭式防尘网覆盖；高扬尘加工作业均应在全封闭环境内，严禁露天作业	

续表

项目名称		主要内容		
		二级标准	一级标准	
现场100%湿法作业	湿法作业	施工现场应配备移动洒水、喷雾设备,安装扬尘监测设备。对建筑物实施拆除时,应采取预湿和喷淋抑尘措施	施工现场应配备移动洒水、喷雾设备,安装扬尘监测设备,主要道路、塔吊大臂设置喷淋装置。对建筑物实施拆除时,应采取预湿和喷淋抑尘措施	或应用其他绿色施工的新技术、新设备、新材料、新工艺等,实现无污染、可回收、可重复利用
出入车辆100%清洗	车辆冲洗	施工现场出入口应设置车辆冲洗设施,配备专职人员,确保所有车辆干净出场,严禁带泥上路	施工现场出入口设置全自动冲洗设备,采取水循环利用等节水措施,配备专职人员,确保所有车辆干净出场,严禁带泥上路	
运输车辆100%密闭	土方、渣土、垃圾清理	施工现场内建筑土方、工程渣土、建筑垃圾应采用密闭容器搬运,并对建筑垃圾设置垃圾站分类堆放、苫盖	施工现场内建筑土方、工程渣土、建筑垃圾应采用密闭容器搬运,建筑物内垃圾采用专用封闭垃圾道运输,并对建筑垃圾设置封闭式垃圾站分类堆放	
	土方、渣土、垃圾运输	建筑土方、工程渣土、建筑垃圾运输应采用封闭措施,防止车辆在行进过程中出现漏撒	建筑土方、工程渣土、建筑垃圾运输应采用封闭式运输车辆分类运输,防止车辆在行进过程中出现漏撒	
环保治理	噪声污染控制	施工现场对强噪声设备采用隔声、吸声材料搭设防护棚或屏障	施工现场应选用低噪声、低震动设备,对强噪声设备采用隔声、吸声材料搭设防护棚或屏障	
	有害气体排放控制	施工现场的非道路移动机械的尾气排放应符合国家相关环保标准。严禁焚烧各类有毒有害物质和废弃物	施工现场的非道路移动机械应选用清洁燃油、代用燃料或安装尾气净化装置和高效燃料添加剂等,非道路移动机械的尾气排放应符合国家相关环保标准。严禁焚烧各类有毒有害物质和废弃物	

附件 2-1

调整后的安全文明施工费、临时设施费、环境保护费费率

（一般计税方法、总承包）   单位：%

费用项目		房屋建筑工程				市政公用工程		机电设备安装工程
		建筑工程	装饰工程		安装工程	市政建设工程	市政安装工程	
	工程项目\计费基础		一般装饰	幕墙装饰				
		定额工料机	定额人工费			定额工料机	定额人工费	
安全文明施工费	一级	1.53	1.81	3.07	3.05	1.67	3.53	3.05
	二级	1.28	1.51	2.56	2.54	1.39	2.94	2.54
临时设施费	一级	1.36	1.85	3.16	3.35	1.18	3.84	3.36
	二级	1.15	1.55	2.66	2.82	0.99	3.22	2.82
环境保护费	一级	0.70	1.29	2.15	1.61	0.67	2.58	1.61
	二级	0.58	1.08	1.79	1.34	0.56	2.15	1.34

附件 2-2

调整后的安全文明施工费、临时设施费、环境保护费费率

（一般计税方法、专业承包）　　　　　　　　　　　单位：%

工程项目 计费基础 费用项目		地基处理工程	大型土石方工程	金属结构工程	防水防腐保温工程	装饰工程		安装及修缮安装工程	单独绿化工程	炉窑砌筑工程	桥梁工程	仿古园林工程	房屋修缮抗震加固工程	市政维护工程
						一般装饰	幕墙装饰							
		定额工料机				定额人工费				定额工料机				
安全文明施工费	一级	0.51	0.70	0.82	0.40	1.57	2.70	2.68	1.55	0.98	1.17	0.85	1.04	1.19
	二级	0.43	0.58	0.68	0.33	1.31	2.25	2.23	1.29	0.82	0.97	0.71	0.86	0.99
临时设施费	一级	0.55	0.55	0.97	0.42	1.45	2.47	2.95	1.64	1.06	0.95	0.88	1.01	0.33
	二级	0.46	0.46	0.81	0.35	1.22	2.07	2.47	1.37	0.89	0.80	0.74	0.85	0.28
环境保护费	一级	0.23	0.28	0.37	0.17	1.12	1.88	1.42	1.11	0.44	0.46	0.38	0.48	0.48
	二级	0.19	0.23	0.31	0.15	0.93	1.57	1.18	0.92	0.37	0.39	0.32	0.40	0.40

山西省住房和城乡建设厅

2018 年 10 月 23 日印发

关于调整 2018《计价依据》人工单价和 2011《计价依据》"三项费用"等事项的通知（第 2 号）

晋建标字 ［2020］ 2 号

各市住建局，各有关单位：

为满足我省工程建设计价的需要，维护工程建设各方的合法权益，经研究，现就 2018《山西省建设工程计价依据》（以下简称《计价依据》）人工单价调整和 2011《计价依据》与 2018《计价依据》"安全文明施工费、临时设施费、环境保护费"（以下简称"三项费用"）衔接等事项通知如下：

一、关于 2018《计价依据》人工单价的调整

2018《计价依据》建筑安装等工程人工单价调整为 135 元/工日，签证工调整为 160 元/工日；装饰装修工程人工单价调整为 150 元/工日，签证工调整为 178 元/工日。机械台班单价中的机上人工随建筑安装工程人工调整。上述调整部分的人工费只计取税金。定额人工单价调整后仍不能满足实际工程需要的，发承包双方可在合同中约定调整。此项调整自发文之日起执行。

二、关于 2011《计价依据》"三项费用"的衔接

对执行 2011《计价依据》的项目，其安全文明施工费（包括安全施工费、文明施工费）、临时设施费（包括生产性临时设施费、生活性临时设施费）、环境保护费费用的增加部分计算办法如下：

（一）以直接工程费为计费基础的计算办法：建设工程绿色文明工地二级标准在原费率的基础上乘以系数 0.6，一级标准在原费率的基础上乘以系数 0.9。

（二）以人工费为计费基础的计算办法：建设工程绿色文明工地二级标准在原费率的基础上乘以系数 1.1，一级标准在原费率的基础上乘以系数 1.5。

（三）上述增加部分计入该工程项目造价中，只计取税金。原费率是指 2011《计价依据》中的安全施工费、文明施工费、生产性临时设施费、生活性临时设施费、环境保护费的费率之和。

（四）此项调整适用于 2018 年 10 月 22 日之日起的在建工程。但至发文日止已完成结算的工程不再调整。

三、承包方应足额使用"三项费用"，确保各项措施落实到位

（一）因扬尘治理措施落实不到位，施工企业受到行政处罚或通报的，首次由项目发包方核减其"三项费用"总额的 50％，第二次核减全部"三项费用"，第三次额外再扣除"三项费用"总额的 10％。

（二）因施工安全措施落实不到位，受到行政处罚或通报的，第 1 次处罚或通报，发、承包双方按照新计算的安全文明施工费用的 90％计取；从第 2 次处罚或通报起，双方按本通知规定实际计取的该项目安全文明施工费用的 80％计取。

（三）上述扣除和计取规定自发文之日起执行。过去有关文件规定与此次规定不一致的，以本通知为准。

山西省住房和城乡建设厅

2020 年 1 月 21 日

山西省住房和城乡建设厅关于建筑工人实名制
费用计取方法的通知（第 86 号）

晋建标字〔2020〕86 号

各市住房城乡建设局，各有关单位：

为落实《住房和城乡建设部、人力资源社会保障部关于印发建筑工人实名制管理办法（试行）的通知》（建市〔2019〕18 号）要求，切实维护建筑工人合法权益，保障建筑工人实名制管理费用的投入，现将相关费用计取方法通知如下：

一、《山西省建设工程费用定额》（2018 年）的费用组成中增加建筑工人实名制费用，列入安全文明施工费用中。

二、建筑工人实名制费用包含：封闭式施工现场的进出场门禁系统和生物识别电子打卡设备，非封闭式施工现场的移动定位、电子围栏考勤管理设备，现场显示屏，实名制系统使用以及管理费用等。

三、建筑工人实名制费用计费标准，以定额工料机为基础的增加 0.2%，以定额人工费为基础的增加 0.4%。

四、本通知自发布之日起执行。此前开工建设的项目按照合同约定执行。合同约定执行政策性调整的工程项目，可参照本通知计价方法执行。

山西省住房和城乡建设厅

2020 年 6 月 3 日

参 考 文 献

［1］ 建设工程工程量清单计价规范（GB 50500—2013）.
［2］ 通用安装工程工程量计算规范（GB 50856—2013）.
［3］ 山西省工程建设标准定额站 . 山西省建设工程计价依据 安装工程预算定额 . 太原：山西科学技术出版社，2018.
［4］ 山西省工程建设标准定额站 . 山西省建设工程计价依据 建设工程费用定额 . 太原：山西科学技术出版社，2018.
［5］ 太原市工程建设标准定额站 .2018 年太原市建设工程材料预算价格 . 北京：中国建筑工业出版社，2019.
［6］ 温艳芳 . 安装工程计量与计价实务 . 第 2 版 . 北京：化学工业出版社，2014.
［7］ 朱溢镕，吕春兰，温艳芳 . 安装工程 BIM 造价应用，北京：化学工业出版社，2019.
［8］ 王全杰，宋芳，黄丽华 . 安装工程计量与计价实训教程，北京：化学工业出版社，2014.